中央高校教育教学改革基金（本科教学工程）资助
中国地质大学（武汉）"土木工程实践系列教材建设"项目资助

TUMU GONGCHENG ZHUANYE SHENGCHAN SHIXI ZHIDAOSHU
DAOLU QIAOLIANG GONGCHENG FENCE

土木工程专业生产实习指导书
道路桥梁工程分册

陈保国 主 编
徐方 李雪平 副主编

中国地质大学出版社
ZHONGGUO DIZHI DAXUE CHUBANSHE

内容摘要

土木工程专业(道桥方向)生产实习是本专业教学计划中承上启下的一个非常重要的实践环节,该实践环节能够进一步加强本科生的专业知识,并将之与工程实践有机结合,为培养高级专业技术人才奠定更加坚实的基础。

本书较全面地阐述了道路与桥梁工程专业本科生生产实习的主要任务和实习的具体内容,主要包括道路工程选线、道路工程材料、公路地基处理施工技术、路基路面施工技术、桥梁工程地质勘察、桥梁结构组成与分类、桥梁上部结构施工技术、桥梁下部结构施工技术,以及道路与桥梁工程施工组织设计。

本书可作为高等院校土木工程专业(道桥方向)、道路工程专业、桥隧工程专业的实践教学教材,也可供从事路基路面工程和桥梁工程技术工作的科技人员参考。

图书在版编目(CIP)数据

土木工程专业生产实习指导书　道路桥梁工程分册/陈保国主编．—武汉:中国地质大学出版社,2018.6(2021.9重印)

ISBN 978-7-5625-4297-1

Ⅰ.①土⋯

Ⅱ.①陈⋯

Ⅲ.①土木工程-生产实习-高等学校-教学参考资料 ②道路工程-生产实习-高等学校-教学参考资料 ③桥梁工程-生产实习-高等学校-教学参考资料

Ⅳ.①TU-45 ②U41-45 ③U44-45

中国版本图书馆 CIP 数据核字(2018)第 108005 号

土木工程专业生产实习指导书　道路桥梁工程分册	陈保国　主　编
	徐　方　李雪平　副主编
责任编辑:彭　琳	责任校对:徐蕾蕾
出版发行:中国地质大学出版社(武汉市洪山区鲁磨路388号)	邮编:430074
电　　话:(027)67883511　传　　真:(027)67883580	E-mail:cbb@cug.edu.cn
经　　销:新华书店	http://cugp.cug.edu.cn
开本:787×1092 毫米　1/16	字数:371千字　印张:14.5
版次:2018年6月第1版	印次:2021年9月第2次印刷
印刷:武汉市籍缘印刷厂	印数:501—1500 册
ISBN 978-7-5625-4297-1	定价:38.00元

如有印装质量问题请与印刷厂联系调换

中国地质大学(武汉)土木工程实践系列教材编委会

主　　任：唐辉明

副 主 任：焦玉勇　　陈建平

参编人员：(按出书的先后顺序)

　　　　　周小勇　陈保国　蒋　楠　孙金山

　　　　　李田军　李　娜　徐　方　李雪平

　　　　　罗学东　程　瑶　左昌群

前　言

随着我国高等级道路和铁路工程建设的飞速发展,该领域对优秀的道路与桥梁工程师的需求越来越大。国内高校土木工程专业(道桥方向)也得到了快速发展,并在该领域培养了众多优秀毕业生。调查发现,国内众多高校在土木工程专业(道桥方向)的课程体系建设方面存在的主要问题就是实践教学体系不够完善。高校教研工作者对土木工程专业(道桥方向)的教学改革进行了诸多探索,对道路工程与桥梁工程实践教学体系的重要地位基本形成了共识。

土木工程专业(道桥方向)是一门实践性很强的专业,不仅要求学生掌握基本理论知识和专业知识,还要培养学生的实践能力和创新意识。道路与桥梁工程生产实习是加强学生专业认识的重要手段,也是培养学生实践能力和创新思维的有效方法。学生通过生产实习不仅对专业课程有了更深刻的理解,还加强了理论与实践的融合,进一步提高了课堂讲授法、启发式和讨论式教学方法的教学效果,激发了学生的创新潜能。为了方便学生系统地掌握专业知识,加强理论与实践的结合,课题组编写了《土木工程专业生产实习指导书　道路桥梁工程分册》。

鉴于土木工程专业(道桥方向)实践教学的重要性,本书从道路工程选线、道路工程材料、公路地基处理施工技术、路基路面施工技术、桥梁工程地质勘察、桥梁结构组成与分类、桥梁上部结构施工技术、桥梁下部结构施工技术,以及道路与桥梁工程施工组织设计等方面进行了详细介绍。

全书共分为四章,其中第一章、第三章和第四章由中国地质大学(武汉)陈保国老师编写,第二章由中国地质大学(武汉)徐方老师编写。

全书由中国地质大学(武汉)陈保国老师主编,由中国地质大学(武汉)陈保国老师和李雪平老师统稿。

本书编写过程中,中国地质大学(武汉)的研究生周刘芳、石峰、佘明康、毛新颖、蒋承轩、阎伟、王定鹏、顾功辉、周宇等参与了本书的编辑和绘图工作,为本书的顺利出版付出了辛勤的劳动,在此表示衷心感谢。

本书出版得到了中央高校教育教学改革基金(本科教学工程)和中国地质大学(武汉)"土木工程实践系列教材建设"项目的资助,在此表示感谢。

由于编者水平和能力有限,书中难免有不妥和疏漏之处,敬请读者批评指正。

编　者

2017 年 5 月

目 录

第一章 绪 论 ……………………………………………………………… (1)
  第一节 实习目的和意义 ………………………………………………… (1)
  第二节 实习要求、实习计划、实习方式和成绩评定 ……………………… (1)
  第三节 实习期间学生注意事项 ………………………………………… (3)

第二章 道路工程实习基本内容 ……………………………………… (4)
  第一节 路线调查 ………………………………………………………… (4)
  第二节 道路选线的基本原则和方法 …………………………………… (17)
  第三节 路基施工对材料的基本要求 …………………………………… (36)
  第四节 路面施工对材料的基本要求 …………………………………… (41)
  第五节 公路地基处理技术 ……………………………………………… (52)
  第六节 路基工程施工技术 ……………………………………………… (63)
  第七节 路面工程施工技术 ……………………………………………… (79)
  第八节 路基路面排水施工技术 ………………………………………… (98)
  第九节 路基路面施工组织设计 ………………………………………… (106)

第三章 桥梁工程实习基本内容 ……………………………………… (116)
  第一节 桥梁工程地质勘察 ……………………………………………… (116)
  第二节 桥梁的基本组成和分类 ………………………………………… (125)
  第三节 桥面布置和构造 ………………………………………………… (136)
  第四节 预应力构件施工技术 …………………………………………… (145)
  第五节 混凝土简支梁桥施工技术 ……………………………………… (153)
  第六节 预应力混凝土连续梁桥施工技术 ……………………………… (161)
  第七节 刚架桥施工技术 ………………………………………………… (168)
  第八节 混凝土拱桥施工技术 …………………………………………… (173)
  第九节 斜拉桥施工技术 ………………………………………………… (185)
  第十节 悬索桥施工技术 ………………………………………………… (194)

第十一节　桥梁下部结构施工技术……………………………………（204）
　　第十二节　桥梁工程施工组织设计……………………………………（217）
第四章　实习成果……………………………………………………………（220）
　　第一节　实习报告纲要…………………………………………………（220）
　　第二节　实习日志和体会………………………………………………（222）
主要参考文献…………………………………………………………………（223）

第一章 绪 论

第一节 实习目的和意义

道路与桥梁工程生产实习是在完成教学认识实习和修完"路基路面工程""桥梁工程""道路勘测设计""道桥监测技术"等专业课的基础上进行的实践性专业实习。

通过生产实习,使学生进一步巩固和加深所学的理论知识,促进专业理论知识与实践相结合,扩大专业知识面。通过参加生产性实践活动,掌握道路与桥梁工程施工和管理的各个环节,培养学生从事道路与桥梁工程设计、施工和管理的初步能力以及运用所学专业知识进行调查研究、分析和解决实际工程问题的能力。

传统的以理论教学为主的教学模式容易导致学生在专业学习上产生"被灌"的依赖思想,只是对知识简单记忆和理解。然而,学生的认知过程包含记忆、理解、运用、分析、评价和创新6个维度。很显然,这种教学模式使学生缺失了将"公共知识"转化为"个人知识"的运用、分析和评价阶段,更不会对原有的知识进行创新。只有将"公共知识"真正转化成"个人知识",才具有学习的价值。"道路与桥梁工程"课程本身不是要求学生接受知识自身固有的假定意义,而是引导学生通过多元学习活动,建立个人理解、个人独特的思维方式和学习方式,进而结合实际工程对基本理论加以运用、分析、评价,甚至进行理论创新和实践创新。因此,突破课堂纯理论教学的束缚,设计开放的教学模式,开展生产实习,重视学生实践与创新能力的培养具有重要的意义。

第二节 实习要求、实习计划、实习方式和成绩评定

一、实习要求

为了达到生产实习的目的,结合道路与桥梁工程专业人才培养目标,对生产实习提出下列具体要求。

(一)施工技术方面

结合施工现场的实际情况,掌握道路与桥梁工程设计、施工技术、工艺特点;巩固并加深对道路与桥梁工程施工工艺及施工机具设备的认识;熟悉地面辅助设施的分布、布置;了解施工

现场采用的施工方法,对其合理性进行分析、评述。通过以上内容,对道路与桥梁工程设计和施工进行全面理解。

（二）施工技能方面

在生产实习过程中,要求学生参加一段时间的生产性实践活动。熟悉道路与桥梁工程施工方法、施工机具和设备;初步掌握一些常用机械设备的操作方法;学会现场标定的方法,并能对所获得的数据和资料进行综合分析。

（三）施工管理方面

了解施工单位的组织机构以及技术管理、生产管理、施工组织管理、设备管理、成本管理的方法;熟悉工程招标、投标以及工程概预算编制及合同管理等方面的内容,并对现行管理方法的合理性进行分析、评述。

（四）服从现场安排

除以上要求外,还要求学生在生产实习期间,服从实习单位指导老师的安排,尊重现场技术人员和工人师傅,虚心求教,遵守实习纪律,不得擅自外出。

二、实习计划

实习时间为每年的 6 月—8 月,共 6 周,具体安排如下。

第一周:实习动员(包括实习指导书发放,实习内容、实习安全问题的讲解),联系实习工地。

第二周到第五周:工地生产实习。

第六周或开学第一周:完善实习报告,制作 PPT,准备实习答辩。

三、实习方式

生产实习,主要通过生产实践达到实习目的。实习期间,学生以工地基层技术人员助手的身份在工地技术人员的指导下参加工地业务活动和技术管理工作;学生还应适当参加班组生产劳动,组织一定的现场教学和参观某些已建或在建的工程;组织编写新技术、新工艺和新材料方面的报告,以扩大学生的知识领域。

四、成绩评定

实习成绩评定建议根据以下几个部分进行评分:

(1)实习日记。要求记录每天的实习进展情况,此部分占实习总成绩的 20%。

(2)实习报告。原则上要求实习完成后 1 周左右向导师提交实习报告,此部分占实习总成绩的 30%。

(3)实习答辩。实习完成后所有学生必须参加实习答辩,此环节占实习成绩的 30%。

(4)实习工地现场的实习表现。该部分成绩由学生所在的实习单位指导老师评定,此部分占实习总成绩的10%。

(5)与工人同志的关系及遵守实习纪律、安全纪律。该部分成绩由学生所在的实习单位指导老师评定,此部分占实习总成绩的10%。

不合格者利用课余时间重新安排实习,并组织答辩。

第三节 实习期间学生注意事项

实习期间学生需要注意的事项如下。

(1)进入施工现场必须戴好安全帽,并注意衣着应符合要求,不允许穿高跟鞋、拖鞋,女生不允许穿裙子。

(2)在脚手架上行走应注意脚手板是否绑扎牢靠,注意脚下不要踩空;在楼板上行走应注意管道井、电梯井等孔洞,特别是在没有加设安全护栏时不要误入。

(3)在施工现场周围行走要注意上面落物伤人;自己在高空作业、行走时,要注意不要丢落或碰落物件,以免砸伤下面的人。

(4)施工现场吊装作业时,不要在下面行走或停留,要绕道行走。

(5)注意防止触电事故。施工现场有时电力线路较乱,时有破损裸露、断线等情况造成漏电现象。因此要注意观察,防止触电事故。

(6)在施工现场不经许可不要动机械、设备的开关等。

(7)严格遵守所在工地的一切有关安全方面的其他规定。

第二章 道路工程实习基本内容

第一节 路线调查

实习任务：
1. 掌握道路初测、定测、工程地质调查、小桥涵地质调查的方法。
2. 熟悉筑路材料现场调查、预算资料调查、杂项调查的方法。
准备工作：
1. 收集现场的地质、水文、气象、预算等资料。
2. 了解工程地质调查、小桥涵地质调查的相关内容。
3. 准备路基路面工程、公路小桥涵勘测、地质、施工概预算相关的专业书籍。
4. 熟悉相关道路勘察技术规范。
实习基本内容：具体内容如下。

一、道路初测

（一）目的、任务及准备工作

1. 目的、任务

初测是设计第一阶段（初步设计阶段）的外业勘测工作。初测的目的是根据计划任务书中确定的修建原则和路线基本走向，通过现场对各有价值方案的勘测，从而确定采用的路线，搜集编制初步设计文件的资料。初测的任务则是要对路线方案作进一步的核查落实，并进行导线、高程、地形、桥涵、路线交叉和其他资料的测量、调查工作，进行纸上定线和有关的内业工作。

2. 准备工作

1）搜集资料

为满足初测和初步设计的需要，道路初测前应搜集与掌握以下资料：

（1）可供利用的各种比例地形图、航测图、三角点、导线点、水准点资料；

(2)了解沿线自然地理概况,搜集沿线的工程地质、水文、气象、地震基本烈度等资料;

(3)搜集沿线农林、水利、铁路、公路、航道、城建、电力、环保等有关部门的规定及规划、设计、科研成果等资料;

(4)对于改建公路还应搜集原路的测设、施工及路况等资料。

2)室内研究路线方案

在既有地形图上进行各种可行方案的研究,并进行初步的方案比选,拟定需要勘测的方案及比较线,确定现场需要重点调查和落实的问题。

3)路线方案的现场核查与落实

开测前,应组织路线、地质、桥涵等专业的主要人员参加,必要时邀请当地政府和有关部门的相关人员参加开展现场路线方案的核实工作。核实的主要内容和要求如下:

(1)按初拟的路线方案进行核查。通过调查、研究分析、比较,初步确定采用方案。核查中,如果发现有可供比较的新方案,且对批准走向或工程造价有较大影响,应进行比选论证,提出推荐意见,并报上级主管部门审定。

(2)与当地政府有关部门联系,听取他们对有关方案的意见。

(3)核实中应充分考虑对环保的影响。

除此以外,在现场核查中还应对沿线的村镇、已建或计划修建的建筑物拆迁、占地、工程地质、筑路材料、布线地形条件、改建公路路线方案等进行调查,确定路线的具体布局。

4)其他资料调查

(1)了解沿线地形情况,拟定路线途经的地形分界位置。

(2)了解沿线涉及测量工地的地形、地貌、地物、通视、通行等情况,拟定勘测工作的困难类别。

(3)调查沿线生活供应、交通条件等情况。

5)资料整理

通过搜集资料和现场的查实调查,应提交如下资料:

(1)根据已掌握的资料,概略说明沿线的地形、河流、工程地质、水文地质、气象等情况,指出采用路线方案的理由,提供沿线主要工程和主要建筑材料情况,提出勘测中应注意的事项、需要进一步解决的问题等。

(2)估计野外工作的困难程度与工作量,确定初测队伍的组织及必需的仪器和其他装备,并编制野外工作计划和日程安排。

(3)提出主要工程(如桥涵、隧道、立交等)的工程地质勘察工作量和要求。

(二)初测的内容及步骤

初测由初测队分组进行,主要内容及步骤如下。

1. 导线测量

导线是由地面上布设的若干直线连成的折线,可作为路线方案比较的线。初测的导线测量主要是对导线长度、转角和平面坐标的量测工作。

1)导线布置

初设导线的布设应全线贯通。导线点应选在稳固处,导线点宜接近路线位置,并便于测角、测距、测绘地形及定测放线。导线点的间距短于500m和长于50m,布设导线点时,应作好现场记录,并绘出草图。

2) 导线长度测量

导线点距离优先采用光电测距仪测量,也可用钢尺与基线法测量,其限差为 1/1000。

3) 水平角测量

水平角测量采用全测回法测量右侧角,如图 2-1 所示。施测中每天至少观测一次磁方位角,其校核差不大于 2°。当角值限差在规定范围内时,取其平均值。当路线起、终点附近有国家或其他部门平面控制点,且引测较方便时根据需要进行联测,形成闭合导线。

2. 高程测量

高程测量即水准测量,其方法同定测,如图 2-2 所示。

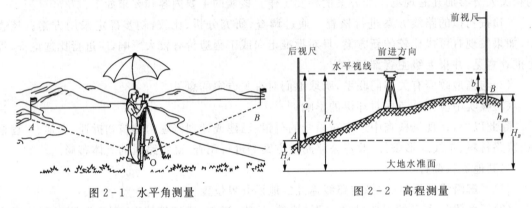

图 2-1 水平角测量　　　　图 2-2 高程测量

3. 地形测量

初测路线地形图必须全线贯通测绘。在具体测绘时,为保证测设精度,尽量以导线点作测站。必要时可以根据导线点用视距法或交会法设置地点。

4. 小桥涵勘测

初测时的小桥涵(包括漫水工程)勘测的主要工作内容包括搜集有关资料,拟定桥涵位置、结构类型、孔径、附属工程的基本尺寸,初步计算工程数量。

5. 其他勘测调查

概算资料的调查应按《公路工程基本建设项目概预算编制办法》(JTG B06—2007)的有关规定进行。调查的内容与预算资料调查大致相同。此外,还应进行路线交叉勘测、临时工程资料调查、杂项调查及勘测等工作,搜集相应的资料。

6. 内业工作

初测内业工作内容包括:

(1) 复核、检查、整理外业资料。一般应逐日复核、检查外业原始记录资料,做到资料无误。对于其他部门搜集的资料,应做到正确取用。

(2) 进行纸上定线及局部方案比选。纸上定线应按《公路路线设计规范》(JTG D20—2017)的规定,进行路线平、纵、横面协调布置,定出线形顺适、工程经济的线位。在地形、地质、水文等条件复杂、工程艰巨的路段,应拟定可能的比较线位方案,进行反复推敲,确定采用线位。

(3)综合检查定线成果。综合检查路线线形设计及有关构造物布设的合理性,并进行必要的现场核对。

(4)图表制作和汇总。根据初步设计及现行《公路基本建设工程设计文件编制办法》(交公路发〔2007〕358号)有关要求,对初测的原始资料进行整理及图表制作和汇总。

二、道路定测

(一)任务、内容

1. 任务

道路定测,即定线测量,是指施工图设计阶段的外业勘测和调查工作。其具体任务是:根据上级批准的初步设计,具体核实路线方案,实际标定路线或放线,并进行详细测量和调查工作。

2. 内容

(1)对初步设计方案进行补充勘察,如有方案变化应及时与有关主管部门联系,并报上级批准。

(2)实地选定路线或实地放线(纸上定线时),进行测角、量距、中线测设、桩志固定等工作。

(3)引设水准点,并进行路线水准测量。

(4)路线横断面测量。

(5)测绘或勾绘路线沿线的带状地形图。

(6)对有大型构造物地带,应测绘局部大比例尺地形图。

(7)进行桥、涵、隧道的勘测与调查。

(8)进行路基路面调查。

(9)占地、拆迁及预算资料调查。

(10)沿线土壤地质调查及筑路材料勘察。

(11)检查及整理外业资料,并完成外业期间所规定的内业设计工作。

(二)定测队的组成及分工

定测队由选线组、导线测角组、中桩组、水平组、横断面组、地形组、调查组、桥涵组、内业组共9个作业组组成。如果定线采用纸上定线方法进行,则此时可将选线和导线测角组合并成一个放线组。

1. 选线组

1)任务

选线组亦称大旗组,它是整个外业勘测的核心,其他作业组都是根据它所插定的路线位置开展测量工作的。选线是道路定线的第一步,其主要任务是:实地确定中线位置。其主要工作是进行路线察看,并进一步确定路线布局方案;清除中线附近的测设障碍物;确定路线交点及转角并钉桩,选定曲线半径,会同桥涵组确定大、中桥位,会同内业组进行纵坡设计等。在越岭线地带还须进行放坡定线工作。

2)分工及工作内容

(1)前点放坡插点。前点一般由1~2人担任(需要放坡时两人)。其主要工作是根据路线走向,通过调查、量距或放坡,确定路线的导向线,进一步加密小控制点,插上标旗(一般可用红白纸旗),供后面定线参考。

(2)中点穿线定点。中点一般由2人担任。其主要工作是根据技术标准,结合地形及其他条件,修正路线导向线,用花杆穿直线的办法,反复插试,穿线交点,并在长直线或相邻两互不通视的交点间设置转点,最后选定曲线半径及其有关元素。

(3)后点测角钉桩。后点由1人担任。其主要工作是用森林罗盘仪初测路线转角以供中点选择曲线半径用,钉桩插标旗,给后面的作业组留下半径及其他有关控制条件的纸条。

2. 导线测角组

1)任务

导线测角组紧跟选线组工作。其主要任务是:标定直线与修正点位;测角及转角计算;测量交点间距;平曲线要素计算;导线磁方位角观测及复核;经纬仪视距测量;交点及转点桩固定;作分角桩;测定交点高程,设置临时水准点;协助中桩组敷设难度大的曲线等工作。为确保测设质量和进度,定线与导线测角应紧密配合,相互协作。作为后继作业的导线测角组,要注意领会选线意图,发现问题及时予以建议并修正补充,使之完善。

2)分工及工作内容

导线测角组一般由4人组成,其中司仪1人、记录计算1人、插杆跑点1人、固桩1人。其主要工作如下:

(1)标定直线与修正点位。标定直线,主要是对长直线而言。当直线很长或直线间地形起伏较大时,为保证中桩组量距时穿杆定线的精度,导线测角组应用经纬仪在其间标定若干导向桩,供中桩组穿线时临时使用。修正点位,是指两交点互不通视时,选线组在中间加设的转点(ZD)因花杆穿线不能保证三点在一条直线上,为此,导线测角组用经纬仪进行穿线对交点位置的微小修正工作,修正点位,使正倒镜的点位横向误差每100m不大于10mm。在限差之内,分中定点。

(2)测角与计算。

①测右角。路线测角一般规定为测右角(即前进方向右测路线的夹角)。右角用不低于J6级的经纬仪,以全测回(即正倒镜法)观测,两次观测差不超过$1'$,最后取值精确到$1'$。

右角按下式计算:

右角=后视读数-前视读数

当后视读数小于前视读数时,应将后视读数加上360°,然后再减去前视读数。

②计算转角。转角指后视导线的延长线与前视导线的水平夹角,根据右角计算。

(3)平距与高程测量。通常多用光电测距仪测定两相邻交点间的平距和高差。测点(交点或转角)间的距离,一般不宜长于500m。

(4)作分角桩。为便于中桩组敷设平曲线中点桩(QZ),在测角的同时须作转角的分角线方向桩。分角桩方向的水平度盘读数按下式计算:

分角读数=(前视读数+后视读数)/2(右转角)

分角读数=(前视读数+后视读数)/2+180°(左转角)

(5)方位角观测与校核。为避免测角时发生错误,保证测角的精度,应在测设的过程中经常进行测角检查。检查通常采用森林罗盘仪或带有罗盘仪的经纬仪通过观测导线边的磁方位角进行。为保证精度,定测计算所得的磁方位角与观测磁方位角的校差不应超过2°。磁方位角每天至少应该观测1次(一般在出工开测或收工时进行观测)。假定路线起始边的磁方位角为θ_0,则任意导线边的磁方位角等于起始边磁方位角加上从起始边到该边的路线的所有右转角再减去所有的左转角。表示为:

$$\theta_n = \theta_0 + \sum \Delta_R - \sum \Delta_L$$

(6)交点桩的保护和固定。在测设过程中,为避免交点桩的丢失及方便以后施工时寻找,交点桩在定测时必须加以固定和保护。交点桩保护,一般采用就地灌注混凝土的办法。混凝土的尺寸一般深30~40cm,直径10~20cm。固桩则是将交点桩与周围固定物(如房角、电杆、基岩、孤石等)上某一不易破坏(损坏)的点联系起来,通过测定该点与交点桩的直线距离,将交点位置确定下来,以便今后交点桩丢失时及时恢复该交点桩。用作交点桩固定的地物点应稳定可靠,各点位与交点桩连接之间的夹角一般不宜小于90°,固定点个数一般应在两个以上。固桩完毕后,应及时画出固桩草图,草图上应绘出路线前进方向、地物名称、距离等,以备将来编制路线固定表之用。

3. 中桩组

1)任务

中桩组的主要任务是:根据选线组选定的交点位置、曲线半径、缓和曲线参数(或缓和曲线长度)及导线测角组所测得的路线转角,进行量距、钉桩、敷设曲线及桩号计算。

2)分工及工作内容

(1)分工。中桩组作业内容较多,因此,人员也较多,一般由7人组成。

前点:1人,负责寻找前方交点,并插前点花杆。

拉链:2人,分别为前链手和后链手,其中后链手还负责指挥前链手进行穿线工作。

卡链:1人,负责卡定路线中桩的具体位置。

记录、计算:1人,负责桩号计算、记录中桩编号、累计链距等工作。

写桩:1人,负责中桩的具体书写工作。

背桩及打桩:1人。

(2)工作内容。

①中线丈量。中线丈量是指丈量路线的里程,通常情况下我们把路线的起点作为零点,以后逐链累加计算。

量距一律采用水平距离。量距时一般采用皮卷尺进行,公路等级要求较高时,最好是采用钢尺或光电测距仪进行。量距累计的导线边长与光电测距仪测得的边长的校差不应超过边长的1/200,否则应返工。

②中桩钉设。中桩钉设与中线丈量是同时进行的。需要钉设的中桩包括路线的起点点桩、公里桩、百米桩、平曲线控制桩(主点桩)、桥梁或隧道中轴线控制桩以及按桩距要求根据地形、地物需要设置的加桩等。直线路段上中桩的桩距一般为20m,在平坦地段亦不超过50m。位于曲线上的中桩间距一般为20m,但当平曲线半径为30~60m,缓和曲线长为30~50m时,桩距不应大于10m;当平曲线半径及缓和曲线长小于30m或用回头曲线时,桩距不应大于5m。此外,在下列地点应设加桩:路线范围内纵向与横向地形有显著变化处,与水渠、管道、电

讯线、电力线等交叉或干扰地段起、终点,与既有公路、铁路、便道交叉处,病害地段的起、终点,拆迁建筑物处,占用耕地及经济林的起、终点,小桥涵中心及大、中桥和隧道的两端。

中桩位置丈量用花杆穿线定位,桩位容许误差:纵向$\left(\frac{s}{1000}+0.1\right)$m(式中$s$为交点或转点至桩位的距离,m),横向10cm。

曲线测设时,应先测设曲线控制桩,再设其他桩。当圆曲线长度大于500m时,应用辅助切线或增设曲线控制点分段测设。曲线闭合差纵向不超过±1/1000曲线闭合差,横向误差应不超过±10cm。中线每3～5km应与初测导线点联测,其闭合差不应超过下列规定:水平角闭合差$60\sqrt{n}''$(n表示测站数),长度相对闭合差1/1000。

③写桩与钉桩。所有中桩应写明桩号,转点及曲线桩还应写桩名。为了便于找桩和避免漏桩,所有中桩应按每千米在背面编号。中桩的书写常用红油漆或油笔。

④断链及处理。在丈量过程中,出现桩号与实际里程不符的现象叫断链。断链的原因有很多,但主要有两种:一种是由于计算和丈量发生错误造成的,另一种则是由于局部改线、分段测量等客观原因造成的。断链有"长链"和"短链"之分,当路线实际里程短于路线桩号时叫做短链,反之则叫做长链。其桩号写法举例如下:

长链:G3+110=3+105.21　　　　　　长链4.79m

短链:G3+157=3+207　　　　　　　短链50m

所有断链桩号应填在"总里程及断链桩号表"上,考虑断链桩号的影响,路线的总里程应为:

$$路线总里程 = 终点桩里程 - 起点桩里程 + \sum 长链 - \sum 短链$$

4. 水平组

1)任务

水平组的任务是通过对路线中线各中桩高程进行测量,并沿线设置临时水准点,为路线纵断面、横断面设计和施工提供高程资料。

2)分工及工作内容

水平组通常由6人组成,分为基平和中平两个组。中平主要对各中桩进行水准测量,基平则主要是设置临时水准点并进行交点高程的测量。当导线测角采用光电测距仪时,可不设基平组,其任务由导线测角组代替。

(1)水准点的设置。水准点的高程应引用国家水准点,并争取沿线联测,形成闭合导线。采用假定高程时,假定高程应尽量与实际接近,可借助于1:10 000或1:50 000军用地图进行假定。水准点沿线布设,应有足够的数量,平原微丘区间距为1～2km,山岭重丘区间距为0.5～1.0km。在大桥、隧道、垭口及其他大型构造物所在处应增设水准点。水准点应设在测设方便、牢固可靠的地点。设置的水准点应在记录本上绘出草图,并记录位置及所对应的路线的桩号,以便编制"水准点表"。

(2)基平测量。基平测量应采用不低于S3级的水准仪,采用一组往返或两组单程测量。其高程闭合差应满足$\pm 30\sqrt{l}$(mm)(l为单程水准路线长度,以km计),符合精度要求时取平均值。水准点附合、闭合及检测限差亦应满足上述精度要求。联测时的视线长度,一般不大于150m,当跨越河谷时可增至200m。

(3)中平测量。中平测量可使用 S10 级的水准仪采用单程进行。水准路线应起、闭于水准点,其限差为 $\pm\sqrt{l}$(mm)。中桩高程取位至 cm,其检测限差为 ±10cm。导线点检测限差为 ±5cm。

5. 横断面组

1)任务

横断面组作业的主要任务是:在实地逐桩测量每个中桩在路线的横向(法线方向)的地表起伏变化情况,并画出横断面的地面线。路线横断面测量主要是为路基横断面设计、土(石)方计算及今后的施工放样提供资料。

2)工作内容

(1)横断面方向的确定。要进行横断面测量,必须首先确定横断面的方向。在直线路段,横断面的方向与路线垂直,而在曲线段,横断面的方向与该点处曲线相垂直,即横断面的方向为法线方向。直线上的横断面方向,用方向架或经纬仪作垂线确定。曲线上的横断面方向,根据计算的弦偏角,用弯道求心方向架或经纬仪来确定。具体方法详见《工程测量学》(李天文,2011)。

(2)测量方法。横断面测量以中线地面点即中桩位置为直角坐标原点,分别沿断面方向向两侧施测地面各地形变化特征点间的相对平距和高差,由此点绘出横断面的地面线。

横断面测量方法常用的有:

①抬杆法。利用花杆直接测得平距和高差。此法简便、易行,所以被经常采用。它适用于横向变化较多较大的地段,但由于测站较多,测量误差和积累误差较大,如图 2-3 所示。

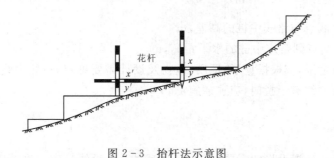

图 2-3 抬杆法示意图

②手水准法。此法原则与抬杆法相同,仅在测高差时用水平花杆测量,量距仍用皮尺。与抬杆法相比,此法精度较高,但不如抬杆法简便,一般多适用于横坡较缓的地段。

③特殊断面的施测方法。在不良地质地段需作大断面图时,可用经纬仪作视距测量和三角高程测量施测断面。对于一些陡岩地段如图 2-4,可用交会法已定 A、B 点,用经纬仪或带角手水准测出 α_A 和 α_B 及丈量 l,图解交会出 C 点。交会时,交角不宜太小,距离 l 应有足够的长度。对于深沟路段可用钓鱼法施测。对于高等级公路,应采用经纬仪皮尺法、经纬仪视距法等方法施测。

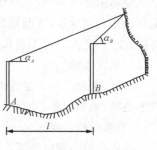

图 2-4 交会法示意图

(3)横断面图的点绘。横断面图的点绘,一般采用现场边测边点绘的方法。其优点是:外业不作记录,点绘出的断面图能及时核对,消除差错。点绘的方法是:以中桩点为中心,分左、右两侧,按测得的各侧相邻地形特征点之间的平距与高差或倾角与斜距等逐一将各特征点点绘在横断面图上,各点连线即构成横断面地面线。当现场无绘图条件时,也可采用现场记录、室内整理绘图的方法。点绘时应按桩号大小先从图的下方到上方,再从图的左侧到右侧的原则安排断面位置。绘图的比例一般为1∶200,对有特殊需要的断面可采用1∶100,每个断面的地物情况应用文字在适当位置进行简要说明。

(4)测量精度及测图范围。横断面的检测应用高精度方法进行,其限差规定如下。

①一级公路。

高程:

$$\pm\left(\frac{h}{100}+\frac{l}{200}+0.01\right)(\mathrm{m})$$

水平距离:

$$\pm\left(\frac{l}{100}+0.1\right)(\mathrm{m})$$

②二级至四级公路。

高程:

$$\pm\left(\frac{h}{50}+\frac{l}{100}+0.1\right)(\mathrm{m})$$

水平距离:

$$\pm\left(\frac{l}{50}+0.1\right)(\mathrm{m})$$

式中:h——检测点与路线中桩的高差,m;

l——检测点到路线中桩的水平距离,m。

横断面的测量范围,应根据地形、地质、地物及设计需要确定,一般中线左、右两侧宽度不小于20m。在回头曲线有干扰时,应连通施测。

6. 地形组

1)任务

地形组的任务是根据设计的需要,按一定比例测绘出沿线一定宽度范围内的带状地形图(或局部范围的专用地形图),供设计和施工使用。地形图分为路线地形图和工点地形图两种。路线地形图是以导线(或路线)为依据的带状地形图,主要供纸上定线或路线设计之用。工点地形图是利用导线(或路线)或与其取得联系的支导线进行测量的,为特殊小桥涵和复杂排水、防护、改河、交叉口等工程布置的专用地形图。

2)测设要求

(1)比例及范围。路线地形图比例尺采用1∶2000;测绘宽度左、右两侧各为100~200m;对于地物、地貌简单,地势平坦的地区,比例尺可采用1∶5000;测绘宽度每侧不应小于250m。

(2)测设精度要求。

①等高距。规定如下:

地形图比例尺　　基本等高距

1∶500　　　　　0.5m、1m

1∶1000　　　　1m
1∶2000　　　　1m、2m
1∶5000　　　　2m、5m

②地形点观测要求。地形点的密度：地面横坡陡于1∶3时,图上距离宜大于15mm;地面横坡等于或小于1∶3时,图上距离不宜大于20mm。地形点在地形图上的点位中误差：地形图比例尺为1∶500～1∶2000时,不应超过±1.6mm；地形图比例尺为1∶5000时,不应超过±0.8mm。

7. 调查组

1)任务

调查组工作：根据测设任务的要求,通过对公路所经地区的自然条件和技术经济条件进行调查,为公路选线和内业设计收集原始资料。

2)分工及调查内容

调查的内容主要有工程地质情况调查、筑路材料情况调查、桥涵情况调查、预算资料调查及杂项调查等。对于旧路改建,还应对原路路况进行调查。调查组可由2～3人组成综合调查组,也可分小组同时调查。

8. 桥涵组

1)任务

主要任务有调查与搜集沿线小桥涵水文、地质、地形资料,配合路线总体布设,进行实地勘测,提供小桥涵及其他排水构造物的技术要求,研究决定小桥涵的位置、结构形式、孔径大小以及上下游的防护处理等。图2-5为小桥涵示意图。

桥涵(a)

公路涵洞通道(b)

图2-5　小桥涵示意图

2)桥涵组主要工作内容

(1)小桥涵水文资料调查。水文资料调查的目的在于提供为确定设计流量和孔径所必需的资料。调查内容应采用水文计算的方法确定。方法有形态调查法、径流形成法、直接类比法。当跨径在1.5m以下时,可不进行孔径计算,通过实地勘测用目估法确定孔径。

(2)小桥涵位置的选定及测量。小桥涵的位置,原则上应服从路线走向,通常情况下是由选线组根据最佳路线位置确定下来的。但是，桥涵如何布置，则由桥涵人员根据实地地形、地质及水文条件综合考虑，然后进行桥址或涵址测量。

(3)小桥涵结构类型的确定。小桥涵类型的选择，应结合路线的等级和性质，根据适用、经济和就地取材的原则，并结合其他情况综合考虑，使所选定的类型具有施工快、造价低、便于行车和利于养护的优点。

(4)小桥涵地质调查。小桥涵地质调查的目的在于摸清桥涵基底工程地质及水文地质情况，为正确选定桥涵及附属构造物的基础埋深及有关尺寸、类型等提供资料。调查的内容包括基底土壤地质类型及特征、有无不良地质情况、土壤冰冻深度及水文地质对基础和施工的影响等。

9. 内业组

内业组定测内业工作的复核、检查、整理外业资料和图表制作、汇总等要求，同初测内业工作要求相同。

定测内业工作应及时进行路线设计和局部方案的取舍工作，外业期间宜作全部路基横断面设计，并结合沿线构造物的布设、逐段综合检查所定公路线线位的技术经济合理性，同时应进行必要的现场核对。

三、工程地质调查

(一)工程地质调查的目的

工程地质资料是公路设计的重要资料，通过调查、观测和必要的勘探、试验等工程地质调查手段，进一步掌握与评价路线通过地带的工程地质和水文地质情况，为正确选定路线位置，合理进行纵坡、路基、路面、小桥涵及其构造物的设计提供充分准确的工程地质依据。

(二)工程地质调查的主要内容

1. 路线方面

(1)在工程地质复杂和工程艰巨地段，会同选线人员研究路线布设及所采取的工程措施。

(2)调查沿线范围的地貌单元和地貌特征、地质构造、岩石、水文地质、植被、土壤种类、地面径流及不良地质现象情况，并分段进行工程地质评价。

(3)分段测绘代表性工程地质横断面，标明土、石分类界限，并划分土、石等级。

(4)调查气象、地震及施工、养护经验等资料。

(5)编写道路地质说明书。

2. 路基方面

(1)调查分析自然山坡或路基边坡的稳定状况，根据地质构造、岩性及风化破碎程度以及其他影响边坡稳定的因素，提出路堑边坡或防护加固措施。

(2)沿溪线应查明河流的形态、水文条件，河岸的地貌、地质特征、稳定情况、受冲刷程度等，进而提出防护类型和长度及基础埋置深度等意见。

(3)路基坡面及支挡构造物调查，提出路基土壤分类和水文地质类型。

3. 路面方面

(1)搜集有关气象资料,研究地貌条件,划分路段的道路气候分区,并提出土基回弹模量建议值,供路面设计时采用。调查当地常用路面结构类型和经验厚度。

(2)特殊不良地质地区的调查,如黄土、盐渍土、沙漠、沼泽以及滑坡、崩塌、岩溶、泥石流等的综合性地质调查与观测(图2-6),为制定防治措施提供资料。

(a)滑坡　　　　　　　　　　　(b)崩塌

(c)岩溶　　　　　　　　　　　(d)泥石流

图2-6　不良地质现象

四、筑路材料现场调查

(一)筑路材料现场调查的目的

筑路材料质量、数量及运距,直接影响工程的质量和造价。进行筑路材料调查的任务就是根据适用、经济和就地取材的原则,对沿线料场的分布情况进行广泛调查,以探明数量、质量及开采条件,为施工提供符合要求的料场。

(二)筑路材料现场调查的内容

(1)料场使用条件的调查。主要对自采加工材料,如块石、片石、料石、砾石、碎石、砂、黏土、料源的质量和数量进行勘探,以必要的取样试验决定料场的开采价值。

(2)料场开采条件的调查。主要对矿层的产状条件、水文地质条件、开采季节、工作面大小、废土堆置场地等方面进行调查。

(3)运输条件的调查。包括对运输支线距离、修筑的难易、料场与路线的相对高差、运输方式、材料的埋藏条件(包括剥土厚度)等方面进行调查。

五、预算资料调查

(一)预算资料调查的目的

施工预算是公路设计文件的重要组成部分,进行预算资料调查的目的就是要为编制施工预算提供资料。调查应按中华人民共和国交通部颁布的《公路工程基本建设项目概算预算编制办法》(JTG B06—2007)的有关规定进行。

(二)调查的主要内容

(1)施工组织形式调查。主要调查施工单位的组织形式、机械化程度和生产能力以及施工企业的等级等。当施工单位不明确时,应由建设单位提供上述可能的情况资料及编制原则。

(2)工资标准调查。包括工人的基本工资标准和工资性津贴(附加工资、粮价补贴、副食补贴)、其他地区性津贴及工人工资计算办法等的调查。

(3)调拨或外购材料及交通运输调查。包括材料的出厂价格,可能发生的包装费和手续费,可能供应数量、运输方式、运距、中转情况、运输能力、运杂费(包括运费、装卸费、囤存费、过渡费、过磅费等)及水、电价格等内容。

(4)征用土地和拆迁补偿费调查。按国务院最新公布的《国家建设征用土地条例》和当地政府有关补偿费用标准和办法执行。

(5)施工机构迁移和主副食运费补贴调查。

(6)气温、雨量、施工季节调查。

(7)其他可能费用资料调查。

(三)杂项调查

1. 杂项调查的目的

杂项调查主要是指占地、拆迁及有关项目的情况和数量调查,为编制设计文件的杂项表格提供资料。

2. 杂项调查的主要内容

(1)拆迁建筑物、构筑物(包括水井、坟墓等)调查。

(1)拆迁管道、电力、电讯设施调查。

(3)排水、防护、改河以及临时工程(便道、便桥等)调查。
(4)占用土地的测绘与调查。

第二节　道路选线的基本原则和方法

> 实习任务：
> 1. 掌握道路选线的步骤与方法。
> 2. 熟悉道路选线的原则。
> 3. 熟悉自然条件对道路路线的影响。
> 准备工作：
> 1. 了解当地的自然条件和工程概况。
> 2. 准备相关资料,如工程地质勘察规范,与道路工程、工程地质相关的专业书籍。
> 3. 复习道路勘测设计的相关知识内容。
> 实习基本内容:具体内容如下。

一、道路选线的目的与任务

(一)目的

道路选线的目的,就是根据道路的性质、任务、等级和标准,结合地形、地质、地物及其他沿线条件,综合平、纵、横三方面因素,在实地或纸上选定道路路中线平面位置。

(二)任务

道路选线的主要任务是:确定道路的走向和总体布局;具体确定道路的交点位置和选定道路曲线的要素,通过纸上或实地选线,把路线的平面位置确定下来。

二、道路选线的步骤与方法

(一)一般方法

1. 实地选线

实地选线是由选线人员根据设计任务书的要求,在现场实地进行勘察测量,经过反复比较,直接选定路线的方法。这是我国传统的选线方法,其特点是简便、切合实际,实地容易掌握地质、地形、地物情况,做出的方案比较可靠,定线时一般不需要大比例尺地形图。但是,这种方法野外工作量很大,体力劳动强度大,受气候季节的影响大;同时,由于实地视野的限制,地形、地貌、地物的局限性很大,使路线的整体布局有一定的片面性和局限性。实地选线一般适用于等级较低、方案比较明确的公路。

2. 纸上选线

纸上选线是在已经测得的地形图上,进行路线布局、方案比选,从而在纸上确定路线,将此路线再放到实地的选线方法。

纸上选线的一般步骤如下:

(1)实地敷设导线;

(2)实测地形图测量(可用人工或航测法),航测法如图2-7所示;

(3)实地测量放线,如图2-8所示;

(4)纸上选定路线。

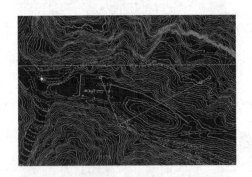
图2-7　无人机航测1:1000地形图

图2-8　实地测量放线

3. 自动化选线

随着航测技术和电子计算机技术的发展,一种将航测和电算相结合的自动化选线方法已研制成功。自动化选线的基本做法是:先用航测方法测得航测图片;再根据地形信息建立数字地形模型(即数字化的地形资料),把选线设计的要求转化为数学模型,将设计数据输入计算机,则计算机按照一定的程序进行自动选线、分析比较、优化;最后通过自动绘图仪和打印机将全部设计图表输出。自动化选线用电子计算机和自动绘图仪代替人工去做大量、繁重的计算、绘图、分析比较工作,这样能使选线方案更为合理、省工省时。自动化选线已成为今后道路选线的发展方向。

(二)一般步骤

一条道路路线的选定是经过由浅入深、由轮廓到局部、由总体到具体、由面到带进而到线的过程来实现的,一般要经过以下3个步骤。

1. 全面布局

全面布局是解决路线基本走向的全局性工作。就是在起、终点及中间必须通过的据点寻找可能通行的"路线带",并确定一些大的控制点,连接起来即形成路线的基本走向。例如,在起、终点及据点间可能沿某条河,越某座岭;可能走这一岸,也可能走另一岸。这些都属于路线的布局问题。路线布局是关系到公路"命运"的根本问题。总体布局如果不当,即使局部路线选得再好,技术指标确定得再恰当,仍然是一条质量很差的路线。因此,在选线中,应着眼于总体布局工作,解决好基本走向问题。全面布局是通过路线视察,经过方案比较来确定的。

2. 逐段安排

这是在路线基本走向已经确定的基础上,进一步加密控制点,解决路线局部方案的工作。即在大控制点间,结合地形、地质、水文、气候等条件,逐段定出小控制点。例如,翻越同一山岭垭口后是从左侧展线下山,还是从右侧展线下山,沿一条河是仅走一岸还是多次跨河两岸布线等都属于局部方案问题。逐段安排路线是通过踏勘测量或详测前的察看路线来解决的。

3. 具体定线

这是在逐段安排的小控制点间进行的工作。根据技术标准结合自然条件,综合考虑平、纵、横三方面因素,反复穿线插点,定出具体路线位置。这一步更深入、更细致、更具体。具体定线由详测时的选线组来完成。

三、道路选线的一般原则

(一)路线的基本走向必须与道路的主客观条件相适应

限制和影响道路基本走向的因素很多,但归纳起来有主观条件和客观条件两类。主观条件是指设计任务书(或其他文件)规定的路线总方向、等级及其在道路网中的地位和作用。客观条件是指道路所经地区原有交通的布局(如铁路、公路、航道、航空、管道等),城镇、工矿企业、资源的状况,土地开发利用和规划的情况以及地形、地质、气象、水文等自然条件。上述主观条件是道路选线的基本依据,而客观条件则是道路选线必须考虑的因素。选线人员要从各种可能方案中选择出一条最优的路线方案,就要充分考虑上述条件对道路的影响,使之相适应。

(二)正确掌握和运用技术标准

在工程数量增加不大时,应尽量采用较高的技术标准,不要轻易采用指标或极限指标,也不应不顾工程数量的增加,片面追求高指标。路线布设应在保证行车安全、舒适、快速的前提下,做到工程数量小、造价低、运营效益好,并有利于施工和养护。

(三)注意与农业配合

选线时要处理好道路与农业的关系。注意与农业基本建设的配合,做到少占田地,应尽量不占高产田、经济作物田或不穿过经济林园(如橡胶、茶林、果园等),并注意与修路造田、农田水利灌溉、土地规划等相结合。

(四)选线应重视水文、地质问题

不良地质和地貌对道路的稳定影响极大,选线时应对工程地质和水文地质进行深入勘测调查,弄清它们对道路的影响。对于滑坡、崩塌、岩堆、泥石流、岩溶、泥沼等严重不良地质地段和沙漠、多年冻土等特殊地区的路线,应慎重处理。

(五)重视环境保护工作

加强环保工作,重视生态平衡,为人类创造良好的生活环境,是我国的基本国策。在选线时应综合考虑由道路修建、道路交通运行所引起的环境保护问题。主要应注意以下几点:

(1)通过名胜风景区、古迹地区的道路,应注意保护原有自然状态,并注意与周围环境、景观相协调,严禁损坏重要历史文物遗址;

(2)路线对自然景观与资源可能产生的影响;

(3)占地、拆迁房屋对环境带来的影响;

(4)路线布局对城镇布局、行政区划、农业耕作区、水利排灌体系等的现有设施造成分割而带来的影响;

(5)噪声问题以及对大气、水源、农田污染所造成的影响;

(6)充分考虑对自然景观的破坏和环境污染的防治措施及其实施的可能性。

(六)选线应综合考虑路与桥的关系

在选线中,一般将个别特殊大桥桥位作为路线总方向的控制点;大、中桥位原则上应服从路线的总方向,一般作为路线走向的主要控制点;小桥涵位置应服从路线走向。

四、自然条件对道路路线的影响

为了正确选定一条既符合客观实际又符合规定要求的道路路线,必须详细了解路线所经地区的自然条件,并进行综合的分析,以便改造自然,使它为道路交通运输创造条件,达到为国家建设服务的目的。

公路不仅承受汽车的载重,而且受到当地自然条件,特别是地区气候、土壤、地质、水文和植物覆盖的影响。对于公路的勘测设计工作,只有通过详细调查与分析自然条件对公路路线及其构造物的影响,并综合研究自然条件的发展过程和相互影响,才能正确地开展公路路线及其构筑物的工作。

(一)气候条件的影响

气候条件直接影响地面排水数量和状况、地下水位、路基水温及泥泞情况、积雪程度、施工期限和条件等。

(二)地形条件的影响

地形条件最显著地影响公路的选线。特别在山区,常常是峰岭交错、崎岖曲折、高低起伏,因而在很大程度上决定着路线的技术标准、线形的平顺程度和工程量的大小。

(三)地形地质构造的影响

地形地质构造是决定路线及构造物是否稳定的条件,同时也是筑路材料来源及其性质优劣的决定因素。对不良地质区(如泥沼、滑坍、碎落、崩塌等),在选线不能避开的情况下,应采取保证路基稳定的措施。不同自然地质作用产生不同的地形,它们是相互联系和发展着的,如冰川剥蚀作用造成 U 型山谷,火山口喷出物形成特有圆锥体火山地形,我国黄土高原所特有的壁立深沟和谷底呈宽平状的特种地形,都说明一定地形依赖于一定的地质条件。我国领域广阔,地形起伏变化,各地均有平原、丘陵及多山的地形。为了进行公路的测设及正确运用技术标准,需要具体分析沿线地形。从公路的角度出发,对地形特征的描述,是以地形的形态特征、相对高差、倾斜度及平整度为根据的,根据分析研究认为平原微丘与山岭重丘的划分如下。

1. 平原微丘

平原地形指一般平原、山间盆地、高原(高平原)等(图 2-9),地形平坦,无明显起伏,地面自然坡度一般在 3°以内。微丘地形指起伏不大的丘陵,地面自然坡度在 20°以下,相对高差在 100m 以下,设线一般不受地形限制。同时也指河弯顺适,地形开阔且有连续的宽缓台地的河谷地形,河床坡度大部分在 5°以下,地面自然坡度在 20°以下,沿河设线一般不受限制,路线纵坡平缓或略有起伏。

2. 山岭重丘

山岭地形指山脊、陡峻山坡、悬岩、峭壁、峡谷、深沟等,地形变化复杂,地面自然坡度大部分在 20°以上,路线平、纵、横面大部分受地形限制,如图 2-10 所示。重丘地形指连绵、起伏的山丘,具有深谷和较高的分水岭,地面自然坡度一般在 20°以上,路线平、纵面大部分受地形限制。高原地带的深侵蚀沟,以及有明显分水线的绵延较长的高地,地面自然坡度多在 20°以上,路线平、纵、横面大部分受地形限制。

图 2-9 平原

图 2-10 山岭重丘

(四)河溪水流情况的影响

如图 2-11 所示,河溪水流情况对桥位选择及路线线形有很大的影响,并且是排水系统、桥涵孔径、防护工程等的决定因素。在某些情况下,它决定了路线选定沿溪河安排的可能性。

(五)土壤的影响

土壤是修建路基的基本材料,它影响着路基的稳定以及路基高度、边坡尺寸的确定,也影响着路面类型及宽度的确定。

(六)地面植被覆盖的影响

地面的植被覆盖影响着暴雨径流、水土流失程度以及建筑木材的供应,因而也就影响着桥涵及排水构造的布置与设计(图 2-12)。

由上可知,自然因素对公路选线有直接影响,并且在修建公路后也在一定程度上影响着公路所在地区的地形等自然情况。因此,选线时要细致调查、实地观察、充分考虑自然条件,并注意到今后的自然变化和修建公路后的影响,保证公路工程在复杂自然条件下的坚固稳定与交通运输的畅通无阻。

图 2-11 河溪水流

图 2-12 植被覆盖

五、公路自然区划

我国公路自然区划以自然气候因素为主,从分析自然综合情况与公路工程实际出发,将全国公路自然区划分为 3 个等级。一级区划将全国划分为全年冻土、季节冻土和全年不冻土三大地带,再依据水热平衡和地理位置,划分为冰土、湿润、干湿过渡、湿热、潮暖、干旱和高寒 7 个大区。二级区划是在一级区划基础上以潮湿系数作进一步的划分,三级区划是在二级区划内作更低一级的划分。该标准用于公路规划设计中,考虑了不同地理区域的自然条件对公路工程的影响,为确定技术措施和设计参数提供了依据,详见交通部《公路自然区划标准》(JTJ003—86)。

六、路线方案比较

路线方案是路线设计中最根本的问题。方案是否合理,不但直接关系到公路本身的工程投资和运输效率,更重要的是影响到路线在公路网中是否起到了应有作用,即是否满足国家的政治、经济、国防的要求和长远利益。一条路线的起、终点及中间必须经过的重要城镇或地点,通常是由公路网规划单位规定或政府根据经济建设需要制定的。这些指定点称为"据点",把据点连接成线,就是路线总方向或称大走向。两个据点之间有许多不同的走法,有的可能沿某河,越某岭,也可能沿某几条河,翻几个岭;可能走某河的这一岸,靠近某城镇;也可能走对岸,避开某城镇等。每一种可能的走法就是一个大的路线方案。作为选线工作的第一步就是要在各种可能的方案中,在深入调查的基础上,综合考虑路线选择的主要因素,通过方案的比选,提出合理的路线方案。

影响路线方案选择的因素是多方面的,各种因素又多少互相联系和互相影响。路线应在满足使用任务和性质要求的前提下,综合考虑自然条件、标准和技术指标、工程投资、施工期限和施工设备等因素。

方案比较是确定路线总体布局的有效方法,是指在可能布局的多种方案中,通过方案比较决定取舍,选择出技术合理、费用经济、切实可行的最优方案。

从方案比较的深度不同可分为原则性的方案比较和详细的方案比较两种。

(一)原则性的方案比较

从形式上看,方案比较可分为质和量的比较。对于原则性的方案比较,主要是质的比较,多采用综合评价的方法。这种方法不是通过详细计算经济和技术指标进行比较,而是综合各方面因素进行评比,主要综合因素有:

(1)路线在政治、经济、国防上的意义,国家或地方建设对路线使用任务、性质的要求,以及战备、支农、综合利用等重要方针的贯彻和体现程度。

(2)路线在铁路、公路、航道等网系中的作用,与沿线工矿、城镇等规划的关系以及与沿线农田水利建设的配合及用地情况。

(3)沿线地形、地质、水文、气象、地震等自然条件对道路的影响,要求的路线等级与实际可能达到的技术标准及其对路线使用任务、性质的影响,路线长度、筑路材料来源、施工条件以及工程量、三材(钢材、木材、水泥)用量造价、工期、劳动力等情况及其对运营、施工、养护的影响,以及施工期限长短等。

(4)工程费用和技术标准情况。

(5)其他。如与沿线历史文物、革命史迹、旅游风景区的联系。影响路线方案选择的因素是多方面的,而各种因素又多是互相联系和互相影响的,比选时应在满足使用任务和性质要求的前提下,综合考虑自然条件、技术标准和技术指标、工程投资、施工期限和施工设备等因素,精心选择,反复比较,从而提出合理的推荐方案。

(二)详细的方案比较

详细的方案比较是在原则性方案比较之后进行的量的比较,它包括技术和经济指标的详细计算,一般多用于局部方案的分析比较。

1. 技术指标的比选

(1)路线延长系数:

$$路线延长系数 = \frac{路线方案实际长度}{路线方案起、终点间的直线距离}$$

有时在初步比选时,可计算路线方案各大控制点间直线距离之和,可不计算路线方案实际长度。这时计算的系数叫路线技术延长系数。其值一般在 1.05~1.2 之间,视地形条件而异。

(2)转角数。包括全线的转角数和每千米的转角数。

(3)转角平均数。转角是体现路线顺直的一种技术指标。转角平均度数按下式计算:

$$\alpha = \frac{\sum_{i=1}^{n} \alpha_i}{n}$$

式中：α——转角平均度数(°)；

α_i——任一转角的度数(°)。

(4)最小曲线半径数。

(5)回头曲线数。

(6)与既有道路及铁路的交叉数目(包括平面交叉和立体交叉)。

(7)限制车速的路段长度(指居住区、小半径转弯处、交叉点、陡坡路段等)。

2. 经济指标的比选

(1)土(石)方工程数量。

(2)桥涵工程数量(分大桥、中桥、小桥涵的座数、类型及长度)。

(3)隧道工程数量。

(4)挡土墙工程数量。

(5)征地数量及费用。

(6)拆迁建筑物及管线设施的数量。

(7)主要材料数量。

(8)主要机械、劳动力数量。

(9)工程总造价。

(10)投资成本—效益比。

(11)投资利润率。

(12)投资回收期。

(三)路线方案选择的方法和步骤

路线方案是通过许多方案的比较淘汰而确定的。指定的两个据点之间的自然情况越复杂、距离越长,可能的比较方案就越多,需要淘汰的方案也就越多。不可能每条路线都通过实地查勘进行淘汰,因而要尽可能搜集已有资料,先在室内进行研究筛选,然后就较佳的、优劣难辨的有限方案进行调查或踏勘。路线方案选择的做法通常是：

(1)搜集与路线方案有关的规划、计划、统计资料及各种比例尺的地形图、航测图、水文、地质、气象等资料。

(2)根据确定了的路线总方向和公路等级,先在小比例尺(1∶50 000或1∶100 000)的地形图上,结合搜集的资料,初步研究各种可能的路线走向。研究重点应放在地形、地质、地物复杂、外界干扰多、牵涉面大的段落。比如可能沿哪些溪沟,越哪些垭口,路线经城镇或工矿区时,是穿过、靠近,还是避开或以支线连接等。要进行多种方案的比选,提出的方案应进行实地踏勘。

(3)按室内初步研究提出的方案进行实地调查,连同野外调查中发现的新方案,都必须坚持跑到、看到、调查到,不遗漏一个可能的方案。野外调查要求做到以下几点：

A. 初步落实各据点的具体位置,路网规划所指定的控制点如确因干扰或技术上有很大困难、发现不合理必须变动时,应及时反映,并经过分析论证提出变动的理由,报有关部门审定。

B. 对路线、大桥、隧道均应提出推荐方案。对于确因限于调查条件不能肯定取舍的比较方案,应提出进一步勘测比较的范围和方法。

　　C.分段提出采用技术标准和主要技术指标的意见。

　　D.在深入调查的基础上,通过比较,选定路线必经的控制点,如山岭的垭口、跨较大河流的桥位、与铁路或其他公路交叉的地点,以及应绕避的城镇及大型的不良地质地段等。对于地形、地质、地物情况复杂的地区,应提出路线具体布局的意见。

　　E.分段估算各种工程量。如路基土(石)方数量,路面工程量,桥梁、涵洞、隧道、挡土墙等的长度、类型、式样和工程数量等。

　　F.经济方面,应调查路线联系地区的资源情况及工矿、农、林、牧、副、渔业以及其他大宗物资的年产量、年输出量、年输入量、货运流向、运输季节和运输工具,路线联系地区的交通网系规划,预计对路线运量发展的影响,沿线人口、劳动力、运输力、工资标准等资料,供估算交通量、论证路线走向及控制点的合理性和拟定施工安排的原则意见的参考。

　　G.其他。如对沿线民族习惯、居住环境、生活供应、水源、运输条件、气候特征、沿线林木覆盖、地形险阻、有无地方病疫和毒虫害兽等情况也应进行调查,为下一步勘测提供资料。

　　(4)分项整理汇总调查成果,编写方案比较报告。

七、平原区公路选线

(一)基本特征

1. 自然特征

　　平原地形、地物特征是:除泥沼、盐渍土、河谷漫滩、草原、戈壁、沙漠等外,一般多为耕地,且分布较多的建筑设施,居民点较密,交通网系较密;在农业区,农田水系、渠网纵、横交错;在城镇区,则建筑、电讯管网密布;在天然河网、湖区,还密布湖泊、水塘和河岔。从地质和水文条件来看,平原区一般不良地质现象较少,但有时会遇到软土和沼泽地段。另外,平原区地面平坦,往往排水较困难,地面积水较多,地下水位较高;平原区河流较宽阔,比降平缓,泥沙淤积,河床低浅,洪水泛滥范围较宽。

2. 路线特征

　　平原地区地形对路线的约束限制不大,路线平、纵、横三方面的几何条件很容易达到标准,路线布置主要考虑地物障碍问题,其路线特征是:平面线形顺直,以直线为主体线形,弯道转角一般较小,平曲线半径较大;在纵面上,坡度平缓,以低路堤为主(图 2-13)。路线布设除考虑地物障碍外,一般没有太大困难。

(二)布线要点

综合平原区自然特征和路线特征,布线时应着重考虑以下几点。

1. 以平面为主安排路线

　　选线时,首先在起、终点间把经过的城镇、厂矿、农场及风景文物点作为大的控制点;在控制点间通过实地视察进一步根据地形条件和水文条件选择中间控制点,一般较大的建筑群、水电设施、跨河桥位、洪水泛滥线范围以外及其他必须绕过的障碍物均可作为中间控制点;在中

图 2-13 平原区公路

间控制点之间,无充分理由一般不设转角点。在安排平面线形时,既要使路线短捷顺直,又要注意避免过长的直线,可能条件下多采用转角小、半径大的长缓平曲线线形。纵面线形应综合考虑桥涵、通道、交叉等建筑物的要求,合理确定路基设计高度。注意避免纵坡起伏过于频繁,但也不应过于平缓而造成排水不良。

2. 正确处理路线与农业的关系

处理好路线与农田规划、农业灌溉、水利设施的关系是平原选线的重要问题,主要注意以下几点:

(1)占用田地要与路线的作用相协调,对支农运输的效果、工程数量及造价、运营费用等方面因素全面分析比较后再予以确定。既不能片面占用大量良田,造成良田浪费,也不能片面不占某块田,使路线绕行,造成行车条件差。

(2)注意处理好路线与农田水利的关系。线路布置要尽可能与农业灌溉系统配合,除特殊情况外,一般不要破坏灌溉系统,布线要注意尽量与干渠平行,减少路线与渠道相交,最好把路线布置在渠道的非灌溉区一侧或渠道的尾部。

(3)注意筑路与造田、护田结合。可能条件下,布线要有利于造田、护田。路线通过河曲地带,当水文条件许可时,可考虑路线直穿,裁弯取直,改河造田,缩短路线(或减少桥涵)。

(4)路线布置要尽可能考虑为农业服务。布线时要注意与农村公路和机耕道的连接,以及与土地规划相结合;较多地靠近一些居民点;考虑地方交通工具的行驶,以方便群众,支援农业。

3. 处理好路线与城镇的关系

平原区有较多的城镇、村庄、工业区及其他公用设施,路线布置应正确处理好服务与干扰、穿越与绕避、拆迁与保留的关系问题。

(1)国防与高等级干线公路,应尽量避免直穿城镇、工矿区和居民密集区,以减少相互干扰。但考虑到公路对这些地区的服务性能,路线又不宜相距太远,必要时还应考虑支线联系,做到近村不进村,利民不扰民,既方便运输,又保证安全。布线时注意与地区规划相结合。

(2)一般沟通县、区、村直接为农业运输服务的公路,经地方同意方可穿越城镇,但要注意有足够的视距、行车道路宽度(应考虑行人的需要)和必要的交通设施,以保证行人和行车的安全。

(3)路线布设应尽量避开重要的电力、电讯及其他重要的管线设施。当必须靠近或交叉时,应遵守有关净空和安全距离的规定,尽量少拆或不拆各种电力、电讯和建筑设施。

(4)注意与铁路、航道、机场、港口、已有公路等交通运输设施配合,以发挥各种交通运输的综合效益。

4. 处理好路线和桥位的关系

(1)大、中桥位常常是路线的控制点,但原则上应服从路线总方向并满足桥头接线的要求,桥、路需要综合考虑。一般情况下,桥位中线应尽可能与洪水的主流流向正交,桥梁和引道最好都在直线上。位于直线上的桥梁,当两端引道必须设置曲线时,应在桥两端以外保持一定的直线段,并尽量采用较大平曲线半径。当条件受限制时,也可设置斜桥或曲线桥。要注意防止两种偏向:一种是单纯强调桥位,造成路线过多地迂绕,或过分强调正交桥位,出现桥头急弯而影响行车安全;另一种是只顾线形顺直,不顾桥位,造成桥位不合适或斜交过大,增加建桥难度。在设计桥孔时,应少压缩水流,尽量避免桥前壅水而威胁河堤安全和淹没农田,尤其当上游沿河有宽阔低洼田地时,虽壅水水位提高不多,但淹没范围却往往很大。

(2)小桥涵位置原则上应服从路线走向,但遇到斜交过大(夹角大于 45°时)或河沟过于弯曲时,可考虑采取改沟或改移路线的办法,调整交角。布线时应通过比选确定。

(3)路线采用渡口跨河时,应在路线基本走向确定后选定渡口位置,渡口位置要注意避开浅滩、暗礁等不良河段,两岸地形要适于码头修建。

5. 注意土壤水文条件,确保路基稳定

(1)在低洼地区布线时,应尽可能接近分水岭的地势较高处布线,以使路基具有较好的水文条件。

(2)路线通过排水不良的低洼地带时,布线时要注意保证路基最小填土高度,低填及个别挖方地段要注意排水处理。

(3)路线要避免穿过较大湖塘、水库、泥沼地带,不得已时应选择最窄、最浅和基底坡面较平缓的地方通过,并采取保证路基稳定性的措施。

(4)沿河布线时,应注意洪水泛滥对路线的影响,一般应布线于洪水泛滥线以外,必须通过泛滥区时,桥梁、路基应有足够的高度,以免洪水淹没,并应对路基边坡防护加固,避免冲毁。

八、山岭区公路选线

(一)概述

1. 自然特征

山岭区包括分水岭、起伏较大的山脊、陡峻的山坡,一般地面自然坡度在 20° 以上。其自然特征如下。

1)山高谷深,地形复杂,山脉水系分明

由于山岭区高差大,加之陡峻的山坡和曲折幽深的河谷,形成了错综复杂的地形,这就使得公路路线弯急、坡陡、线形很差,给工程带来困难。但另一方面,清晰的山脉水系也给山岭区公路走向提供了依据。因此,在选线中摸清山脉水系的走向和变化规律,对于正确确定路线的基本走向,选择大的控制点是十分重要的。

2) 石多、土薄,地质构造复杂

由于山岭区的地质层理和地壳性质在短距离内变化很大,地质构造复杂,加之气候、水文及其他大气候因素变化急剧,引起强烈的风化、侵蚀和分割作用,不良地质现象(如岩堆、滑塌、碎落、泥石流等)较多。这些,直接影响着路线的位置和路线的稳定。因此,在山岭区选线工作中,认真作好地质调查,掌握区域地貌和地质情况,摸清不良地质现象的规律,处理好路线与地质的关系,并在选线设计中采取必要的防护措施,对于确保线路质量和路基稳定具有十分重要的意义。另外,山岭区石多、土薄给公路建设提供了丰富的石料料场。

3) 水文条件复杂

山岭区河流曲折迂回,河岸陡峻,比降大、水流急,一般多处于河流的发源地和上游河段;雨季暴雨集中,洪水历时短暂,猛涨猛落,流速快,流量大,冲刷和破坏力很大。针对这样复杂的水文条件,要求在选线中正确处理好路线和河流的关系,选择好桥位并对路基和排水构造物采取必要的加固措施,确保路基稳定。

4) 气候条件多变

变化的山岭区地形和地貌,引起多变的气候。一般山岭区气温较低,冬季多冰雪(特别是海拔较高的山岭区),一年四季和昼夜温差很大,山高雾大,空气较稀薄,气压较低。这些气象特征对于汽车行驶的效率、安全和通行性能都有很大的影响,在选线时应充分考虑。

2. 路线类型

1) 沿溪线

沿溪线是沿着山岭区内河溪的两岸布置路线,如图 2-14 所示。这种路线在平面上随河溪的地形而转动,在纵面上坡度平缓;在横面上路基形状适宜,路线走向与河溪的方向相一致。在路线走向脱离河溪方向时,不能采用这种路线,必须转为其他路线形式。

2) 山腰线

山腰线是在山坡半腰上布置路线,如图 2-15 所示。这种路线是随着山坡而行,平面线形可能弯曲较多,纵坡比较平缓;路基多半挖半填式,有时需要修建挡土墙。

图 2-14　沿溪线　　　　　　　　图 2-15　山腰线

3) 越岭线

路线走向与山脉方向大致垂直且须在垭口穿越时,常常采用越岭线,如图 2-16 所示。这种路线须适当盘绕,提升高程,所以纵坡较大,有时需要修建隧道。

4) 山脊线

路线走向与山顶分水岭线大致平行时采用山脊线,这种路线大多是在山脊一侧布置,如图 2-17 所示。所以,平面线形、纵坡和横断面都较易处理。问题在于如何把路线由山下提引到山脊上来。如果地形困难无法提引,则不能采用这种路线形式。

图 2-16 越岭线

图 2-17 山脊线

(二) 沿溪线

1. 沿溪线的路线特征

沿溪线是指公路沿一条河谷方向布设路线,其基本特征是路线总的走向与等高线一致。沿溪线的有利条件如下。

1) 路线走向明确

由于沿溪线路线沿河流(或溪谷)方向布线,因此除个别冗长河曲外,一般无重大路线方案问题。

2) 线形较好

除个别悬崖陡壁的峡谷地段和河曲地带外,一般的开阔河谷均可有台地利用,因而路线线形标准较易达到,线形较好。同时,由于河床纵坡一般都比路线纵坡小(个别纵坡陡峻、跌水河段除外),因而路线纵坡不受限制,很少有展线的情况,平面受纵面线形的约束较小。

3) 施工、养护、运营条件较好

沿溪线海拔低,气候条件较好,对公路施工、养护、运营有利,特别在高海拔地区更为有利。另外,沿溪线傍山临河,一般砂、石、木材都比较丰富,水流方便,为施工养护提供了就地取材的条件。

4) 服务性能好

山区城镇和居民点大多傍山近水,沿河分布,特别是在河口三角地区人口更为密集的地方。路线布设采用沿溪方案,能更好地为沿线居民点服务,提高公路的使用效率。

5) 傍山隐蔽,利于国防

沿溪线线位低,比山脊线和越岭线的隐蔽性好,战时不易被破坏。

沿溪线的不利条件是:

(1) 受洪水威胁较大。洪水是沿溪线的主要障碍,沿溪线的线位高低、工程造价、防护工程量等直接受洪水的影响。处理好路与水的关系是沿溪线布局的关键。

(2) 布线活动范围小。由于河谷限制(特别是峡谷河段),路线线位左右摆动的余地很小。当路线遇到河岸条件差时(如悬崖陡壁、不良地质地段等),绕过比较困难,如果冒险直穿,不是遗留后患就是防护工程量很大,增加工程造价。

(3) 陡岩河段,工程艰巨。在路线通过陡岩河段时,工程艰巨,难点很多,给公路测设和施工带来很大困难。同时,由于工程艰苦,工程量集中,工作面狭窄,使工期加长,对于一些任务较紧的国防公路,往往因此而不得不放弃良好的沿溪线方案。

(4) 桥涵及防护工程较多。沿溪线线位低,往往是跨过较多的支沟,使桥涵工程增加。同时,为了防御洪水的侵袭和破坏,防护工程必然很多,这些都极大地增加了工程造价。

(5) 路线布置与耕地的矛盾较大。河谷两岸台地虽是布线的良好场地,但在山区这些地方多是农田耕作地,对于耕地困难的山区,这些良田尤为宝贵。因而,在这些路段布线与占地的矛盾比较突出。

(6) 河谷工程地质情况复杂。通常河谷两岸多处于路基病害(如滑坡、岩堆、坍塌、泥石流)的下部,路线通过容易破坏山体平衡,带来后患。另外,在寒冷地区的峡谷段,由于日照少,常有积雪、雪崩和涎冰现象,这些都给公路的设计、施工、养护、运营带来困难。

2. 沿溪线的布线要点

1 个关键:处理好路线与水的关系。

3 个要点:①择岸问题;②跨河问题;③线位高低问题。

1) 择岸问题

由于河谷两岸情况各有利弊,选线时应比较两岸地形、地质、水文等条件以及农田水利规划等因素,避难就易,适当跨河以充分利用有利的一岸,并应考虑对沿线城镇、工矿、企业等的服务性,选择合适的一岸。

2) 跨河问题

跨河的原因通常有以下两种:

(1) 为避让不利的地形和不良地质而跨河;

(2) 为满足对岸控制点的需要而跨河。

3) 线位高低问题

低线位一般指高出设计水位不多,路基临水一侧边坡常受洪水威胁的路线。高线位一般指高出设计水位较多,基本上不受洪水威胁的路线。沿溪线的线位高低,是根据河岸地形、地质条件以及水流情况,结合路线标准和工程经济来选定的。比较理想的是将路线设在地质、水文条件良好,且不受洪水影响的平整台地上。通过低线位与高线位的比较来发现它们的问题所在。低线位的缺点是受洪水威胁,防护工程较多;河边较好地形多为农田,因而占田较多;遇到个别山体废方较多,需要远运,以免废方堵河。高线位的缺点是跨河较难。跨较大河流时,由于路线与河底高差较大,常须展线急下,方能跨过,桥头引道弯曲也大。因此,一般采用低线位。但不管是高线位还是低线位均应在设计洪水位以上一定的安全高度,以保证路基的稳定和安全。

3. 沿溪线的局部方案问题

(1)跨河桥位问题。可采用以下措施：①在"S"形河的腰部跨河；②在河弯附近用斜桥跨河；③利用勺形桥头线改善桥头线形。

(2)跨支流问题。可采用直跨（等级高、线形标准要求高时）和绕线（等级低、线形标准要求低时）。

(3)陡崖河段问题。处理方法：一是与水争路，侵河筑堤；二是硬开石壁，直穿陡崖。

(4)对临河陡崖地段，采用抬高线位方案时，应注意纵面高低过渡的均匀；当采用低线位方案时，应注意废方堵河、改变水流方向和抬高水位的影响。

(5)对迂回河曲的突出山咀，可考虑采用深路堑或短隧道方案；对迂回河弯地段，亦可考虑改河方案，以提高路线技术指标。

(6)当通过水库地区时，应考虑水库坍岸、基底沉陷的影响，以确保稳定。

(三)越岭线

1. 越岭线的路线特征

越岭线是指公路走向与河谷及分水岭方向横交所布设的路线，路线连续升坡由一个河谷进入另一个河谷的布线方式。

1)越岭线的主要有利条件

(1)布线不受河谷限制，活动余地大。越岭线无河谷限制，布线时可行的方案较多，布线时遇不良地质地段、艰巨工程及重要地物限制时，要避让比较容易，布线灵活性大。

(2)不受洪水威胁和影响。由于无洪水问题，一般路基较稳定，桥涵及防护工程较沿溪线少。

(3)当采用隧道方案时，路线短捷且隐蔽，有利于运营和国防。

2)越岭线的主要不利条件

(1)里程较长、线形差、指标低。由于路线受高差限制，升坡展线须使路线增长，纵面线形较差。特别是在地形复杂时（如"鸡爪"地形、陡峻迂回的山坡等）常使路线弯急坡陡，工程量也很大。

(2)施工、养护、运营条件差，服务性差。越岭线线位高，远离河谷，施工用水、砂石材料的运输等都不方便。回头展线地段，上下重叠施工较困难。

(3)路线隐蔽性差，不利于国防。

2. 越岭线的布线要点

克服高差是越岭线的关键。因此，在布线时，应以纵面为主导安排路线，结合平面线形和路基的横向布置进行。越岭线布线要点是如何处理好垭口选择、过岭标高选择和展线布局3个问题。

1)垭口选择

垭口是分水岭山脊上的凹形地带（又叫鞍部），如图2-18所示。由于标高低，常常是越岭线的重要控制点。垭口选择应在符合路线总方向的前提下，综合各方面因素，从可能通过的垭口中根据其标高、位置、两侧地形、地质条件及气候条件反复比较确定。

图 2-18 垭口

(1)垭口的高低。垭口海拔的高低及其与山下控制点的高差,直接影响路线展线长度、工程量大小和营运条件。在展线条件相同时,垭口降低的高度 Δh 和缩短的里程 Δl 有如下的关系:

$$\Delta l = 2 \cdot \Delta h \cdot \frac{1}{i_p}$$

式中:i_p——展线的平均坡度,一般为 5%～5.5%。

由上式可知,若垭口低 50m,可缩短里程 2km(采用 5%的展线平均坡度)。在地形困难的山区,减少 2km 公路里程节省的造价是可观的,同时,运营费用也得以减少。

另外,在高寒地区,低垭口对于行车和养护都是有利的,有时为了获得较好的行车和养护条件,即使路线较偏,也可能绕线从低垭口通过。

(2)垭口的位置。选择垭口不仅要低,而且垭口的位置要符合路线的基本走向,即路线通过垭口时不需要无效延长路线就能和前后控制点相接。

(3)垭口两侧地形和地质条件。山坡线是越岭线的重要组成部分,而山坡坡面的曲直与陡缓、地质条件的好坏等情况直接关系到路线的标准和工程量的大小。因此,垭口选择要与侧坡展线条件结合考虑。选择时,如有地质条件稳定、地形平缓有利于展线的侧坡,即使垭口位置略偏或垭口较高,也应比较,不要轻易放弃。

(4)垭口的地质条件。垭口的地质病害往往表现在会在运营的过程中形成通过的"盲肠",选择垭口时要重视垭口的地质问题,对地质条件很差的垭口,用局部移动路线或采取工程措施的办法亦不能解决时,应予放弃。

2)过岭标高选择

过岭标高是越岭线布局的重要控制因素。不同的控制标高,不仅影响工程大小、路线长短、线形标准,而且直接关系到垭口两端的展线布局。

决定过岭标高的因素：

(1)垭口及两侧的地形。当过岭地段山坡平缓，垭口又宽厚时，一般宜多展线，用浅挖或低填方式。

(2)垭口的地质条件。这是决定垭口能否深挖的决定因素，考虑不周，今后会形成坍塌堵车造成后患。垭口通常是地质构造薄弱，常有不良地质现象的山脊凹陷地带，选线时要特别注意。

(3)结合施工及国防考虑。深挖垭口，工程集中、废方大、施工面狭小，因而工期较长，同时，战时修复也较慢。因此，对于工期紧迫和国防性公路，不宜采用深挖。

过岭的方式有以下3种：①浅挖低填垭口；②深挖垭口；③隧道穿过。

一般情况(除宽厚垭口或地质条件很差外)，常用深挖方式过岭；当挖深在20m以上时，则应与隧道方案进行比较。

3)展线布局

展线就是采用延长路线的办法，逐渐升坡，克服高差。展线的基本形式有3种：

(1)自然展线。当山坡平缓、地质稳定时，路线利用有利地形以小于或等于平均纵坡5%～5.5%，均匀升坡展线至垭口。这种方式的特点是：平面线形较好，里程短，纵坡均匀，但由于路线较早地离开河谷，对沿河居民服务性差，路线避让艰巨工程和不良地质地段的自由度不大。

(2)回头展线。路线沿溪至岭脚，然后利用平缓山坡用回头曲线展线升坡至垭口。其特点是：平曲线半径小，同一坡面上下线重叠，对施工、行车和养护都不利，但能在短距离内克服较大的高差，并且回头曲线布线灵活，利用有利地形能较容易地避让艰巨工程和不良地质地段。

(3)螺旋展线。这种展线实际就是一种路线转角大于360°的回头展线形式。其特点是：路线利用有利的山包或山谷，在很短的平面距离内就能克服较大的高差，它虽比回头曲线有较好的线形，避免了路线的重叠，但因需要建桥或隧道，将使工程造价很高。螺旋展线是山区展线的一种方法，它的优点是路线舒顺，纵坡较小，行车质量较好，但需要修建旱桥或隧道，工程费用较高。在等级较高的山区公路上，标准要求高，盘旋较远，高程提升较大，采用这种展线形式是必要的。螺旋展线的最终选定，往往要结合地形条件，并与回头展线比较相权衡。

以上3种展线形式中，一般应首先考虑采用自然展线；不得已时采用回头展线；当地形十分困难，又有适宜的山谷或山包条件时，为在短距离内克服较大的高差，可考虑螺旋展线，但须作方案的比较及确定。

展线布局的步骤：①全面视察，拟定路线走向。在任务书规定的控制点间进行广泛勘察，重点调查地形及地质情况，并以带角手水准初放的坡度作指引，拟定出路线可能的展线方案和大致走法。②试坡布线。试坡的目的是落实初拟方案的可行性，并进一步确定和加密中间控制点，拟定路线局部方案。试坡用带角手水准或用经纬仪，从垭口自上而下进行，试坡方法与定线时放坡相近，详见公路定线部分。③分析、落实控制点，决定路线布局。经试坡确定的控制点，有固定和活动之分：第一种是位置和高程都不能改变的，如工程特别艰巨的地点；第二种是某些受限制很严的回头地点、必须利用的高程都有活动余地的，如垭口、重要桥位等；第三种是位置和高程都可有活动余地的，如侧沟跨越地点、宽阔平缓山坡的回头地点等。第一种情况较少，第二、第三种居多。落实时先调整那些活动范围小的，把高程和位置确定下来，然后再研究活动范围大的，以达到既不增大工程量，又使线形合理的目的。④详细放坡，试定路线。

(四)山脊线

1. 山脊线的路线特征

山脊线是指公路沿分水岭方向所布设的路线,实际上连续而又平顺的山脊往往很少,所以较长的山脊很少见,一般多与山坡线结合,作为越岭线垭口两侧路线的过渡段。能否利用部分山脊,要根据山脊的适宜性而定。一般服从路线走向,分水线平顺直缓,起伏不大,脊肥厚,垭口间山坡的地形、地质情况较好的山脊有较好的布线条件。

1)山脊线的有利条件

(1)当山脊条件好时,山脊线一般里程短,土(石)方工程量小。

(2)水文、地质条件好,路基病害少、稳定,地面排水条件好。

(3)山脊线河谷少且小,桥涵人工构造物少。

2)山脊线的不利条件

(1)线位高,远离居民点,服务性能差。

(2)山势高、海拔高、空气稀薄、冬季云雾、积雪、结冰较大,对行车和养护都不利。

(3)远离河谷,砂石材料及施工用水运输不便。

2. 山脊线的布线要点

由于分水线的引导,山脊线大的走向基本明确。布线主要解决以下 3 个问题。

1)控制垭口选择

在山脊上,分布着很多垭口,每一组控制垭口代表着一个方案。因此,选择控制垭口是山脊布线的关键。一般当分水岭顺直且起伏不大时,几乎每个垭口均可暂作控制点。当地形复杂,山脊起伏较大且较频繁,各垭口高低悬殊时,则低垭口即为路线控制点,而突出的高垭口可以舍去。在有支脉的情况下,相距不远的并排垭口,则选择前后与路线联系较好的、路线较短的垭口为控制点。选择垭口时,还应与两侧布线条件结合起来考虑。

2)侧坡选择

分水岭的侧坡是山脊线的主要布线地带。选择哪一侧山坡,要综合分析比较确定。一般情况下,在坡面平缓、整齐、顺直,路线短捷,地质稳定,横隔支脉较少,向阳的山坡布线较为理想。

3)试坡布线

山脊线有时因两垭口控制点间高差较大,需要展线;有时为避免路线过于迂回要采用起伏纵坡,以缩短里程。因此常常需要试坡布线。常见有 3 种情况:

(1)垭口间平均纵坡不超过规定。一般情况如中间无太大的障碍,应以均匀坡度沿侧坡布线。若中间遇障碍,则可以加设中间控制点,调整坡度,向两端垭口按均匀坡度布线。

(2)垭口间有支脉相隔。这时,应在支脉上选择合适的垭口作为中间控制点。

(3)垭口间平均纵坡超过规定。这种情况须进行展线,山脊展线的布线是十分灵活的,选线时,应按地形、地质条件,采用填挖、旱桥、隧道等工程措施来提高低垭口,降低高垭口,也可利用侧坡、山脊有利地形作回头展线或螺旋形展线。

九、丘陵区公路选线

(一)丘陵区的自然特征

丘陵地形是介于平原和山岭之间的地形,它具有平缓的外形和连绵不断的丘岗,地面起伏,但高差不大,不致引起因高度变化而导致的气候变化,其主要特征是脉络和水系都不如山岭区那样明显。路线线形和平原区比较,平面上迂回转折,有较小半径的弯道,纵面上起伏且偶尔有较陡的坡道。由于受地形限制小,所经路线的可能方案较多。其中微丘地形近似于平原,重丘则近似于山岭。在技术标准方面,微丘比平原区稍紧一点,各项技术指标与平原区相同;重丘则比山岭区稍松一点,各项技术指标与山岭区相同。

(二)丘陵区的路线布设

在丘陵区布线,首先要因地制宜,掌握好线形技术指标。一般微丘地形按平原区方式处理,而重丘区则按山岭区方式处理。等级高的公路要强调线形的平顺,路线只和地形大致相适应,不迁就微小地形的变化;等级低的公路则较多考虑微小地形,以节省工程投资。各级路线都要避免不顾纵坡起伏,片面追求长直线,或不顾平面过于弯曲,片面追求平缓纵坡的倾向。都应注意平、纵、横三方面协调,考虑驾驶员和乘客的视觉和心理反应。丘陵区路线的布设,要考虑横断面设计是否经济合理。在一般横坡平缓地段,可采用半填半挖或填多于挖的路基;横坡较陡的地段,则宜采用全挖或挖多于填的路基,并要注意纵向土(石)方平衡,以减少废方和借方,尽量少破坏自然景观。丘陵区农林业均比较发达,土地种植面积很广,低地为水稻田,坡地多为旱作物和经济林,小型水利设施多,布线时要注意支援农业,尽可能和当地的整田造地及水利规划密切配合(图 2-19)。根据上述要求,针对不同的地形地带,采用不同的布线方式。

图 2-19 丘陵区公路

1. 平坦地带走直线

路线遇平坦地带,如无地质、地物障碍影响,可按平原区以直线方向为主导的原则布线;如有障碍或有相应联系的地点,则加设中间控制点,相邻控制点间仍以直线相连;凡路线转弯处,设置与地形协调的长而缓的曲线。

2. 斜坡地带走匀坡线

在具有较陡横坡的地带,两个已定控制点间,如无地形、地物、地质上的障碍,路线应沿匀坡线布设。匀坡线是两点间顺自然地形以均匀坡度所定的地面点的连线,这种坡线常须多次试放才能求得。两个已定控制点间如有障碍,则在障碍处加设控制点,相邻控制点间仍沿匀坡线布设。

3. 起伏地带走中间

路线遇横坡较缓的起伏地带,如走直连线,纵向坡度大,势必出现高填深切;如走匀坡线,路线迂回,里程增长不合理,因而走匀坡线与直连线之间,选择平面顺适、纵坡均衡的地段穿过较为适宜。但路线具体位置,要视地形起伏程度及路线等级要求而定。对于较小的起伏,在坡度和缓前提下,考虑平面与横断面的关系,一般低级公路工程宜小,路线可偏离直连线稍远,高级公路可将路线定得离直连线近些。对于较大的起伏地带,两侧高差常不相同,高差大的一侧的坡度常常是决定因素,一般以高差大的一侧为主,结合梁顶的挖深和谷底的填高来确定路线的平面位置。

第三节 路基施工对材料的基本要求

实习任务:
1. 了解道路路基用材的分类。
2. 掌握根据用材选定施工方法及其机械设备,核算经济指标的方法。
3. 了解路基施工对路基材料的要求。

准备工作:
1. 了解路基选材的目的和任务。
2. 准备相关资料,如路基路面施工技术规范、与路基路面工程相关的专业书籍。

实习基本内容:具体内容如下。

一、路基选材的目的和任务

(一)目的

路基选材的目的,就是根据道路的性质、任务、等级和标准,结合地形、地质、地物及其他沿线条件,选定道路路基材料。

(二)任务

路基选材的主要任务是:确定道路路基用材;根据土方路基用材选定施工方法及其器械,核算经济指标。

(三)路基的分类

从材料上分,路基可分为土方路基、石方路基、土石路基,可见路基材料主要为土石,细分如下。

(1)坚硬的石料。如花岗岩、石灰岩、石英岩等岩石块体,具较高的抗压强度和抗剪强度,作为填料,浸水后强度不变,耐风化、抗冻、抗磨,为最佳的路堤填料。适用于各种气候条件下的路堤,最适宜浸水路堤。在施工时,不应乱堆乱填,否则石块间的空隙过大,可能引起沉落变性。常见筑路岩石种类如图2-20所示。

花岗岩　　　　　石灰岩　　　　　石英岩

图 2-20　常见筑路岩石种类

石料是土木工程的主要材料之一,包括块状石料和粗集料。石料的质量主要取决于加工石料所用的岩石。岩石为颗粒间连接牢固、呈整体或具有节理裂隙的地质体。按地质成因天然岩石分为岩浆岩、沉积岩、变质岩三大类。石料的坚硬程度应根据岩块的饱和单轴抗压强度标准值 f_{rk} 分级,如表2-1所示。

表 2-1　岩石坚硬程度分级

坚硬程度等级	坚硬岩	较硬岩	较软岩	软岩	极软岩
饱和单轴抗压强度标准值 f_{rk}(MPa)	$f_{rk}>60$	$60 \geqslant f_{rk}>30$	$30 \geqslant f_{rk}>15$	$15 \geqslant f_{rk}>5$	$f_{rk}<60$

当缺乏有关数据或不能进行该项检查时,岩石坚硬程度可按表2-2定性分级。

(2)中砂、粗砂、砾石土、碎石土、卵石土。这些土体无黏力或黏聚力很小,其抗剪强度以内摩擦角为主。这类砂石土体颗粒之间的摩擦系数大,压缩性小,透水性大,强度不受含水量影响,是很好的填料,适用于浸水路堤。这类土体中如果黏性土含量较小(≤15%),因颗粒之间无黏聚力,则施工时在边坡表面容易散落,因此应该分层填筑。

表 2-2 岩石坚硬程度定性分级

坚硬程度等级		定性鉴定	岩石
硬质岩	坚硬岩	锤击声清脆,有回弹,振手,难击碎,基本无吸水反应	未风化—微风化的花岗岩、闪长岩、辉绿岩、玄武岩、片麻岩、石英岩、石英砂岩等
	较硬岩	锤击声较清脆,有轻微回弹,稍振手,较难击碎,有轻微吸水反应	(1)微风化的坚硬岩; (2)未风化—微风化的大理岩、板岩、石灰岩、白云岩、钙质砂岩等
软质岩	较软岩	锤击声不清脆,无回弹,较易击碎,浸水后指甲可划出印痕	(1)中风化—强风化的坚硬岩或较硬岩; (2)未风化—微风化的凝灰岩、千枚岩、泥灰岩、砂质砂岩等
	软岩	锤击声哑,无回弹,有凹痕,易击碎,浸水后手可掰开	(1)强风化的坚硬岩或较硬岩; (2)中风化—强风化的较软岩; (3)未风化—微风化的页岩、泥岩、泥质砂岩等
	极软岩	锤击声哑,无回弹,有较深凹痕,手可捏碎,浸水后可捏成团	(1)全风化的各种岩石; (2)各种半成岩

常用筑路砂土种类如图 2-21 所示。

中粗砂　　　　砾石土　　　　碎石土　　　　卵石土

图 2-21　常用筑路砂土种类

(3)黏土(图 2-22)。土体抗剪强度以黏聚力为主,内摩擦角较小。土体浸水后,强度将大大降低。当黏土的塑性指数小于 25 时,仍可以用作填料。当塑性指数再大时,浸水后土体膨胀,干燥时龟裂,且冬季冻胀剧烈,雨季容易翻浆冒泥,因而不宜用作填料。若不得不用时,只能用于路堤内部,周围用其他较好的填料包起来。

(4)一般黏性土。包括黏砂土和砂黏土,其抗剪强度由内摩擦角和黏聚力组成,抗剪强度的大小主要取决于土体密实程度和含水量。土体密实程度越高,强度越大;土体浸水后,其抗剪强度显著降低;黏土颗粒含量越多,强度降低越显著。这类土体分布广泛,是常用的路堤填料之一。按规定夯填压密后,能得到足够的强度和稳定性,是较好的路堤填料。施工时宜在最佳含水量的条件下进行压实。

(5)粉砂、细砂(图 2-23)。这类土的抗剪强度较低、稳定性差,干燥时容易被风蚀流散,遇到水时容易液化,是较差的填料之一。若不得不用时,应该放缓边坡,并应该采取相应的边坡防护。由于这类土体容易发生振动液化,故不宜用于浸水路堤。

(6)易风化软岩(图 2-24)。这类填料在未风化之前强度相对较大,所以在施工时不易被压实,石块间空隙大。运营后,随着时间的推移,岩石不断被风化,特别是遇水后,产生崩解,强度显著降低,稳定性较差,使路堤产生较大的沉陷,因而易风化软岩是稳定性较差的填料。

图 2-22 红黏土

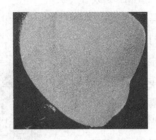
图 2-23 粉砂

图 2-24 软岩

(7)其他填料。如各种矿渣,当其强度较大,并有良好的透水性时,也是较好的填料。目前在公路工程中最常用的是粉煤灰和冶金矿渣集料。粉煤灰是火力发电排放的废渣,呈灰色或浅灰色粉末,属于火山灰质活性材料,如图 2-25 所示。冶金矿渣是指在高炉中熔炼生成铁的过程中,矿石、燃料及助溶剂中易熔硅酸盐化合而成的副产品,在空气中自然冷却形成的坚硬材料,是一种很好的路面材料,如图 2-26 所示。

图 2-25 粉煤灰

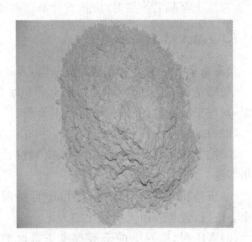
图 2-26 矿粉

淤泥、淤泥质土、白垩及滑石类土等都是容易吸水、稳定性差的土,因此,一般都不用作填料。带草皮的表层土体因不易压实,草皮易腐烂,一般也不用作填料。特殊土类型填料,如膨胀土的胀缩性、黄土的湿陷性、冻土的冻胀融沉、盐渍土的膨胀与腐蚀等,应该注意其特殊性,考虑减小或消除特殊性质对路堤稳定性的影响。

二、施工对路基材料的要求

(一)填方路基要求

当原地面标高低于设计路基标高时,需要填筑土方,即填方路基(图 2-27)。

(1)路基填土不得使用腐殖土、生活垃圾土、淤泥、冻土块或盐渍土。填土内不得含有草、树根等杂物,粒径超过 100mm 的土块应打碎。

(2)排除原地面积水,清除树根、杂草、淤泥等。应妥善处理坟坑、井穴(报经建设单位,由设计单位出具书面设计处理意见),并分层填实至原基面高。

(3)填方段内应事先找平,当地面坡度陡于 1∶5 时需修成台阶形式,每层台阶高度不宜大于 300mm,宽度不应小于 1.0m。

(4)根据测量中心线桩和下坡脚桩,分层填土、压实。

图 2-27 填方路基

(5)碾压前检查铺筑土层的宽度与厚度,合格后即可碾压。碾压先轻后重,最后碾压应采用不小于 12t 级的压路机。

(6)填方高度内的管涵顶面填土 500mm 以上才能用压路机碾压。

(7)填土至最后一层时,应按设计断面和高程控制填土厚度,并及时碾压修整。

(二)挖方路基要求

当路基设计标高低于原地面标高时,需要挖土成型,即挖方路基(图 2-28)。

(1)路基施工前,应将现况地面上的积水排除、疏干,对树根坑、粪坑等部位进行技术处理。

(2)根据测量中线和边桩开挖。

(3)挖方段不得超挖,应留有碾压到设计标高的压实量。

(4)压路机不小于 12t 级,碾压应自路两边向路中心进行,直至表面无明显轮迹为止。

(5)碾压时,应视土的干湿程度来采取洒水或换土、晾晒等措施。

(6)过街雨水支管沟槽及检查井周围应用石灰土或石灰粉煤灰和砂砾填实。

图 2-28 挖方路基

(三)石方路基要求

(1)修筑填石路堤应进行地表清理,先码砌边部,然后逐层水平填筑石料,确保边坡稳定。

(2)先修筑试验段,以确定松铺厚度、压实机具组合、压实遍数及沉降差等施工参数。

(3)填石路堤宜选用12t级以上振动压路机、25t级以上轮胎压路机或2.5t级的夯锤压(夯)实。

(4)路基方范围内管线、构筑物四周的沟槽宜回填土料。

第四节 路面施工对材料的基本要求

> 实习任务:
> 1. 熟悉路面选材的目的与任务。
> 2. 掌握工程施工对路面材料的基本要求。
>
> 准备工作:
> 1. 了解路面材料的分类。
> 2. 准备相关资料,如道路路面材料规范、与道路工程和土木工程材料相关的专业书籍等。
> 3. 向指导老师请教实习应注意的问题和细节。
>
> 实习基本内容:具体内容如下。

一、路面选材的目的与任务

(一)目的

路面选材的目的,就是根据道路的性质、任务、等级和标准,结合地形、地质、地物及其他沿线条件,选定道路路面材料。

(二)任务

路面选材的主要任务是:确定道路路面用材;根据用材选定施工方法及其器械,核算经济指标。

二、路面材料的基本要求

道路路面的主要作用是承受车辆荷载,抵抗车辆轮胎与路面之间的摩擦等,主要铺设在路基上,并保持道路的连续性。路面使用过程中易出现变形、强度变化、扬尘等问题,因此路面材料需要有较高的强度与稳定性,既要能够保证一定的平整度,同时又具有一定的抗滑性能。

(一)传统的石土路面

传统的石土路面如图2-29所示,按照公路工程质量标准的规定属于低级公路面,其主要材料是土料、砂砾、石料等。通过砂砾、石料等对土料路面进行加固,改善土料性质而形成道路路面。土料路面在整形塑造方面性能较好,但是缺乏一定的强度,路面的平整性与稳定性也较差。除一些偏远地区或山村之外,已不再使用。石料路面相比土料路面在强度与平整度等性能方面表现较好,在20世纪60年代使用较多,目前仍然可用于经济预算较少的行车道路路面中。

图 2-29 传统的石土路面

(二)沥青路面

沥青属于次高级公路面材料,通常配合碎石、石块或者砾石、混凝土使用。使用过程中,沥青主要起胶结作用,与碎石、石块或者骨粒等按一定比例混合后进行摊铺碾压而形成路面。因在柔韧变形方面性能优异,无须进行额外的伸缩缝等设置,通常也称为柔性路面。沥青路面如图2-30所示,在连续性与平整性方面具有一定的优势,道路表面的粗糙度能够满足汽车行驶时轮胎附着力的要求,在晴、雨天的时候路面效果表现均良好,同时还能

图 2-30 沥青路面

够对在该路面上行驶车辆的振动噪声进行吸收,因此目前多用于修建高速公路、一级公路等要求较高的道路。沥青路面又细分为以下几种。

1. 热拌沥青混合料面层

热拌沥青混合料(HMA),包括沥青玛蹄脂碎石混合料(SMA)和大空隙开级配排水式沥青磨耗层(OGFC)等嵌挤型热拌沥青混合料,适用于各种等级道路的面层,其种类应按集料公称最大粒径、矿料级配、空隙率划分。

2. 冷拌沥青混合料面层

冷拌沥青混合料适用于支路及其以下道路的路面、支路的表面层,以及各级沥青路面的基层、连接层或整平层。冷拌改性沥青混合料可用于沥青路面的坑槽冷补。

3. 温拌沥青混合料面层

在沥青混合料拌制过程中添加合成沸石可产生发泡润滑作用,使沥青混合料在120~130℃时拌和。温拌沥青混合料与热拌沥青混合料可以同样适用。

4. 沥青贯入式面层

沥青贯入式面层宜作城市次干路以下路面层使用,其主石料层厚度应依据碎石的粒径确定,厚度不宜超过100mm。

5. 沥青表面处治面层

沥青表面处治面层主要起防水层、磨耗层、防滑层或改善碎(砾)石路面的作用。沥青表面处治面层的集料最大粒径与处治面层厚度相匹配。

(三)水泥混凝土路面

水泥混凝土路面如图2-31所示,属于高级公路面材料,其路面特性受到混凝土材料以及施工工艺的影响,是目前使用最广泛的路面形式之一。水泥混凝土的主要材料包括水泥、不同粒径的骨料以及一定量的外加剂等,将它们按照一定配比进行混合后便形成水泥混凝土材料,按照相应的施工工艺(如浇筑、碾压等)制成设计的路面形式,待水泥凝结硬化后形成水泥混凝土路面。水泥混凝土的特

图2-31 水泥混凝土路面

点是强度与稳定性较高,但材料表面摩擦力较小,因此多用在城镇道路建设中,如人行道、活动广场等。近些年还发展出具有多种色彩的路面,以此来提升整个道路与环境的美感。

(四)新型道路路面材料

新型道路路面材料主要以复合式路面与特殊环境专用型路面为主。复合式的路面材料指的是将不同材料结合混凝土材料进行复合,如道路路面上层柔性与下层刚性的复合,上层低塑性与下层碾压式的复合,融合钢丝网、钢纤维等的复合等。特殊环境专用型的路面材料主要指的是在国家环保、路面建设标准提高的情况下使用的新型道路路面材料,如透水性混凝土路面材料(图2-32)、透水性陶瓷路面、降噪性路面材料、高黏性含纸浆路面材料、合成树脂路面材料、弹性路面材料等。

图2-32 新型透水性混凝土路面

三、施工对材料的基本要求

目前使用较多的是沥青路面与水泥混凝土路面,以下是施工对两种材料的基本要求。

(一)沥青路面材料的基本要求

1. 沥青

我国行业标准《城镇道路工程施工与质量验收规范》(CJJ1—2008)规定:城镇道路面层宜优先采用A级沥青(图2-33),不宜使用煤沥青。其主要技术性能为:黏结性、感温性、耐久性、塑性、安全性。

1)黏结性——条件黏度

沥青材料在外力作用下,沥青粒子产生相互位

图2-33 沥青

移的抵抗变形的能力即沥青的黏度。常用的是条件黏度,我国《公路沥青路面施工技术规范》(JTG F40—2004)将60℃动力黏度(绝对黏度)作为道路石油沥青的选择性指标。对高等级道路,如夏季高温持续时间长的地区、重载交通、停车场等行车速度慢的路段,尤其是汽车荷载剪应力大的结构层,宜采用稠度大(针入度小)的沥青;对冬季寒冷地区、交通量小的道路宜选用稠度小的沥青。当需要满足高低温性能要求时,应优先考虑高温性能的要求。

2)感温性——软化点

感温性即沥青材料的黏度随温度变化的感应性。表征指标之一是软化点,指沥青在特定试验条件下达到一定黏度时的条件温度。软化点高,意味着等黏温度也高,因此软化点可作为反应感温性的指标。《公路沥青路面施工技术规范》(JTG F40—2004)新增了针入度指数(PI)这一指标,它是应用针入度和软化点的试验结果来表征沥青感温性的一项指标。对日温差、年温差大的地区宜选用针入度指数大的沥青。对高等级公路,如夏季高温持续时间长的地区、重载交通、停车站、有信号灯控制的交叉路口、车速较慢的路段或部位需选用软化点高的沥青;反之,则用软化点较小的沥青。

3)耐久性——残留针入度比、残留延度

沥青材料在生产、使用过程中,受到热、光、水、氧气和交通荷载等外界因素的作用而逐渐变硬变脆,改变原有的黏度和低温性能,这种变化称为沥青的老化。沥青应有足够的抗老化性能即耐久性,使沥青路面具有较长的使用年限。《公路沥青路面施工技术规范》(JTG F40—2004)采用薄膜烘箱加热试验,测老化后沥青的质量变化、残留针入度比、残留延度(10℃或5℃)等来反映其抗老化性。通过水煮法试验,测定沥青和骨料的黏附性,反映其抗水损害能力,等级越高,黏附性越好。

4)塑性——10℃延度或15℃延度

塑性指沥青材料在外力作用下发生变形而不被破坏的能力,即反映沥青抵抗开裂的能力。过去曾采用25℃的延度,却不能比较黏稠石油沥青的低温性能。《公路沥青路面施工技术规范》(JTG F40—2004)将25℃延度改为10℃延度或15℃延度,不同标号的沥青延度就有了明显的区别,从而反映出它们的低温性能。一般认为,低温延度越大,抗开裂性能越好。在冬季低温或高低温差大的地区,要求采用低温延度大的沥青。

5)安全性——闪点

安全性指确定沥青加热熔化时的安全温度界限,使沥青安全使用有保障。《公路沥青路面施工技术规范》(JTG F40—2004)通过闪点试验测定沥青加热点闪火的温度——闪点,确定它的安全使用范围。沥青越软(标号高),闪点越小。如沥青标号110号到160号,闪点不小于230℃;标号90号,则闪点不小于245℃。

2. 粗集料

粗集料如2-34所示,应洁净、干燥、表面粗糙。质量技术要求应符合《公路沥青路面施工技术规范》(JTG F40—2004)有关规定,如表2-3所示。

(1)每种粗集料的粒径规格(即级配)应符合工程设计的要求。

图2-34 粗集料

(2)粗集料应具有较大的表观相对密度,较小的压碎值、洛杉矶磨耗损失、吸水率、针片状颗粒含量、水洗法(粒径小于 0.075mm)颗粒含量和软石含量。如城市快速路、主干道表面层粗集料压碎值不大于 26%,吸水率不大于 2.0%等。

表 2-3 粗集料技术要求

指标	单位	高速公路及一级公路		其他等级公路	试验方法
		表面层	其他层次		
石料压碎值不大于	%	26	28	30	T 0316
洛杉矶磨耗损失不大于	%	28	30	35	T 0317
表观相对密度不小于	t/m³	2.60	2.50	2.45	T 0304
吸水率不大于	%	2.0	2.0	3.0	T 0304
坚韧性不大于	%	12	12	—	T 0314
针片状颗粒含量不大于	%	15	18	20	T 0312
其中粒径大于 9.5mm 不大于	%	12	15		
其中粒径小于 9.5mm 不大于	%	18	20		
水洗法不大于	%	1	1	1	T 0310
软石含量不大于	%	3	5	5	T 0320

(3)城市快速路、主干道的表面层(或磨耗层)的粗集料的磨光值(PSV)应不少于 36~42(雨量气候分区:中干旱区—潮湿区),以满足沥青路面耐磨的要求。

(4)粗集料与沥青的黏附性应有较大值,城市快速路、主干道的骨料对沥青的黏附性应大于或等于 4 级,次干路及以下道路在潮湿区应大于或等于 3 级。

3. 细集料

沥青路面的细集料如图 2-35 所示,包括天然砂、机制砂、石屑。细集料必须由具有生产许可证的采石场、采砂场生产。细集料应洁净、干燥、无风化、无杂质,并有适当的颗粒级配,其质量应符合《公路沥青路面施工技术规范》(JTG F40—2004)的规定(表 2-4)。

细集料的洁净程度,天然砂以小于 0.075mm 含量的百分数表示,石屑和机制砂以砂当量(适用于 0~4.75mm)或亚甲蓝值(适用于 0~2.36mm 或 0~0.15mm)表示。热拌密级配沥青混合料中天然砂的用量通常不宜超过集料总量的 20%,SMA 和 OGFC 混合料不宜使用天然砂。石屑是采石场破碎石料时通过 4.75mm 或 2.36mm 的筛下部分,其规格应符合《公路沥青路面施工技术规范》(JTG F40—2004)的要求。采石场在生产石屑的过程中应具备抽吸设备,宜将高速公路和一级公路的沥青

图 2-35 细集料

混合料 S14 与 S16 组合使用，S15 可在沥青稳定碎石基层或其他等级公路中使用。机制砂宜采用专用的制砂机制造，并选用优质石料生产，其级配应符合 S16 的要求。

表 2-4 细集料技术要求

项目	单位	高速公路、一级公路	其他等级公路	试验方法
表观相对密度不小于	t/m³	2.50	2.45	T 0328
坚固性(大于 0.3mm 部分)不小于	%	12	—	T 0340
含泥量(小于 0.075mm 的含量)不大于	%	3	5	T 0333
砂当量	%	60	50	T 0334
亚甲蓝值	×10⁻³	25	—	T 0346
棱角性(流动时间)	s	30	—	T 0345

4. 填料

沥青混合料的矿粉必须采用石灰岩或岩浆岩中的强基性岩石等憎水性石料经磨细得到的矿粉，原石料中的泥土杂质应除净。矿粉应干燥、洁净，能自由地从矿粉仓流出，其质量应符合《公路沥青路面施工技术规范》(JTG F40—2004) 的技术要求(表 2-5)。拌和机的粉尘可作为矿粉的一部分回收使用。但每盘用量不得超过填料总量的 25%，掺有粉尘填料的塑性指数不得大于 4%。粉煤灰作为填料使用时，用量不得超过填料总量的 50%，粉煤灰的烧失量应小于 12%，与矿粉混合后的塑性指数应小于 4%，其余质量要求与矿粉相同。高速公路、一级公路的沥青面层不宜采用粉煤灰作填料。

表 2-5 填料技术要求

项目		单位	高速公路、一级公路	其他等级公路	试验方法
表观相对密度不小于		t/m³	2.50	2.45	T 0352
含水量不大于		%	1	1	烘干法
粒度范围	<0.6mm	%	100	100	T 0351
	<0.15mm		90～100	90～100	
	<0.075mm		75～100	70～100	
外观			无团粒结块		
亲水系数			<1		T 0353
塑性指数			<4		T 0354
加热安定性			实测记录		T 0355

5. 纤维稳定剂

在沥青混合料中掺加的纤维稳定剂宜选用木质素纤维、矿物纤维等，木质素纤维的质量应符合《公路沥青路面施工技术规范》(JTG F40—2004) 的技术要求(表 2-6)。

表 2-6 纤维稳定剂技术要求

项目	单位	指标	试验方法
纤维长度不大于	mm	6	水溶液用显微镜观察
灰分含量	%	18±5	高温 590~600℃燃烧后测定残留物
pH 值	—	7.5±1.0	水溶液用 pH 试纸或 pH 计测定
吸油率不小于	—	纤维质量的 5 倍	用煤油浸泡后放在筛上经振敲后称量
含水量不大于	%	5	105℃烘箱烘 2h 后冷却称量

纤维如图 2-36 所示,应在 250℃的干拌温度中不变质、不发脆,使用纤维必须符合环保要求,不危害身体健康。纤维必须在混合料拌和过程中充分分散均匀。矿物纤维宜采用玄武岩等矿石制造,易影响环境及造成人体伤害的石棉纤维不宜直接使用。纤维应存放在室内或有棚盖的地方,松散纤维在运输及使用过程中应避免受潮,不结团。纤维稳定剂的掺加比例以沥青混合料总量的质量百分率计算,通常情况下用于 SMA 路面的木质素纤维不宜低于

图 2-36 纤维

0.3%,矿物纤维不宜低于 0.4%,必要时可适当增加纤维用量。纤维掺加量的允许误差宜不超过±5%。

(二)水泥混凝土路面材料的基本要求

1. 水泥

水泥应采用旋窑道路硅酸盐水泥,也可以采用旋窑硅酸盐水泥或普通硅酸盐水泥(图 2-37)。

图 2-37 普通硅酸盐水泥

各龄期的抗折强度、抗压强度、化学成分和物理指标应符合《公路水泥混凝土路面施工技术细则》(JTG/T F30—2014)的规定(表 2-7)。采用机械化铺筑时,宜选用散装水泥,散装水泥的出厂温度应符合《公路水泥混凝土路面施工技术细则》3.1.4 的规定。

表 2-7 各交通等级路面水泥各龄期的抗折、抗压强度

交通等级	特重交通		重交通		中、轻交通	
龄期/d	3	28	3	28	3	28
抗压强度/MPa	25.5	57.5	22.0	52.5	16.0	42.5
抗折强度/MPa	4.5	7.5	4.0	7.0	3.5	6.5

2. 粗集料

粗集料可使用碎石、破碎卵石和卵石。粗集料应质地坚硬、耐久、洁净。粗集料技术指标应符合《公路水泥混凝土路面施工技术细则》(JTG/T F30—2014)的规定(表 2-8)。

表 2-8 碎石、碎卵石和卵石技术指标

项目	技术要求		
	Ⅰ级	Ⅱ级	Ⅲ级
碎石压碎指标/(%)	<10	<15	<20
卵石压碎指标/(%)	<12	<14	<16
坚固性/(%)	<5	<8	<12
针片状颗粒含量/(%)	<5	<15	<20
含泥量/(%)	<0.5	<1.0	<1.5
泥块含量/(%)	<0	<0.2	<0.5
有机物含量/(%)	合格	合格	合格
硫化物及硫酸盐/(%)	<0.5	<1.0	<1.0
岩石抗压强度/MPa	火成岩不应小于100;变质岩不应小于80;水成岩不应小于60		
表观密度/(kg/m³)	>2500		
松散堆积密度/(kg/m³)	>1350		
空隙率/(%)	<47		
碱集料反应	碱集料反应试验后,试件无裂缝、酥裂、胶体外溢等现象,在规定试验龄期的膨胀率应小于0.1%		

粗集料级配范围应符合《公路水泥混凝土路面施工技术细则》(JTG/T F30—2014)的规定(表2-9)。路面混凝土粗集料不得使用不分级的统料,应按公称最大粒径的不同采用2~4个粒级的集料进行掺配,并应符合《公路水泥混凝土路面施工技术细则》(JTG/T F30—2014)合成连续级配的要求;卵石公称最大粒径不宜大于19.0mm,碎卵石公称最大粒径不宜大于26.5mm,碎石公称最大粒径不应大于31.5mm。碎卵石或碎石粒径小于75μm的石粉含量不宜大于1%。怀疑有碱活性集料或夹杂有碱活性集料时,应进行碱集料反应检验,确认无碱集料反应后,方可使用。当粗集料中含有活性二氧化硅或其他活性成分时,水泥中碱的含量不应大于0.6%,并应按照《公路工程集料试验规程》(JTG E42—2005)的规定进行试验,确认对混凝土质量无有害影响方可施工。

表2-9 粗集料级配范围

粗集料级配		方筛孔尺寸/mm						
		2.36	4.75	9.50	16.0	19.0	26.5	31.5
		累计筛余/(%)						
合成级配	4.75~16	95~100	85~100	40~60	0~10			
	4.75~19	95~100	85~90	60~75	30~45	0~5	0	
	4.75~26.5	95~100	90~100	70~90	50~70	25~40	0~5	0
	4.75~31.5	95~100	90~100	75~90	60~75	40~60	20~35	0~5
粒级配	4.75~9.5	95~100	80~100	0~15	0			
	9.5~16		95~100	80~100	0~15	0		
	9.5~19		95~100	85~100	40~60	0~15	0	
	16~26.5			95~100	55~70	25~40	0~10	0
	16~31.5			95~100	85~100	55~70	25~40	0~10

3. 细集料

细集料可采用质地坚硬、耐久、洁净的天然砂(河砂和沉积砂)、机制砂或混合砂,其技术指标应符合《公路水泥混凝土路面施工技术细则》(JTG/T F30—2014)的规定(表2-10),级别不应低于表2-10中Ⅱ级技术指标。细集料级配应符合《公路水泥混凝土路面施工技术细则》(JTG/T F30—2014)的相关要求,如表2-11所示。

砂按细度模数分为粗砂、中砂、细砂。路面用天然砂宜为中砂,可使用偏细粗砂或偏粗细砂,细度模数应在2.0~3.5之间。同一配合比用砂的细度模数变化范围不应超过0.3,否则,应分别堆放,并调整配合比中的砂率后使用。路面混凝土所使用的机制砂除应符合《公路水泥混凝土路面施工技术细则》(JTG/T F30—2014)的规定外,还应检验砂浆磨光值,且宜大于35,不宜使用抗磨性较差的泥岩、页岩、板岩等水成岩类母岩品种生产机制砂。配制机制砂混凝土应同时掺和高效引气减水剂。当怀疑有碱活性集料或夹杂碱活性集料时,应进行碱集料反应检验,确认无碱集料反应后,方可使用。

表 2-10 细集料技术指标

项目	技术要求		
	Ⅰ级	Ⅱ级	Ⅲ级
机制砂单粒最大压碎指标/(%)	<20	<25	<30
氯化物/(%)	<0.01	<0.02	<0.06
坚固性/(%)	<6	<8	<10
云母/(%)	<1.0	<2.0	<2.0
天然砂、机制砂含泥量/(%)	<1.0	<2.0	<3.0
天然砂、机制砂泥块含量/(%)	<0	<1.0	<2.0
机制砂 pH 值小于 1.4 或合格石粉含量/(%)	<3.0	<5.0	<7.0
机制砂 pH 值大于 1.4 或不合格石粉含量/(%)	<1.0	<3.0	<5.0
有机物含量(比色法)	合格		
硫化物及硫酸盐/(%)	<0.5		
轻物质/(%)	<1.0		
机制砂母岩抗压强度/MPa	火成岩不应小于 100；变质岩不应小于 80；水成岩不应小于 60		
表观密度/(kg/m³)	≥2500		
松散堆积密度/(kg/m³)	≥1350		
空隙率/(%)	<47		
碱集料反应	碱集料反应试验后，试件无裂缝、酥裂、胶体外溢等现象，在规定试验龄期的膨胀率应小于 0.1%		

表 2-11 细集料级配范围

砂	方筛孔尺寸/mm					
	0.15	0.30	0.60	1.18	2.36	4.75
	累计筛余/(%)					
粗	90~100	80~95	71~85	35~65	5~35	0~10
中	90~100	70~92	41~70	10~50	0~25	0~10
细	90~100	55~85	16~40	0~25	0~15	0~10

4. 掺合料

水泥混凝土路面可掺用质量指标符合《公路水泥混凝土路面施工技术细则》(JTG/T F30—2014)的相关规定。电收尘Ⅰ、Ⅱ级干排或磨细粉煤灰，不得使用Ⅲ级粉煤灰。路面水泥混凝土中可使用硅灰(图 2-38)或磨细矿粉(图 2-39)的掺合料，但使用前必须经过试配对弯拉强度、工作性、抗磨性、抗冻性等技术指示进行检验，并报请监理工程师批准后方可使用，以确保路面混凝土的质量。粉煤灰宜采用散装粉煤灰,进货应有等级检验报告。应确切了解所用水泥中已经加入的掺合料种类和数量(表2-12)。

图2-38 硅灰

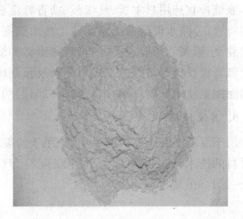
图2-39 磨细矿粉

表2-12 用于路面水泥混凝土的粉煤灰相关技术要求

粉煤灰等级	细度/(%)	烧失量/(%)	需水量比/(%)	含水量/(%)	Cl^-/(%)	SO_3/(%)	混合砂浆活性指数	
							3/d	28/d
I	≤12	≤5	≤95	≤1.0	≤0.02	≤3	≥75	≥85(75)
II	≤20	≤8	≤105	≤1.0	≤0.02	≤3	≥70	≥80(62)
III	≤45	≤15	≤115	≤1.5	—	≤3	—	—

5. 水

饮用水可直接作为混凝土搅拌和养护用水。清洗集料、拌和混凝土及养生所用的水,不应含有影响混凝土质量的油、酸、碱、盐类、有机物等。对水质有疑问时,应检验下列指标,合格者方可使用。

(1)硫酸盐含量(按SO_4^{2-}计)小于0.0027mg/mm³。

(2)含盐量不得超过0.005mg/mm³。

(3)pH值不得小于4。

(4)不得含有油污、泥和其他有害杂质。

6. 外加剂

外加剂的质量应符合《公路水泥混凝土路面施工技术细则》(JTG/T F30—2014)中规定的各项技术指标。供应商应提供相应资质外加剂检测机构的品质检测报告,检测报告应说明外加剂的主要化学成分,认定对人体无毒副作用。

7. 钢筋

钢筋应符合国家有关标准的技术要求,路面用钢筋应顺直,不得有裂纹、断伤、刻痕、表面油污和锈蚀。传力杆钢筋加工应锯断,不得挤压切断,断口应垂直、光圆,用砂轮打磨掉毛刺,并加工成 2～3mm 圆倒角。

8. 接缝材料

胀缝板宜选用杉木板、纤维板、沥青纤维板、泡沫橡胶板或泡沫树脂板等材料。其技术要求应符合《公路水泥混凝土路面施工技术细则》(JTG/T F30—2014)的要求。填缝料可选用沥青橡胶类、聚氯乙烯胶泥类、沥青玛蹄脂类等加热施工式填缝料和聚氨酯焦油类、氯丁橡胶类、乳化沥青橡胶类等常温施工式填缝料及预制橡胶嵌缝条。其技术要求应符合《公路水泥混凝土路面施工技术细则》(JTG/T F30—2014)的相关规定。

9. 其他材料

用于混凝土路面养护的养生剂、用于防裂缝修补材料和传力杆套(管)帽、沥青及塑料薄膜等材料的技术性能及物理力学性能应符合《公路水泥混凝土路面施工技术细则》(JTG/T F30—2014)的规定。

第五节 公路地基处理技术

实习任务：
1. 熟悉公路地基处理的目的与任务。
2. 掌握工程施工路基处理常见的技术方法。

准备工作：
1. 了解公路地基处理技术。
2. 准备相关资料,如道路路基处理规范、与道路工程和路基施工处理相关的专业书籍等。
3. 向指导老师请教实习应注意的问题和细节。

实习基本内容：具体内容如下。

一、实习的目的与任务

(一)目的

选定路基处理技术的目的,就是根据道路的性质、任务、等级和标准,结合路基路面材料条件,确定路基处理技术。

(二)任务

路面选材的主要任务是：确定路基处理技术；根据路基处理技术,确定路基处理方案,选定处理机械,核算路基处理经济指标。

二、地基处理的目的

地基所面临的问题主要有以下几个方面：①承载力及稳定性问题；②压缩及不均匀沉降问题；③渗漏问题；④液化问题；⑤特殊土的特殊问题。当天然地基存在上述 5 类问题之一或其中几个时，需采用地基处理措施以保证上部结构的安全与正常使用。通过地基处理能达到以下目的：提高软弱地质地基的承载力，保证软弱地质地基的稳定性；降低不良地基的压缩性和安全性，减少地基的下降尤其是不均匀沉降；防止地基受到振动冲击作用时产生沉降现象；消除湿陷性土的湿陷性和膨胀土的胀缩性等。

1. 提高地基土的承载力

地基剪切破坏的具体表现形式有：建筑物的地基承载力不够，由于偏心荷载或侧向土压力的作用使结构失稳；由于填土或建筑物荷载，使邻近地基产生隆起；土方开挖时边坡失稳，基坑开挖时坑底隆起。地基土的剪切破坏主要因为地基土的抗剪强度不足，因此，为防止剪切破坏，就需要采取一定的措施提高地基土的抗剪强度。

2. 降低地基土的压缩性

地基的压缩性表现在建筑物的沉降和差异沉降大，而土的压缩性与土的压缩模量有关。因此，必须采取措施提高地基土的压缩模量，以减少地基的沉降和不均匀沉降。

3. 改善地基土的透水特性

基坑开挖施工中，因土层内夹有薄层粉砂或粉土而产生管涌或流砂，这些都是因地下水在土中的运动而产生的问题，故必须采取措施使地基土降低透水性或减少其动水压力。

4. 改善地基土的动力特性

饱和松散粉细砂（包括部分粉土）在地震的作用下会发生液化，在承受交通荷载和打桩时会使附近地基产生振动下降，这些是土的动力特性的表现。地基处理的目的就是要改善土的动力特性以提高土的抗振动性能。

5. 改善特殊土不良地基特性

对于湿陷性黄土和膨胀土，就是消除或减少黄土的湿陷性和膨胀土的胀缩性。

三、路基处理常见技术方法

在公路建设中普遍存在上述的一系列问题，将直接影响道路的正常使用。对这些地基问题必须认真对待和妥善处理，处理的恰当与否直接关系到工程质量、投资和进度。地基处理的对象主要是软弱地基和特殊土地基。软弱地基主要指淤泥、淤泥质土、冲填土、杂填土或其他高压缩性土构成的地基。特殊土地基主要指软土、湿陷性黄土、膨胀土、红黏土和冻土构成的地基。地基处理的一些常见技术方法如下。

1. 换填法

当软弱土层的承载力和变形满足不了基础或路基设计的使用要求，土层厚度又不大时，宜将基础底面或路面下处理范围内的软弱土层部分或全部挖去，然后分层换填强度较大的砂、碎石、素土、灰土、高炉渣、粉煤灰或其他性能稳定、无浸蚀性的材料,并用机械碾压、重锤夯实或用平板振动法使填土达到设计要求的密实度,如图2-40所示。回填部分称为垫层。此方法根据土中附加应力分布规律让垫层直接承受上部较大的应力,软弱层承受较小的应力,以满足对地基的要求。

图2-40 换填法用于公路地基处理

(1)机械碾压法:适用于处理浅层非饱和软弱地基、湿陷性黄土地基、膨胀土地基、季节性冻土地基、素填土和杂填土地基。主要用于基坑开挖面积大和回填土方量较大的工程。

(2)重锤夯实法:适用于地下水位以上稍湿的黏性土、砂土、湿陷性黄土、杂填土以及分层填土地基。

(3)平板振动法:适用于处理非饱和无黏性土或黏粒含量少、透水性好的杂填土地基。

2. 深层密实法

1)强夯法

强夯法是指将几十吨的重锤从几十米的高处自由落下,对土进行强力夯击。强大的夯击能使深层土液化和动力固结,土体密实,用以提高地基承载力和减少沉降,消除土的湿陷性、胀缩性和液化性,其现场施工与作用原理如图2-41及图2-42所示。对厚度小于6m的软弱土层常采用边夯边填碎石边挤淤的方法(强夯置换法),在地基中形成深度为3~6m、直径为2m左右的碎石柱体,与周围土体形成复合地基,提高地基承载力和减少沉降变形。

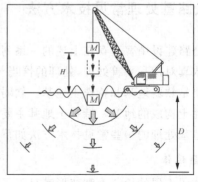

图2-41 强夯法现场施工图　　图2-42 强夯法原理示意图

强夯法适用于碎石土、砂土、素填土、杂填土、低饱和的粉土、黏土、湿陷性黄土。强夯置换法适用于软黏土。

2) 挤密法

挤密法是指以振动、冲击或带套管等方法成孔,成孔原理如图2-43所示,然后向孔中回填碎石、砾石、砂、石灰、杂填土、灰土、二灰等材料,形成碎石桩、砂桩、砂石桩、石灰桩、杂土桩、灰石桩、二灰桩等。在桩打入地基时对地基土产生竖向和横向挤压,使小颗粒填入大颗粒的空隙,土颗粒彼此紧靠,空隙减小;土体的压缩性减小和抗剪强度提高,柱体又具有较大的承载力和变形模量;桩与土体组合形成复合地基,提高承载力,减少沉降,消除或部分消除土的湿陷和液化。

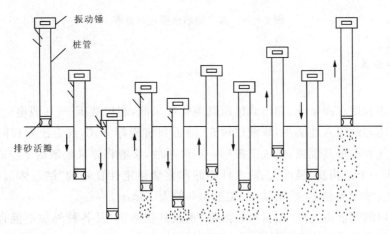

图2-43 挤密法成孔原理示意图

砂桩、碎石桩适用于杂填土、松散砂土,对软土地基经实验证明有效后才可用。石灰桩适用于软弱黏性土和杂填土。杂土桩、石灰桩、二灰桩适用于地下水位以上深度为5～10m的湿陷性黄土和人工填土。

3) 水泥粉煤灰碎石桩

水泥粉煤灰碎石桩是在碎石桩的基础上掺入适量的石屑、粉煤灰和少量的水泥拌和后制成的一种具有胶结强度的桩体,是处理软弱地基的一种新方法。该方法避免了碎石桩在周围软弱土体较弱时产生的膨胀变形破坏,而且地基的承载力也比碎石桩有大幅度的提高。

4) 爆破法

爆破法是指将炸药放在地面深处,引爆后在土体中产生高速冲击波,使土体的松散结构发生液化,形成密实结构,爆破成孔后回填碎石、砾石、砂、石灰、杂填土、灰土、二灰等材料,形成桩体,能较大地提高地基的承载力,以达到地基加固的目的。该方法速度快,不受机械和外界的影响,效果良好。此法适用于软弱土地基和水下施工。

3. 排水固结法

排水固结法是指设置排水系统(水平排水垫层和竖向排水体构成)改善排水条件,同时增加固结压力(堆载加压法、真空法、降低地下水位法和电渗法),使饱和的软黏土地基在荷载的作用下,空隙中的水被慢慢排除,空隙体积慢慢减小,地基发生固结变形,提高地基的承载力和稳定性,并使沉降提前完成,其作用原理如图 2-44 所示。此法适用于处理厚度较大的饱和软黏土和冲填土地基,对于厚度较大的淤泥质土需在实验的基础上应用。

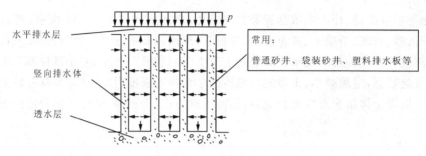

图 2-44 排水固结法原理示意图

4. 化学加固法

1)注浆法

注浆法是指利用水泥浆液、黏土浆液或其他化学浆液,利用液压、气压或电化学原理,通过注浆管把浆液均匀地注入地层中,浆液以填充、渗透和挤密等方式,赶走土颗粒间或岩石裂隙中的水分和空气后占据其位置,经人工控制一定时间后,浆液将原来松散的土粒或裂隙胶结成一个整体,形成一个结构新、强度大、防水性能好和化学稳定性良好的"结石体"。此法适用于处理砂土、粉土、淤泥质黏土、粉质黏土、黏土和一般人工填土。

注浆法所用的浆液由主剂(原材料)、溶剂(水或其他溶剂)及各种外加剂混合而成。通常所提的注浆材料是指浆液中所用的主剂。外加剂可根据在浆液中所起的作用,分为固化剂、催化剂、速凝剂、缓凝剂和悬浮剂等。注浆材料有很多,其中水泥浆材是以水泥浆液为主的浆液,适用于岩土加固,是国内外常用的浆液。在地基处理中,注浆工艺所依据的理论主要可分为渗透注浆、劈裂注浆、压密注浆和电动化学注浆 4 类,其应用条件见表 2-13。

表 2-13 不同注浆法的适用范围

注浆方法	适用范围
渗透注浆	只适用于中砂以上的砂性土和有裂隙的岩石
劈裂注浆	适用于低渗透性的土层
压密注浆	常用于中砂地基,黏土地基中若有适宜的排水条件也可采用。如遇排水困难而可能在土体中引起高孔隙水压力时,必须采用很低的注浆速率。挤密注浆可用于非饱和的土体,以调整不均匀沉降以及在大开挖或隧道开挖时对邻近土进行加固
电动化学注浆	地基土的渗透系数 $k<10^{-4}$ cm/s,只靠一般静压力难以使浆液注入土的空隙地层

注浆法可以采用两种溶液(如水泥浆和水玻璃)混合的方式控制浆液凝胶时间。施工方法可以分为以下 3 种形式:

(1) 一种溶液一个系统方式。将所有的材料放进同一箱子中，预先作好混合准备，再进行注浆。这适合于凝胶时间较长的情况。

(2) 两种溶液一个系统方式。将 A 溶液和 B 溶液预先分别装在各自准备的不同箱子中，分别用泵输送，在注浆管的头部使两种溶液汇合。这种在注浆管中混合进行灌注的方法，适用于凝胶时间较短的情况。

作为这种方式的变化，有的方法分别将准备在不同箱子中的 A 溶液和 B 溶液送往泵中前使之混合，再用一台泵灌注。另外，也有不用 Y 字管，而仍只用上述一个系统方式将 A 溶液和 B 溶液交替注浆的方式。

(3) 两种溶液两个系统方式。将 A 溶液和 B 溶液分别准备放在不同的箱子中，用不同的泵输送，在注浆管（并列管、双层管）顶端流出的瞬间，两种溶液便汇合而注浆。这种方法适用于凝胶时间是瞬间的情况。也有采用在注浆 A 溶液后，继续灌注 B 溶液的方法。具体采取哪种方法，应该根据注浆的目的确定。

注浆法效果良好，特别是处理城市道路的软土地基，不但技术上可行，经济上合理，缩短了工期，而且极大地减少了对环境的污染。

2) 高压喷射注浆法

高压喷射注浆法是指将带有特殊喷嘴的注浆管，通过钻孔置入要处理的土层的预定深度，然后将水泥浆液以高压冲切土体，在喷射浆液的同时，以一定速度旋转、提升，即形成水泥土圆柱体，如图 2-45 所示。若喷嘴提升而不旋转，则形成墙状固结体。加固后可以提高地基承载力，减少沉降，防止砂土液化、管涌和基坑隆起。此法适用于处理淤泥、淤泥质土、黏性土、粉土、黄土、砂土、人工填土等地基。当土中含有较多的粒径大的块石、坚硬黏性土、大量植物根茎或有过多有机质时，应根据现场实验结果确定其适用程度。对地下水流速过大、浆液无法凝固、永久冻土以及对水泥有严重腐蚀的地基不适合采用此法。

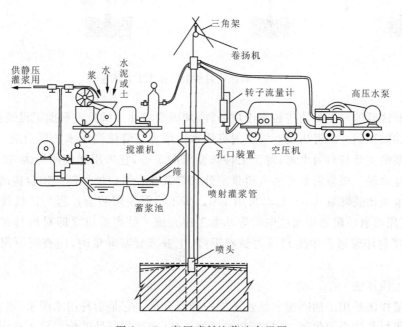

图 2-45 高压喷射注浆法布置图

由于高压喷射注浆使用的压力大,因而喷射流的能量大、速度快。当它连续和集中地作用在土体上时,压应力和冲蚀等多种因素便在很小的区域内产生效应,对从粒径很小的细粒土到含有颗粒直径较大的卵石、碎石土,均有巨大的冲击和搅动作用,使注入的浆液和土拌和凝固为新的固结体。实践表明,本法对淤泥、淤泥质土、流塑或软塑黏性土、粉土、砂土、黄土、素填土和碎石土等地基都有良好的处理效果。但对于硬黏性土,含有较多的块石或大量植物根茎的地基,因喷射流可能受到阻挡或削弱,导致冲击破碎力急剧下降,切削范围变小而影响处理效果。而对于含有过多有机质的土层,其处理效果取决于固结体的化学稳定性。鉴于上述几种土的组成复杂、差异悬殊,高压喷射注浆处理的效果差别较大,应根据现场试验结果确定其适用程度。对于湿陷性黄土地基,也应预先进行现场试验。

高压喷射有旋喷(固结体为圆柱状)、定喷(固结体为壁状)和摆喷(固结体为扇状)3种基本形状,它们均可用下列方法实现。

(1)单管法,喷射高压水泥浆液1种介质。

(2)双管法,喷射高压水泥浆液和压缩空气两种介质。

(3)三管法,喷射高压水流、压缩空气及水泥浆液3种介质。

由于上述3种喷射流的结构和喷射的介质不同,有效处理长度也不同,以三管法最长,双管法次之,单管法最短。实践表明,旋喷形式可采用单管法、双管法和三管法中的任何一种方法,定喷和摆喷注浆常用双管法和三管法。高压喷射注浆法施工工艺流程如图2-46所示。

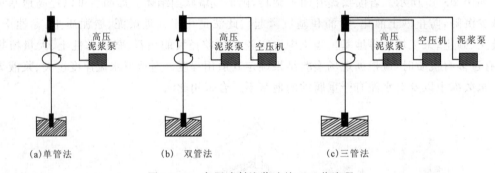

图2-46 高压喷射注浆法施工工艺流程

高压喷射注浆的施工参数应根据土质条件、加固要求通过试验或根据工程经验确定,并在施工中严格加以控制。单管法及双管法的高压水泥浆和三管法高压水的压力应大于20MPa。高压喷射注浆的主要材料为水泥,对于无特殊要求的工程,宜采用强度等级为32.5级及以上的普通硅酸盐水泥。根据需要可加入适量的外加剂及掺合料。外加剂和掺合料的用量应通过试验确定。水灰比通常取0.8~1.5,常用1.0。高压喷射注浆的全过程为钻机就位、钻孔、置入注浆管、高压喷射注浆和拔出注浆管等基本工序。施工结束后应立即对机具和孔口进行清洗。在高压喷射注浆过程中出现压力骤然下降、上升或冒浆异常时,应查明原因并及时采取措施。

3)水泥土搅拌法

水泥土搅拌法是用于加固饱和黏性土的一种新方法。它是指利用水泥浆(水泥粉)或石灰浆(石灰粉)等材料作为固化剂,通过特制的搅拌机械,在地基深处就地将软土和固化剂强制搅拌，因固化剂和软土间产生的物理和化学反应，使软土固结成具有整体性和一定强度的水泥加固土，从而提高地基的强度与增大变形模量，成型水泥搅拌桩如图 2-47 所示，加固原理如图 2-48 所示。此法适用于处理淤泥、淤泥质土、粉土和含水量较高且地基承载力低的黏性土地基。当处理泥炭质土或地下水具有侵蚀性时，宜通过实验来确定其适用程度。另外，此法不能用于含石块的杂填土等。根据固化剂掺入状态的不同，它可分为浆液搅拌和粉体喷射搅拌两种。前者是用浆液和地基土搅拌，后者是用粉体和地基土搅拌。目前，在国内常用的喷浆型湿法深层搅拌机械有单轴、双轴、三轴及多轴搅拌机，喷粉搅拌机目前仅有单轴搅拌机一种机型。

图 2-47 成型的水泥搅拌桩

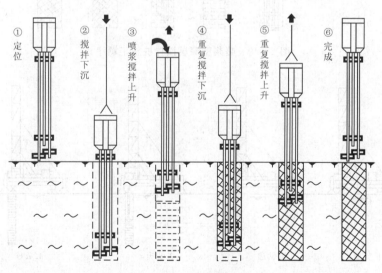

图 2-48 加固原理示意图

水泥土搅拌法加固软土技术具有独特优点:
(1)最大限度地利用了原土;
(2)搅拌时无振动、无噪声、无污染,可在密集建筑群中进行施工,对周围原有建筑物及地下沟管影响很小;
(3)根据上部结构的需要,可灵活地采用柱状、壁状、格栅状和块状等加固形式;
(4)与钢筋混凝土桩基相比,可节约钢材并降低造价。

水泥固化剂一般适用于正常固结的淤泥与淤泥质土(避免产生负摩擦力)、黏性土、粉土、素填土(包括冲填土)、饱和黄土、粉砂以及中粗砂、砂砾(当加固粗粒土时,应注意有无明显的流动地下水,以防固化剂尚未硬结而遭地下水冲洗掉)等地基加固。

石灰固化剂一般适用于黏土颗粒含量大于20%、粉粒及黏粒含量之和大于35%、黏土的塑性指数大于10、液性指数大于0.7、土的pH值为4~8、有机质含量小于11%、土的天然含水量大于30%的偏酸性的土质加固。

水泥土搅拌法施工步骤由于湿法和干法的施工设备不同而略有差异,具体如图2-49、图2-50所示。其主要步骤为:

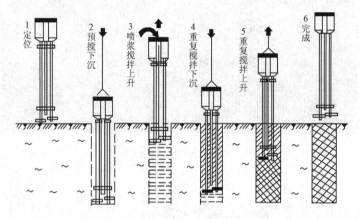

图2-49 喷浆型深层搅拌桩施工顺序

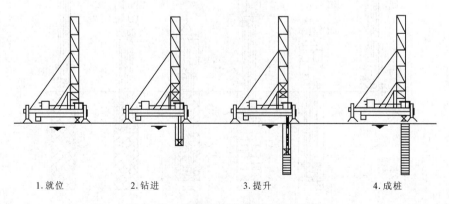

图2-50 喷粉型深层搅拌桩施工顺序

(1)搅拌机械就位、调平;
(2)预搅下沉至设计加固深度;
(3)边喷浆(粉)、边搅拌提升直至预定的停浆(灰)面;
(4)重复搅拌下沉至设计加固深度;
(5)根据设计要求,喷浆(粉)或仅搅拌提升直至预定的停浆(灰)面;
(6)关闭搅拌机械。

在预(复)搅下沉时,也可采用喷浆(粉)的施工工艺,但必须确保全桩长上下至少再重复搅拌一次。

5. 加筋法

1)土工合成材料

此材料是一种新型的建筑材料,是由聚合物形成的纤维制品材料的总称,在地基土体内铺设土工合成材料兼起拉筋的作用。土工聚合物根据加工方法不同种类很多,常见的有以下几类:

(1)纺织土工织物,由相互正交的纤维组成,与通常的棉毛织品相似;
(2)编织型土工织物,由单股或多股线带编织而成,与通常编织的毛衣相似;
(3)无纺型土工织物,织物中纤维的排列不规则,与通常的毛毯相似;
(4)土工膜在各种塑料、橡胶、土工纤维上喷涂防水材料制成的各种不透水膜;
(5)土工格栅,由聚乙烯或聚丙烯板通过打孔,单向或双向拉伸扩孔制成孔格为10～100mm的圆形、椭圆形、方形或长方形的格栅;
(6)土工垫,将一块波浪状细土工聚合网片以一定的间隔和另一块平整的细网片熔接在一起形成的一种三维结构,通常由黑色聚乙烯制成,厚度为15～20mm。

土工织物具有良好的透水性及渗滤、加筋补强、隔离、防渗和防护作用。具有相同孔径的土工聚合物和砂的渗透性大致相同,但比砂的空隙率大得多,在发生渗流时细颗粒流向土工织物的滤层,部分通过土工聚合物,留下较粗的颗粒,在滤层前形成一定厚度的土层阻止土粒的继续流失,即土工织物和一定厚度的土层形成一个完整的反滤系统。土工织物具有一定的拉伸强度和变形特性,且能紧贴地基表面使上层的荷载均匀地分布在地层中,从而提高地基的承载力和强度,增加地基的稳定性。此法适用于沼泽地、泥炭地和软土地基。

2)桩体

采用在软弱土层上设置树根桩、碎石桩(图2-51)、砂桩(图2-52)等形成复合土体,作用机理和适用范围同挤密法。

6. 热学法

1)热加固法

热加固法是指通过渗入压缩的热空气和燃烧物,依靠热传导将细颗粒土加热到100℃以上,以增加土的强度,降低压缩性。此法适用于非饱和的黏性土、粉土和湿陷性黄土,但该方法需要加固工程所在地有提供富余热能的条件。

2)冻结法

冻结法是指采用液体氮或二氧化碳膨胀的方法,或采用普通的机械制冷设备与一个封闭式液压系统相连接,从而使软而湿的土冻结,以提高地基土的强度和降低土的压缩性。此法适用于各类土,特别是软土地基开挖深度大于7m,以及低于地下水位的情况,是一种普遍而有效的方法。但该方法需要有一套制冷设备,且耗电量大。

图2-51 碎石桩

图2-52 砂桩

四、地基处理方案的确定步骤

(1)搜集详细的工程质量、水文地质及地基基础的设计材料。

(2)根据结构类型、荷载大小及使用要求,结合地形地貌、土层结构、土质条件、地下水特征、周围环境和相邻建筑物等因素,初步选定几种可供参考的地基处理方案。另外,在选择地基处理方案时,应同时考虑上部结构、基础和地基的共同作用。

(3)对初步选定的各种地基处理方案,分别从处理效果、材料来源及消耗、机具条件、施工进度、环境影响等方面进行认真的技术经济分析和对比,根据安全可靠、施工方便、经济合理等原则,因地制宜寻找最佳的处理方法。值得注意的是,每一种处理方法都有一定的适用范围、局限性和优缺点,没有一种处理方案是万能的,必要时也可选择两种或多种地基处理方法组成的综合方案。

(4)对已选定的地基处理方法,应按建筑物的重要性和场地的复杂程度,在有代表性的场地上进行相应的现场试验和试验性施工,并进行必要的测试以验算设计参数和检验处理效果。如达不到设计要求,应查找原因、采取措施或修改设计,以达到设计要求的目的。

(5)地基土层的变化是复杂多变的,因此,确定地基处理方案,一定要有经验丰富的工程技术人员参加,对重大工程的设计一定要请专家们参加。当前有一些重大的工程,由于设计部门人员缺乏经验和过分保守,往往使很多方案不合理,浪费严重,必须引起重视。

第六节　路基工程施工技术

> 实习任务：
> 1. 熟悉路基工程施工技术。
> 2. 掌握工程施工中填方、挖方路基施工技术，以及路基雨期、冬期施工技术要领。
> 准备工作：
> 1. 了解路基施工技术的分类。
> 2. 准备相关资料，如道路路基施工技术规范、与道路工程和路基施工相关的专业书籍等。
> 3. 向指导老师请教实习应注意的问题和细节。
> 实习基本内容：具体内容如下。

一、路基的分类及主要性能指标

路基既为车辆在道路上行驶提供基础条件，也是道路的支撑结构物，对路面的使用性能有重要影响。路基应稳定、密实、均质，对路面结构提供均匀的支承，即路基在环境和荷载作用下不产生不均匀变形。路基的组成如图 2-53 所示。

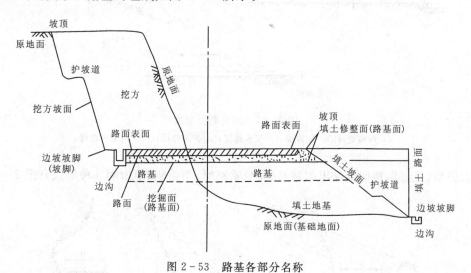

图 2-53　路基各部分名称

（一）路基的分类

从材料上，路基（图 2-53）可分为土方路基、石方路基、土石路基。按路基断面形式主要有路堤、路堑、半填半挖路基 3 种，如图 2-54 所示。

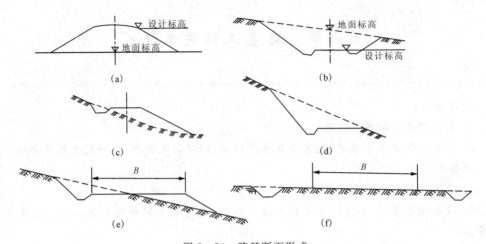

图 2-54 路基断面形式

(a)路堤;(b)路堑;(c)半路堤;(d)半路堑;(e)半填半挖路基;(f)不填不挖路堤

(1)路堤,路基顶面高于原地面的填方路基(图 2-55)。

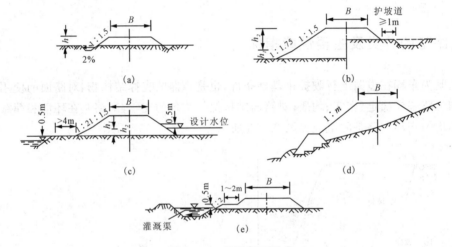

图 2-55 路堤断面形式

(a)矮路堤;(b)一般路堤;(c)浸水路堤;(d)护脚路堤;(e)挖沟填筑路堤

(2)路堑,全部由地面开挖出的路基(又分重路堑、半路堑、半山峒 3 种形式)(图 2-56)。

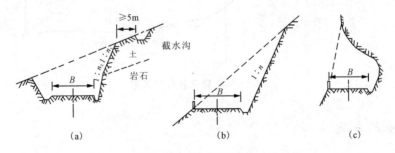

图 2-56 路堑断面形式

(a)全挖路堑;(b)台口式路堑;(c)半山洞路堑

(3) 半填半挖路基,横断面一侧为挖方,另一侧为填方的路基(图2-57)。

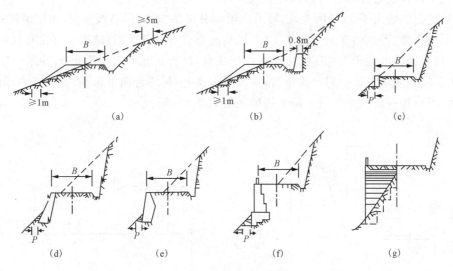

图 2-57 半填半挖断面形式
(a)一般填挖路基;(b)矮挡土墙路基;(c)护肩路基;(d)(e)砌石路基;(f)挡墙路基;(g)半山桥路基

(二)路基的主要性能指标

1. 整体稳定性

在地表上开挖或填筑路基,必然会改变原地层(土层或岩层)的受力状态。原先处于稳定状态的地层,有可能由于填筑或开挖而引起不平衡,导致路基失稳。软土地层上填筑高路堤产生的填土附加荷载如超出了软土地基的承载力,就会造成路堤沉陷;在山坡上开挖深路堑使上侧坡体失去支承,有可能造成坡体坍塌破坏。在不稳定的地层上填筑或开挖路基会加剧滑坡或坍塌。因此,必须保证路基在不利的环境(地质、水文或气候)条件下具有足够的整体稳定性,以发挥路基在道路结构中的强力承载作用。

2. 变形量控制

路基及其下承的地基,在自重和车辆荷载作用下会产生变形,如地基软弱,填土过分疏松或潮湿时,所产生的沉陷或固结、不均匀变形会导致路面出现过量的变形和应力增大,促使路面过早被破坏并影响汽车行驶舒适性。因此,必须尽量控制路基、地基的变形量,才能给路面以坚实的支承。

二、填方路基施工技术

(一)填方路基施工的一般技术要领

(1)必须根据设计断面,分层填筑、分层压实。
(2)路堤填土宽度每侧应宽于填层设计宽度,压实宽度不得小于设计宽度,最后削坡。

(3)填筑路堤宜采用水平分层填筑法施工。如原地面不平,应由最低处分层填起,每填一层,经过压实符合规定要求之后,再填上一层。

(4)原地面纵坡大于12%的地段,可采用纵向分层法施工,沿纵坡分层,逐层填压密实。

(5)山坡路堤,当地面横坡不陡于1:5且基底符合规定要求时,路堤可直接修筑在天然的土基上。当地面横坡陡于1:5时,原地面应挖成台阶(台阶宽度不小于1m),并用小型夯实机加以夯实。填筑应由最低一层台阶填起,并分层夯实,然后逐台向上填筑、分层夯实,所有台阶填完之后,即可按一般填土进行。路基边坡坡度如图2-58所示。

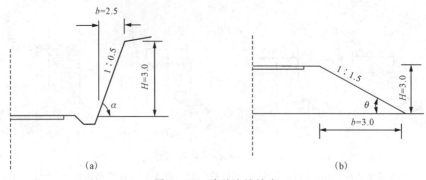

图 2-58 路基边坡坡度

(6)高速公路和一级公路,横坡陡峻地段的半填半挖路基,必须在山坡上从填方坡脚向上挖成向内倾斜的台阶,台阶宽度不应小于1m。

(7)不同土质混合填筑路堤时,以透水性较小的土填筑于路堤下层时,应做成4%的双向横坡;当用于填筑上层时,除干旱地区外,不应覆盖在由透水性较好的土所填筑的路堤边坡上。

(8)不同性质的土应分别填筑,不得混填。每种填料层累计总厚度不宜小于0.5m。

(9)凡不因潮湿或冻融影响而变更其体积的优良土应填在上层,强度较小的土应填在下层。

(10)河滩路堤填土应连同护道在内,一并分层填筑。可能受水浸淹部分的填料,应选用水稳性好的土料。

(二)土方路基的施工技术

土方填土路基实物如图2-59所示。

1. 土方路基操作程序

取土→运输→推土机初平→平地机整平→压路机碾压。

2. 土方路基填筑作业

土方路基填筑作业常用推土机、铲运机、平地机、挖掘机、装载机等机械按以下几种方法作业:

(1)纵向分层填筑法。依路线纵坡方向分层,逐层向上填筑。常用于地面纵坡大于12%,用推土机从路堑取料填筑,且距离较短的路基,如图2-60所示。缺点是不易碾压密实。

(2)水平分层填筑法。填筑时按照横断面全宽分成水平层次,逐层向上填筑。它是路基填筑的常用方法,如图2-61所示。

图2-59 土方填土路基

图2-60 纵向分层填筑

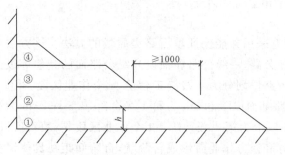

图2-61 水平分层填筑

压实机具	分层厚度 h/mm	每层压实遍数/遍
平碾	250～300	6～8
振动压实机	250～350	3～4
柴油打夯机	200～250	3～4
人工打夯	<200	3～4

(3)横向填筑法。从路基一端或两端按横断面全高逐步推进填筑。填土过厚,不易压实。仅用于无法自下而上填筑的深谷、陡坡、断岩、泥沼等机械无法进场的路基。

(4)联合填筑法。路基下层用横向填筑而上层用水平分层填筑。适用于因地形限制或填筑堤身较高,不宜采用水平分层法或横向填筑法自始至终进行填筑的情况。单机或多机作业均可,一般沿线路分段进行,每段距离以20～40m为宜,多在地势平坦或两侧有可利用山地土场的场合采用。

(三)石方路基的施工技术

石方路基实物如图2-62所示。

1. 填料要求

石料强度(饱水试件极限抗压强度)要求不小于15MPa,风化程度应符合规定,最大粒径不宜大于层厚的2/3。在高速公路及一级公路石方路基路床顶面以下50cm范围内,填料粒径不得大于10cm;其他等级公路石方路基路床顶面以下30cm范围内,填料粒径不得大于15cm。

2. 填筑方法

(1)竖向填筑法(倾填法)。主要用于二级及二级以下且铺设低级公路面的公路,在陡峻山坡施工特别困难或大量爆破以挖作填路段,以及无法自下而上分层填筑的陡坡、断岩、泥沼地区和水中作业的填石路堤。该方法施工路基压实、稳定问题较多。

图 2-62 石方路基

(2)分层压实法(碾压法)。是普遍采用并能保证填石路堤质量的方法。该方法自下而上水平分层,逐层填筑,逐层压实。高速公路、一级公路和铺设高级公路面的其他等级公路的填石路堤采用此方法。填石路堤将填方路段划分为4级施工台阶、4个作业区段、8道工艺流程进行分层施工。4级施工台阶是:在路基面以下0.5m为第1级台阶,0.5～1.5m为第2级台阶,1.5～3.0m为第3级台阶,3.0m以上为第4级台阶。4个作业区段是:填石区段、平整区段、碾压区段、检验区段。施工中填方和挖方作业面形成台阶状,台阶间距视具体情况和适应机械化作业而定,一般长为100m左右。填石作业自最低处开始,逐层水平填筑,每一分层先是机械摊铺主骨料,平整作业铺撒嵌缝料,将填石空隙以小石或石屑填满铺平,采用重型振动压路机碾压,压至填筑层顶面石块稳定。

石方填筑路堤8道工艺流程为施工准备、填料装运、分层填筑、摊铺平整、振动碾压、检测签认、路基成型、路基整修。

(3)冲击压实法。利用冲击压实机的冲击碾周期性大振幅低频率地对路基填料进行冲击,压密填方。如图2-63所示。

(4)强力夯实法(图2-64)。强力夯实法用起重机吊起夯锤从高处自由落下,利用强大的动力冲击,迫使岩土颗粒位移,提高填筑层的密实度和地基强度。其简要施工程序为:填石分层强夯施工,要求分层填筑与强夯交叉进行,各分层厚度的松铺系数第一层可取1.2,以后各层根据第一层的实际情况调整。每一分层连续挤密式夯击,夯后形成夯坑,夯坑以同类型石质填料填补。由于分层厚度为4～5m,填筑作业采用堆填法施工,运用大型装载机和自卸汽车配合作业,铺筑时用大型履带式推土机摊铺和平整,夯坑回填也用推土机完成,每层主夯和面层的主夯与满夯由起重机和夯锤实施,路基面需要用振动压路机进行最后的压实平整作业。

强夯法与碾压法相比,只是夯实与压实的工艺不同,而填料粒径控制、铺填厚度控制都要进行。强夯法控制夯击次数,碾压法控制压实遍数,机械装运摊铺平整作业完全一样,但强夯法需要进行夯坑回填。

图 2-63 冲击压实法

图 2-64 强力夯击法

(四)土石路基的施工技术

1. 填料要求

当石料强度大于 20MPa 时,石块的最大粒径不得超过压实层厚的 2/3;当石料强度小于 15MPa 时,石料最大粒径不得超过压实层厚,超过的应打碎。

2. 填筑方法

土石路基不得采用倾填方法,只能采用分层填筑,分层压实。当土石混合料中石料含量超过 70% 时,宜采用人工铺填;当土石混合料中石料含量小于 70% 时,可用推土机铺填,最大层厚 40cm。

(五)高填方路堤的施工技术

水田或常年积水地带,当用细粒土填筑路堤高度在 6m 以上,其他地带填土或填石路堤高度在 20m 以上时,称为高填方路堤。高填方路堤应采用分层填筑、分层压实的方法施工,每层填筑厚度根据所采用的填料决定。

(六)粉煤灰路堤的施工技术

粉煤灰路堤的施工技术可用于高速公路。凡是电厂排放的硅铝型低铝粉煤灰都可作为路堤填料。由于是轻质材料,粉煤灰的使用可减轻土体结构自重,减少软土路堤沉降,提高土体抗剪强度。

粉煤灰路堤一般由路堤主体部分、护坡和封顶层以及隔离层、排水系统等组成,其施工步骤主要有基底处理、粉煤灰储运、摊铺、洒水、碾压、养护与封层。

(七)结构物处的回填施工技术

1. 一般规定

(1)填土长度。一般在顶部为距翼墙尾端不小于台高加 2m,底部距基础内缘不小于 2m;拱桥台背不少于台高的 3~4 倍;涵洞两侧填土长度不少于孔径的 2 倍及高出涵洞顶 1.5m;挡土墙墙背回填部分顶部不少于墙高加 2m,底部距基础内缘不小于 2m。

(2) 填土高度。从路堤顶面起向下计算,在冰冻区一般不应小于 2.5m。无冰冻地区到高水位处,均应填以渗水性土,其余部分可用与路堤相同的土填筑,并在其上设横向排水盲沟或铺向外倾斜的黏土或胶泥层。

(3) 桥涵等构造物处填土前,应完成台前防护工程及桥梁上部结构。

(4) 结构物处的回填,一般要到基础混凝土或砌体的水泥砂浆强度达到设计强度的 70% 以上时才能填筑。

(5) 填筑时,与路基衔接处填方区内的坡形地面做成台阶或锯齿形。

(6) 桥台台背填土应与锥坡同时进行。

2. 填料要求

结构物处的回填材料应满足一般路堤填料的要求,优先选用挖取方便、压实容易、强度高的透水性材料,如石质土、砂土、砂性土。禁止使用捣碎后的植物土、白垩土、硅藻土、腐烂的泥炭土。黏性土不可用于高等级公路,在掺入小剂量石灰等稳定剂进行处理后可用于低等级公路结构物处的回填。

三、挖方路基的施工技术

(一) 土质路堑的施工技术

(1) 路堑的开挖方法根据路堑深度、纵向长短及现场施工条件,可划分为横向挖掘法、纵向挖掘法和混合式挖掘法等几种基本方法。

横向挖掘法包括适用于挖掘浅且短的路堑的单层横向全宽挖掘法和适用于挖掘深且短的路堑的多层横向全宽挖掘法。纵向挖掘法具体方法有分层纵挖法、通道纵挖法、分段纵挖法。混合式挖掘法为多层横向全宽挖掘法和通道纵向挖掘法混合使用。

(2) 推土机开挖土质路堑作业。推土机具有操作灵活、运转方便、所需土作场地小、短距离运土效率高等特点,既可独立作业,也可配合其他机械施工,带松土器的推土机还可进行松土作业,因此是土方路堑施工中最常用的机械之一。推土机开挖土方作业由切土、运土、卸土、倒退(或折返)、空回等过程组成一个循环。影响作业效率的主要因素是切土和运土两个环节。因此,必须以最短的时间和距离切满土,并尽可能减少土在推运过程中散失。推土机开挖土质路堑的作业方法与填筑路基相同的有下坡推土法、槽形推土法、并列推土法、接力推土法和波浪式推土法。另有斜铲推土法和侧铲推土法。

(3) 公路工程施工中以单斗挖掘机最为常见,而路堑土方开挖中又以正铲挖掘机使用最多。正铲挖掘机挖装作业灵活,回转速度快,工作效率高,特别适用于与运输车辆配合开挖土方路堑。正铲工作面的高度一般不应小于 1.5m,否则将降低生产效率,过高则易塌方,损伤机具。其作业方法有侧向开挖和正向开挖。

(二) 石质路堑的施工技术

1. 基本要求

在开挖程序确定之后,根据岩石条件、开挖尺寸、工程量和施工技术要求,通过方案比较拟定合理的开挖方式。其基本要求是:①保证开挖质量和施工安全;②符合施工工期和开挖强度的要求;③有利于维护岩体完整和边坡稳定性;④可以充分发挥施工机具的生产能力;⑤辅助工程量少。石质路堑开挖边坡如图 2-65 所示,路堑形式如图 2-66 所示。

图 2-65　石质路堑开挖边坡

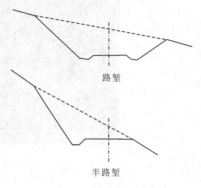

图 2-66　路堑形式

2. 开挖方式

(1)钻爆开挖。钻爆开挖是当前广泛采用的开挖施工方法。有薄层开挖、分层开挖(梯段开挖)、全断面一次开挖和特高梯段开挖等方式。

(2)直接应用机械开挖。该方法没有钻爆工序作业,不需要风、水、电辅助设施,简化了场地布置,加快了施工进度,提高了生产能力,但不适于破碎坚硬岩石。

(3)静态破碎法。静态破碎法是将膨胀剂放入炮孔内,利用产生的膨胀力,缓慢地作用于孔壁,经过数小时至 24h 达到 300~500MPa 的压力,使介质裂开,其开裂面如图 2-67 所示。

图 2-67　静态破碎面

(三)石质路堑爆破的施工方法

1. 常用爆破方法

(1)光面爆破(图 2-68)。在开挖限界的周边,适当排列一定间隔的炮孔,在有侧向临空面的情况下,用控制抵抗线和药量的方法进行爆破,使之形成一个光滑平整的边坡。

图 2-68 光面爆破面

(2)预裂爆破。在开挖限界处按适当间隔排列炮孔,在没有侧向临空面和最小抵抗线的情况下,用控制药量的方法,预先炸出一条裂缝,使拟爆体与山体分开,作为隔震减震带,起保护和减弱开挖限界以外山体或建筑物的地震破坏作用。

(3)微差爆破。两相邻药包或前后排药包以毫秒的时间间隔(一般为 15~75ms)依次起爆,称为微差爆破,亦称毫秒爆破。多发一次爆破最好采用毫秒雷管。当装药量相等时其优点是:①可减震 1/3~2/3;②前发药包为后发药包开创了临空面,从而加强了岩石的破碎效果;③降低多排孔一次爆破的堆积高度,有利于挖掘机作业;④由于逐发或逐排依次爆破,减少了岩石夹制力,可节省炸药 20%,并可增大孔距,提高每米钻孔的炸落方量。炮孔排列和起劕匝序根据断面形状和岩性确定。多排孔微差爆破是浅孔、深孔爆破发展的方向。

(4)定向爆破。利用爆破能将大量土(石)方按照指定的方向,搬移到一定的位置并堆积成路堤的一种爆破施工方法,称为定向爆破。它减少了挖、装、运、夯等工序,生产效率高。在公路工程中用于以借为填或移挖作填地段,特别是在深挖高填相间、工程量大的鸡爪形地区,采用定向爆破,一次可形成百米以至数百米路基。

(5)抛掷爆破。为使爆破设计断面内的岩体大量抛掷(抛坍)出路基,减少爆破后的清方工作量,保证路基的稳定性,可根据地形和路基断面形式,采用抛掷爆破、定向爆破、松动爆破方法。抛掷爆破有 3 种形式:

第一,平坦地形的抛掷爆破(亦称扬弃爆破)。在自然地面坡角 $\alpha<15°$,路基设计断面为拉沟路堑,石质大多是软石时,为使石方大量扬弃到路基两侧,通常采用稳定的加强抛掷爆破。

第二,斜坡地形路堑的抛掷爆破。自然地面坡角 α 在 $15°\sim50°$ 之间,岩石也较松软时,可采用抛掷爆破。

第三,斜坡地形半路堑的抛掷爆破。在自然地面坡度 $\alpha>30°$,地形地质条件均较复杂,临空面大时,宜采用这种爆破方法。在陡坡地段,岩石只要充分破碎,就可以利用岩石本身的自重坍滑出路基,提高爆破效果。

2. 综合爆破的施工技术

综合爆破是根据石方的集中程度,地质、地形条件,公路路基断面的形状,结合各种爆破方法的最佳使用特性,因地制宜,综合配套使用的一种比较先进的爆破方法。一般包括小炮和洞室炮两大类。小炮主要包括钢钎炮、深孔爆破等钻孔爆破;洞室炮主要包括药壶炮和猫洞炮,随药包性质、断面形状和微地形的变化而不同。用药量1t以上为大炮,1t以下为中、小炮。

(1)钢钎炮通常指炮眼直径和深度分别小于70mm和5m的爆破方法。

特点:炮眼浅,用药少,每次爆破的方数不多,并全靠人工清除;不利于爆破能量的利用。由于眼浅,以致响声大而炸下的石方不多,所以工效较低。

优点:比较灵活,在地形艰险及爆破量较小地段(如打水沟、开挖便道、基坑等)的综合爆破中是一种改造地形,为其他炮型服务的辅助炮型,因而又是一种不可缺少的炮型。

(2)深孔爆破是孔径大于75mm、深度在5m以上、采用延长药包的一种爆破方法。

特点:炮孔需用大型的潜孔凿岩机或穿孔机钻孔,如用挖运机械清方可以实现石方施工全面机械化,是大量石方(万方以上)快速施工的发展方向之一。

优点:劳动生产率高,一次爆落的方量多,施工进度快,爆破时比较安全。

(3)药壶炮是指在深2.5~3.0m以上的炮眼底部用小量炸药经一次或多次烘膛,使眼底成葫芦形,将炸药集中装入药壶中进行爆破的爆破方法。

特点:主要用于露天爆破。其使用条件是:岩石应在Ⅺ级以下,不含水分,阶梯高度(H)小于10~20m,自然地面坡度在70°左右。如果自然地面坡度较缓,一般先用钢钎炮切脚,炸出台阶后再使用。经验证明,药壶炮最好用于Ⅶ~Ⅸ级岩石,中心挖深4~6m,阶梯高度在7m以下。

优点:装药量可根据药壶体积而定,一般介于10~60kg之间,最多可超过100kg。每次可炸岩石数十方至数百方,是小炮中最省工、省药的一种方法。

(4)猫洞炮指炮洞直径为0.2~0.5m,洞穴成水平或略有倾斜(台眼),深度小于5m,用集中药锯炮洞中进行爆炸的一种方法。

特点:充分利用岩体本身的崩塌作用,能用较浅的炮眼爆破较高的岩体,一般爆破可炸松15~150m³。其最佳使用条件是:岩石等级一般为Ⅸ级以下,最好是Ⅴ~Ⅶ级;阶梯高度最小应大于眼深的两倍,自然地面坡度不小于50°,最好在70°左右。由于炮眼直径较大,爆能利用率甚差,故炮眼深度应大于1.5~2.0m,不能放孤炮。猫洞炮工效,一般可达4~10m³,单位耗药量在0.13~0.3kg/m³之间。

优点:在有裂缝的软石坚石中,阶梯高度大于4m,药壶炮不易形成时,采用这种爆破方法,可以获得好的爆破效果。

四、路基雨期施工技术

(一)雨期施工地段的选择

(1)雨期路基施工地段一般应选择丘陵和山岭地区的砂类土、碎砾石和岩石地段、路堑的弃方地段。

(2)重黏土、膨胀土及盐渍土地段不宜在雨期施工;平原地区排水困难,不宜安排雨期施工。

(二)雨期施工前应做好下列准备工作

(1)对选择的雨期施工地段进行详细的现场调查研究,据实编制实施性的雨期施工组织计划。

(2)应修建施工便道并保持晴雨畅通。

(3)住地、库房、车辆机具停放场地、生产设施都应设在最高洪水位以上地点或高地上,并应远离泥石流沟槽冲积堆一定的安全距离。

(4)应修建临时排水设施,保证雨期作业的场地不被洪水淹没并能及时排除地面水。

(5)应储备足够的工程材料和生活物资。

(三)雨期填筑路堤

(1)雨期路堤施工地段除施工车辆外,应严格控制其他车辆在施工场地通行。

(2)在填筑路堤前,应在填方坡脚以外挖掘排水沟,保持场地不积水,如原地面松软,应采取换填措施。

(3)应选用透水性好的碎(卵)石土、砂砾、石方碎渣和砂类土作为填料。利用挖方土作填方时应随挖随填,及时压实。含水量过大无法晾干的土不得用作雨期施工填料。

(4)路堤应分层填筑。每一层的表面,应做成2%~4%的排水横坡。当天填筑的土层应当天完成压实。

(5)雨期填筑路堤需借土时,取土坑距离填方坡脚不宜小于3m。平原区路基纵向取土时,取土坑深度一般不宜大于1m。

(四)雨期开挖路堑

(1)土质路堑开挖前,在路堑边坡坡顶2m以外开挖截水沟并接通出水口。

(2)开挖土质路堑宜分层开挖,每挖一层均应设置排水纵、横沟。挖方边坡不宜一次挖到设计标高,应沿坡面留30cm厚,待雨期过后整修到设计坡度。以挖作填的挖方应随挖随运随填。

(3)土质路堑挖至设计标高以上30~50cm时应停止开挖,并在两侧挖排水沟。待雨期过后再挖到路床设计标高后再压实。

(4)土的强度低于规定值时应按设计要求进行处理。

(5)雨期开挖岩石路堑,炮眼应尽量水平设置。边坡应按设计坡度自上而下层层刷坡,坡度应符合设计要求。

五、路基冬期施工技术

(一)冬期施工

(1)在反复冻融地区,昼夜平均温度在−3℃以下、连续10天以上时,进行路基施工称为路基冬期施工。

(2)当昼夜平均温度虽然上升到−3℃以上,但冻土未完全融化时,亦应按冬期施工。

(二)路基施工可冬期进行的工程项目

(1)泥沼地带河湖冻结到一定深度后,如需换土时可趁冻结期挖去原地面的软土、淤泥层,换填合格的其他填料。

(2)含水量高的流动土质、流沙地段的路堑可利用冻结期开挖。

(3)河滩地段可利用冬期水位低,开挖基坑修建防护工程,但应采取加温保温措施,注意养护。

(4)岩石地段的路堑或半填半挖地段,可进行开挖作业。

(三)路基工程不宜冬期施工的项目

(1)高速公路、一级公路的土路基和地质不良地区的二级以下公路路堤。

(2)铲除原地面的草皮,挖掘填方地段的台阶。

(3)整修路基边坡。

(4)在河滩低洼地带将被水淹的填土路堤。

(四)冬期填筑路堤

(1)冬期施工的路堤填料,应选用未冻结的砂类土、碎石土、卵石土,开挖石方的石块石渣等透水性良好的土。

(2)冬期填筑路堤,应按横断面全宽平填,每层松铺厚度应按正常施工减少20%～30%,且最大松铺厚度不得超过30cm。压实度不得低于正常施工时的要求。当天填的土必须当天完成碾压。

(3)当路堤高距路床底面1m时,应碾压密实后停止填筑。

(4)挖填方交界处,填土低于1m的路堤都不应在冬期填筑。

(5)冬期施工取土坑应远离填方坡脚。如条件限制需在路堤附近取土时,取土坑内侧到填方坡脚的距离应不得小于正常施工护坡道的1.5倍。

(6)冬期填筑的路堤,每层每侧应按设计和有关规定超填并压实。待冬期后修整边坡,削去多余部分并拍打密实或加固。

(五)冬期施工开挖路堑表层冻土的方法

(1)爆破冻土法。当冰冻深度达1m以上时可用此法炸开冻土层。炮眼深度取冻土深度的0.75～0.9倍,炮眼间距取冰冻深度的1～1.3倍并按梅花形交错布置。

(2)机械破冻法。1m以下的冻土层可选用专用破冻机械,如冻土犁、冻土锯和冻土铲等,予以破碎清出。

(3)人工破冻法。当冰冻层较薄,破冻面积不大时,可用日光暴晒法、火烧法、热水开冻法、水针开冻法、蒸汽放热解冻法和电热法等胀开或融化冰冻层,并辅以人工撬挖。

(六)冬期开挖路堑

(1)当冻土层破开挖到未冻土后,应连续作业,分层开挖,中间停顿时间较长时,应在表面覆雪保温,避免重复被冻。

(2)挖方边坡不应一次挖到设计线,应预留30cm厚台阶,待到正常施工季节再削去预留台阶,整理达到设计边坡。

(3)路堑挖至路床面以上1m时,挖好临时排水沟后,应停止开挖并在表面覆以雪或松土,待到正常施工时,再挖去其余部分。

(4)冬期开挖路堑必须从上向下开挖,严禁从下向上掏空挖"神仙土"。

(5)每日开工时先挖向阳处,气温回升后再挖背阴处,如开挖时遇地下水源,应及时挖沟排水。

(6)冬期施工开挖路堑的弃土要远离路堑边坡坡顶堆放。弃土堆高度一般不应大于3m,弃土堆坡脚到路堑边坡顶的距离一般不得小于3m,深路堑或松软土地带应保持5m以上。弃土堆应摊开整平,严禁把弃土堆于路堑边坡顶上。

六、路基压实作业

(一)路基材料与填筑

1. 材料要求

(1)应符合设计要求和有关规范的规定。填料的强度(CBR)值应符合设计要求,其最小强度值应符合表2-14所示的规定。

(2)不应使用淤泥、沼泽土、泥炭土、冻土、有机土及含生活垃圾的土做路基填料。

表2-14 路基填料强度(CBR)的最小值

填方类型	路床顶面以下深度/cm	最小强度/(%)	
		城市快速路、主干路	其他等级道路
路床	0~30	8.0	6.0
路基	30~80	5.0	4.0
路基	80~150	4.0	3.0
路基	>150	3.0	2.0

2. 填筑

(1)填土应分层进行。下层填土合格后,方可进行上层填筑。路基填土宽度应比设计宽度宽500mm。

(2)对过湿土翻松、晾干,或对过干土均匀加水,使其含水量在最佳含水量范围之内。

(二)路基压实施工要点

1. 试验段

在正式进行路基压实前,有条件时应做试验段,以便取得路基或基层施工相关的技术参数。试验目的主要有:

(1)确定路基预沉量值;

(2)合理选用压实机具,选用机具考虑因素有道路不同等级、工程量大小、施工条件和工期要求等;

(3)按压实度要求,确定压实遍数;

(4)确定路基宽度内每层虚铺厚度;

(5)根据土的类型、湿度、设备及场地条件,选择压实方式。

2. 路基下管道回填与压实

(1)当管道位于路基范围内时,其沟槽的回填土压实度应符合《给水排水管道工程施工及验收规范》(GB50268—2008)的规定,且管顶以上500mm范围内不得使用压路机(采用人工夯实、蛙夯机夯实)。

(2)当管道结构顶面至路床的覆土厚度不大于500mm时,应对管道结构进行加固。

(3)当管道结构顶面至路床的覆土厚度在500~800mm时,路基压实时应对管道结构采取保护或加固措施。

3. 路基压实

按照土路基填挖类型(填方、挖方、半填半挖路段)、填筑深度及道路类型(快速路及主干路、次干路、支路),对照表2-15路基压实度标准,判断是否达到质量要求。路基压实要点主要有:

表 2-15 路基压实度标准

填挖类型	路床顶面以下深度/cm	道路类别	压实度/(%)(重型击实)	检验频率 范围	检验频率 点数/点	检验方法
挖方	0~30	城市快速路、主干路	≥95	每1000m²	每层1组(3点)	细粒土:环刀法;粗粒土:灌水法或灌砂法
挖方	0~30	次干路	≥93			
挖方	0~30	支路及其他小路	≥90			
填方	0~80	城市快速路、主干路	≥95			
填方	0~80	次干路	≥93			
填方	0~80	支路及其他小路	≥90			
填方	>80~150	城市快速路、主干路	≥93			
填方	>80~150	次干路	≥90			
填方	>80~150	支路及其他小路	≥90			
填方	>150	城市快速路、主干路	≥90			
填方	>150	次干路	≥90			
填方	>150	支路及其他小路	≥87			

(1)压实方法(式),即重力压实(静压)和振动压实两种;

(2)土质路基压实原则,即"先轻后重、先静后振、先低后高、先慢后快、轮迹重叠",压路机最快速度不宜超过4km/h;

(3)碾压应从路基边缘向中央进行,压路机轮外缘距路基边应保持安全距离;
(4)碾压不到的部位应采用小型夯压机夯实,防止漏夯,要求夯击面积重叠1/4~1/3。

(三)土质路基压实质量检查

(1)主要检查各层压实度和弯沉值,不符合质量标准时应采取措施改进;
(2)路床应平整、坚实,无显著轮迹、翻浆、波浪、起皮等现象;
(3)路堤边坡应密实、稳定、平顺。

(四)施工注意事项

(1)严格按照设计文件和施工规范进行路基施工,以试验及测试结果作为检查、评定路基施工质量是否符合要求的主要依据。

(2)加强排水,确保路基施工质量。施工排水有利于控制土的含水量,便于施工作业。路基施工前应先修筑截水沟、排水沟等排水设施。雨季施工时要加强工地临时排水,各施工作业面应及时整平、压实、封闭。填方地段路基应根据土质情况和气候条件做成2%~4%的排水横坡;挖方工作面应根据路堑纵、横断面情况,采取有效措施把积水排除。当地下水位较高或有地下水渗流时,应根据地下水的位置和流量设置渗沟等适当的地下排水设施。

(3)合理取土(图2-69)、弃土。施工时取土与弃土应从方便路基施工、节约用地、保护耕地和农田水利设施等角度考虑,注意取土、弃土后路基的排水通畅。

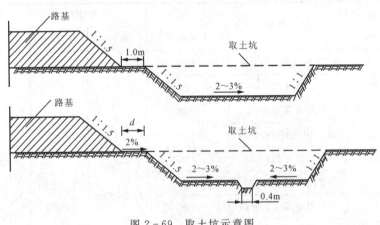

图 2-69 取土坑示意图
1. 路堤;2. 取土坑

(4)保护生态环境。建成后的公路应有美好的路容和景观。路基施工时,应尽量减少对自然植被及地形地貌的破坏,避免水土流失;施工时清除的杂物不得随意倾弃到河流中。

(5)因地制宜。合理利用当地材料和工业废料修筑路基,有效降低工程造价。

(6)安全施工。必须贯彻安全施工的方针,制定必要的、合理的安全措施,加强安全意识教育,避免人员伤亡和财产损失。

由于路基在公路中的重要作用,路基除要求具有正确、合理的断面尺寸外,还应具有足够的整体稳定性、足够的强度和足够的水温稳定性。与其他土建工程比较,公路路基工程具有施工场地线长面窄;土(石)方工程量大,沿线分布不均匀;路基工程项目相互制约;受区域性影响大;施工干扰因素多等特点。因此,路基工程施工前必须作好详细调查,合理安排,统一部署,选择合适的填筑材料,采用先进的施工技术和施工机具,以及周密的施工组织和科学的管理。

第七节 路面工程施工技术

实习任务:
1. 熟悉沥青路面及水泥混凝土路面的施工流程。
2. 掌握沥青混凝土路面摊铺及压实的施工要领。
3. 掌握水泥混凝土配合比设计、水泥混凝土路面接缝的设置原则及方法,以及路面养护的方法等。

准备工作:
1. 了解路面施工流程及实习地工程概况。
2. 准备与路面施工相关的专业书籍。
3. 向指导老师请教实习应注意的问题和细节。

实习基本内容:具体内容如下。

一、路面分类

(一)按力学特性分类

1. 柔性路面

柔性路面主要代表是各种沥青类路面,包括沥青混凝土(英国标准称压实后的混合料为混凝土)面层、沥青碎石面层、沥青贯入式碎(砾)石面层等。荷载作用下产生的弯沉变形较大、抗弯强度小,在反复荷载作用下产生累积变形,它的破坏取决于极限垂直变形和弯拉应变。

2. 刚性路面

刚性路面主要代表是水泥混凝土路面,包括接缝处设传力杆、不设传力杆及设补强钢筋网的水泥混凝土路面。行车荷载作用下产生板体作用,抗弯拉强度大,弯沉变形很小,呈现出较大的刚性,它的破坏取决于极限弯拉强度。

3. 半刚性路面

有些路面材料在修建早期具有柔性路面特性,后期近乎刚性路面特性,对这种路面有时称为半刚性路面,如石灰稳定土、水泥稳定土、石灰粉煤灰和石灰炉渣等材料建成的路面。

(二) 按结构强度分类

1. 高级公路面

路面强度高、刚度大、稳定性好是高级公路面的特点。它的使用年限长，适用于繁重交通量，且具有路面平整、车速高、运输成本低、建设投资高、养护费用少等特点，适用于城市快速路、主干路、公交专用道路。

2. 次高级公路面

次高级公路面的路面强度、刚度、稳定性、使用寿命、车辆行驶速度、适应交通量等均低于高级公路面，但维修、养护、运输成本较高，城市次干路、支路可采用。

除此，还有现在使用较少的中级路面和低级公路面，如表 2-16 所示。

表 2-16 路面等级分类

道路等级	路面等级	面层材料	使用年限/年
高速，一、二级公路	高级公路面	水泥混凝土	30
		沥青混凝土、厂拌沥青碎石、天然石材	15
二、三级公路	次高级公路面	路拌沥青碎石、沥青贯入式碎(砾)石	12
		沥青表面处治	8
四级公路	中级路面	碎、砾石(泥结或级配)，半整齐石块，其他粒料	5
四级公路	低级公路面	粒料加固土，其他当地材料加固或改善土	5

二、面层的性能要求

面层直接承受行车的作用。设置面层结构可以改善汽车的行驶条件，提高道路服务水平（包括舒适性和经济性），以满足汽车运输的需求。面层是直接同行车和大气相接触的层位，承受行车荷载引起的竖向力、水平力和冲击力的作用，同时又受降水的侵蚀作用和温度变化的影响。因此，面层应具有较高的强度、刚度、耐磨性、不透水性和高低温稳定性，并且其表面层还应具有良好的平整度和粗糙度。

面层使用指标主要包括承载能力（强度和刚度）、平整度、温度稳定性、抗滑能力、不透水性、低噪声量等。

(一) 承载能力（强度和刚度）

当车辆荷载作用在路面上，使路面结构内产生应力和应变，如果路面结构整体或某一结构层的强度或抗变形能力不足以抵抗这些应力和应变时，路面便出现开裂或变形（沉陷、车辙等），降低其服务水平。路面结构暴露在大气中，受到温度和湿度的周期性影响，也会使其承载能力下降。路面在长期使用中会出现疲劳损坏和塑性累积变形，需要维修养护，但频繁维修养护势必会干扰正常的交通运营。为此，路面必须满足设计年限的使用需要，具有足够抗疲劳破坏和塑性变形的能力,即具备相当高的强度和刚度。

(二)平整度

平整的路面可减小车轮对路面的冲击力,行车产生附加的振动小,不会造成车辆颠簸,能提高行车速度和舒适性,不增加运行费用。依靠先进的施工机具、精细的施工工艺、严格的施工质量控制及经常、及时的维修养护,可实现路面的高平整度。为减缓路面平整度的衰变,应重视路面结构及面层材料的强度和抗变形能力。

(三)温度稳定性

路面材料特别是表面层材料,长期受到水文、温度、大气因素的作用,材料强度会下降,材料性状会变化,如沥青面层老化,弹性、黏性、塑性逐渐丧失,最终路况恶化,导致车辆运行质量下降。为此,路面必须保持较高的稳定性,即具有较低的温度、湿度敏感度。

(四)抗滑能力

光滑的路面使车轮缺乏足够的附着力,汽车在雨雪天行驶或紧急制动、转弯时,车轮易产生空转或溜滑危险,极有可能造成交通事故。因此,路面应平整、密实、粗糙、耐磨,具有较大的摩擦系数和较强的抗滑能力。路面抗滑能力强,可缩短汽车的制动距离,降低发生交通安全事故的频率。

(五)不透水性

一般情况下,城镇道路路面应具有不透水性,以防止水分渗入道路结构层和土基,致使路面的使用功能丧失。

(六)低噪声量

城市道路使用过程中产生的交通噪声,使人们出行感到不舒适,居民生活质量下降。城市区域应尽量使用低噪声路面,为营造静谧的社会环境创造条件。

近年我国城市开始修筑降噪排水路面,以提高城市道路的使用功能和减少城市交通噪声。沥青路面结构组合:上面层(磨耗层)采用开级配抗滑磨耗层(OGFC)沥青混合料,中面层、下(底)面层等采用密级配沥青混合料。既满足沥青路面强度高、高低温性能好和平整密实等路用功能,又实现了城市道路排水降噪的环保功能。

三、沥青混合料的施工技术

(一)沥青混合料的组成材料及结构类型

1. 组成材料

沥青混合料是一种复合材料,主要由沥青、粗骨料、细骨料、矿粉组成,有的还是加入聚合物和木纤维素拌和而成的混合料。沥青混合料由这些不同质量和数量的材料混合形成不同的结构,并具有不同的力学性质。沥青混合料结构是材料单一结构和相互联系结构的概念的总和,包括沥青结构、矿物骨架结构及沥青-矿粉分散系统结构等。沥青混合料的结构取决于下列因素:矿物骨架结构、沥青的结构、矿物材料与沥青相互作用的特点、沥青混合料的密实度及其毛细空隙结构的特点。沥青混合料的力学强度主要由矿物颗粒之间的内摩擦阻力和嵌挤力,以及沥青胶结料及其与矿料之间的黏结力所构成。

2. 基本分类

(1)按材料组成及结构分为连续级配混合料、间断级配混合料。按矿料级配组成及空隙率大小分为密级配混合料、半开级配混合料、开级配混合料。

(2)按公称最大粒径的大小可分为特粗式(公称最大粒径大于31.5mm)、粗粒式(公称最大粒径等于或大于26.5mm)、中粒式(公称最大粒径为16mm或19mm)、细粒式(公称最大粒径为9.5mm或13.2mm)、砂粒式(公称最大粒径小于9.5mm)沥青混合料。

(3)按生产工艺分为热拌沥青混合料、冷拌沥青混合料、再生沥青混合料等。

3. 结构类型

沥青混合料,可分为按嵌挤原则构成和按密实级配原则构成的两大结构类型。

(1)按嵌挤原则构成的沥青混合料的结构强度,是以矿质颗粒之间的嵌挤力和内摩擦阻力为主、沥青结合料的黏结作用为辅而构成的。这类路面是以较粗的、颗粒尺寸均匀的矿物构成骨架,沥青结合料填充其空隙,并把矿料黏结成一个整体。这类沥青混合料的结构强度受自然因素(温度)的影响较小。

(2)按密实级配原则构成的沥青混合料的结构强度,是以沥青与矿料之间的黏结力为主,矿质颗粒间的嵌挤力和内摩擦阻力为辅而构成的。这类沥青混合料的结构强度受温度的影响较大。

(3)按级配原则构成的沥青混合料,其结构组成通常有下列3种形式,如图2-70所示。

A. 悬浮密实结构。悬浮密实结构内部材料组成结构如图2-70(a)所示。由次级骨料填充前级骨料(较次级骨料粒径稍大)空隙的沥青混凝土具有很大的密度,混凝土内部一般浆体总量多、集料用量相对较少,水泥胶浆虽充分填满了整个混凝土体系,但集料之间彼此互不搭接,不能直接互相嵌锁形成骨架,故集料颗粒基本悬浮于浆体体系中,混凝土材料内部结构处于一种悬浮密实状态。因此该结构具有较大的黏聚力c,但内摩擦角φ较小,这种悬浮密实型水泥混凝土的性能主要依靠水泥胶浆自身性能以及胶浆与集料之间的黏结能力。这种结构的混合料密实度较高,但稳定性较差,其材料内部结构在很大程度上弱化了集料自身高强度、高耐久的性能优势,经济性能及使用性能方面都不理想。通常按最佳级配原理进行设计。沥青混凝土混合料(AC)是这种结构的典型代表。

B. 骨架空隙结构。分析骨架空隙结构水泥混凝土的结构特点,如图2-70(b)所示。该结构粗骨料所占比例大,细骨料很少甚至没有,粗骨料可互相嵌锁形成骨架,嵌挤能力强;但细骨料过少不易填充粗骨料之间形成的较大的空隙,主要依靠粗骨料之间的堆积嵌锁以及水泥胶浆的接触黏结作用。粗骨料之间的接触面积较小,粗骨料彼此之间仅仅依靠"骨架节点"作用来进行强度支撑,无法得到有效黏结,内摩擦角φ较高,但黏聚力c较低。该结构没有充分发挥水泥胶浆优异的黏结性能,从而导致混凝土内部骨料黏结作用差,混凝土抵抗疲劳破坏能力差,将其应用于高等级公路路面中,容易在重载作用下导致表面集料飞散、剥离。在寒冷地区,由于冻融循环等作用,骨架空隙结构内部连通空隙大,材料内部结构容易在自由水的冻胀作用下发生体积变形，从而导致混凝土内部出现碎裂破坏，严重影响路面的使用功能及耐久性。沥青碎石混合料(AM)和OGFC排水沥青混合料是这种结构的典型代表。

C.骨架密实结构。骨架密实结构内部材料组成结构如图2-70(c)所示，间断密级配的混合料，是上面两种结构形式的有机组合，它既有一定数量的粗集料形成骨架结构，又有足够的细集料填充到粗集料之间的空隙中去。骨架密实结构的特点为：较多数量的断级配粗骨料形成空间骨架，发挥嵌挤锁结作用；同时由适当数量的细骨料和沥青填充骨架间的空隙，形成既嵌紧又密实的结构，使混凝土密实、空隙率小，使水不容易透入；还具有较高的承受荷载作用及温度梯度的能力，从而大幅度提高了材料的路用性能。该结构不仅内摩擦角 φ 较高，黏聚力 c 也较高。沥青玛碲脂混合料(SMA)是这种结构的典型代表。

3种结构的沥青混合料由于密度 ρ、空隙率 W、矿料间隙率(VMA)不同，使它们在稳定性和路用性能上亦有显著差别。

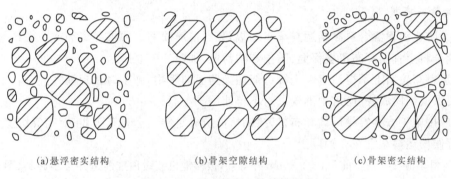

(a)悬浮密实结构　　　　(b)骨架空隙结构　　　　(c)骨架密实结构

图2-70　沥青路面3种结构形式

(二)施工准备

1. 透层与粘层

(1)沥青混合料面层应在基层表面喷洒透油层(图2-71)，在透油层完全深入基层后方可铺筑面层。施工中应根据基层类型选择渗透性好的液体沥青、乳化沥青作为透油层。沥青路面透油层材料的规格、用量和洒布养护应符合《公路沥青路面施工技术规范》(JTG F40—2004)的有关规定。

(2)双层式或多层式热拌热铺沥青混合料面层之间应喷洒粘层油(图2-72)，或在水泥混凝土路面、沥青稳定碎石基层、旧沥青路面上加铺沥青混合料时，应在既有结构、路缘石和检查井等构筑物与沥青混合料层连接面喷洒粘层油。宜采用快裂或中裂乳化沥青、改性乳化沥青，也可采用快凝或中凝液体石油作粘层油。粘层油材料的规格、用量和洒布养护应符合《公路沥青路面施工技术规范》(JTG F40—2004)的有关规定。

(3)《公路沥青路面施工技术规范》(JTG F40—2004)中强制性条文规定：沥青混合料面层不得在雨、雪天气及环境最高温度低于5℃时施工。

图 2-71　喷洒透油层　　　　图 2-72　洒布粘层油

2. 运输与布料

（1）为防止沥青混合料黏结运料车车厢板，装料前应喷洒一薄层隔离剂或防黏结剂。运输中沥青混合料上宜用篷布覆盖保温、防雨和防污染，如图 2-73 所示。

（2）运料车轮胎上不得沾有泥土等可能污染路面的脏物，施工时发现沥青混合料不符合施工温度要求或结团成块、已遭雨淋现象时不得使用。

（3）应按施工方案安排运输和布料，摊铺机前应有足够的运料车等候；对高等级道路，开始摊铺前等候的运料车宜在 5 辆以上。

（4）运料车应在摊铺机前 100～300mm 外等候，被摊铺机缓缓顶推前进并逐步卸料（图 2-74），避免撞击摊铺机。每次卸料必须倒净，如有余料应及时清除，防止硬结。

图 2-73　沥青混合料运输　　　　图 2-74　沥青混合料卸料

（三）摊铺作业

1. 机械施工

（1）热拌沥青混合料应采用履带式或轮胎式沥青摊铺机。摊铺机的受料斗应涂刷薄层隔离剂或防黏结剂。

(2)铺筑高等级道路沥青混合料时,1台摊铺机的铺筑宽度不宜超过6(双车道)~7.5m(三车道以上),通常采用2台或多台摊铺机前后错开10~20m呈梯队方式同步摊铺(图2-75),两幅之间应有30~60mm宽度的搭接,并应避开车道轮迹带,上下层搭接位置宜错开200mm以上。机器摊铺完后,可人工辅助摊铺,如图2-76所示。

图2-75 沥青混合料摊铺

图2-76 沥青混合料人工辅助摊铺

(3)摊铺机开工前应提前0.5~1h预热熨平板使它不低于100℃。铺筑时应选择适宜的熨平板振捣或夯实装置的振动频率和振幅,以提高路面初始压实度。

(4)摊铺机必须缓慢、均匀、连续不间断地摊铺,不得随意变换速度或中途停顿,以提高平整度,减少沥青混合料的离析。摊铺速度宜控制在2~6m/min的范围内。当发现沥青混合料出现明显的离析、波浪、裂缝、拖痕时,应分析原因,及时消除。

(5)摊铺机应采用自动找平方式。下面层宜采用钢丝绳引导的高程控制方式摊铺,上面层宜采用平衡梁或滑靴并辅以厚度控制方式摊铺。

(6)热拌沥青混合料的最低摊铺温度根据铺筑层厚度、气温、风速及下卧层表面温度来确定,并按现行规范要求执行。例如铺筑普通沥青混合料,下卧层的表面温度为15~20℃,铺筑层厚度在小于50mm、50~80mm、大于80mm的3种情况下,最低摊铺温度分别是140℃、135℃、130℃。

(7)沥青混合料的松铺系数应根据试铺试压确定。应随时检查铺筑层厚度、路拱及横坡,并辅以使用的沥青混合料总量与面积校验平均厚度。松铺系数的取值可参考表2-17中所给的范围。

表2-17 沥青混合料的松铺系数

种类	机械摊铺	人工摊铺
沥青混凝土混合料	1.15~1.35	1.25~1.50
沥青碎石混合料	1.15~1.30	1.20~1.45

(8)摊铺机的螺旋布料器转动速度与摊铺速度应保持均衡。为减少摊铺中沥青混合料的离析,布料器两侧应保持有不少于送料器2/3高度的混合料。摊铺的混合料不宜用人工反复修整。

2. 人工施工

(1)不具备机械摊铺的情况下,可采用人工摊铺作业。

(2)半幅施工时,路中一侧宜预先设置挡板;摊铺时应扣锹布料,不得扬锹远甩;边摊铺边整平,严防骨料离析;摊铺不得中途停顿,并应尽快碾压;低温施工时,卸下的沥青混合料应覆盖篷布保温。

(四)压实成型与接缝

1. 压实成型

(1)沥青路面施工应配备足够数量、状态完好的压路机,选择合理的压路机组合方式,根据摊铺完成的沥青混合料温度情况严格控制初压、复压、终压(包括成型)时机。压实层最大厚度不宜大于100mm,各层应符合压实度及平整度的要求。

(2)碾压速度做到慢而均匀,应符合《公路沥青路面施工技术规范》(JTG F40—2004)要求的压路机碾压速度,如表2-18所示。

表2-18 压路机碾压速度(单位:km/h)

压路机类型	初压		复压		终压	
	适宜	最大	适宜	最大	适宜	最大
钢筒式压路机	1.5~2	3	2.5~3.5	5	2.5~3.5	5
轮胎压路机	—	—	3.5~4.5	6	4~6	8
振动压路机	1.5~2(静压)	5(静压)	1.5~2(振动)	1.5~2(振动)	2~3(静压)	5(静压)

(3)压路机的碾压温度应根据沥青和沥青混合料种类、压路机类型(图2-77、图2-78)、气温、层厚等因素经试压确定。《公路沥青路面施工技术规范》(JTG F40—2004)规定的碾压温度见表2-19。

(4)初压宜采用钢轮压路机静压1~2遍。碾压时应将压路机的驱动轮面向摊铺机,从外侧向中心碾压,在超高路段和坡道上则由低处向高处碾压。复压应紧跟在初压后开始,不得随意停顿。碾压路段总长度不超过80m。

图2-77 轮胎式压路机

图2-78 缸筒式压路机

表 2-19　热拌沥青混合料的碾压温度(单位:℃)

施工工序		石油沥青的标号			
		50 号	70 号	90 号	110 号
开始碾压的混合料内部温度,不低于	正常施工	135	130	125	120
	低温施工	150	145	135	130
碾压终了的表面温度,不低于	轮胎压路机	85	80	75	70
	钢轮压路机	80	70	65	60
	振动压路机	75	70	60	55
开放交通路表面温度,不高于		50	50	50	45

(5)密级配沥青混合料复压宜优先采用重型轮胎压路机进行碾压,以增加密水性,其总质量不宜小于 25t。相邻碾压带应重叠 1/3～1/2 轮宽。对以粗骨料为主的混合料,宜优先采用振动压路机复压(厚度宜大于 30mm),振动频率宜为 35～50Hz,振幅宜为 0.3～0.8mm。层厚较大时宜采用高频大振幅,厚度较薄时宜采用高频低振幅,以防止骨料破碎。相邻碾压带宜重叠 100～200mm。当采用三轮钢筒式压路机时,总质量应不小于 12t,相邻碾压带宜重叠后轮的 1/2 轮宽,并应不小于 200mm。

(6)终压应紧接在复压后进行。终压应选用双轮钢筒式压路机或关闭振动的振动压路机,碾压不宜少于两遍,直至无明显轮迹为止。

(7)为防止沥青混合料粘轮,对压路机钢轮可涂刷隔离剂或防黏结剂,严禁刷柴油。亦可向碾轮喷淋添加少量表面活性剂的雾状水。

(8)压路机不得在未碾压成型路段上转向、掉头、加水或停留。在当天成型的路面上,不得停放各种机械设备或车辆,不得散落矿料、油料及杂物。

2. 接缝

(1)沥青混合料路面接缝必须紧密、平顺。上下层的纵缝应错开 150mm(热接缝)或 300～400mm(冷接缝)以上。相邻两幅及上下层的横向接缝均应错位 1m 以上。应采用 3m 直尺检查,确保平整度达到要求。

(2)采用梯队作业摊铺时应选用热接缝,将已铺部分留下 100～200mm 宽暂不碾压,作为后续部分的基准面,然后跨缝压实。如半幅施工采用冷接缝时,宜加设挡板或将先铺的沥青混合料刨出毛槎,涂刷粘层油后再铺新料,新料重叠在已铺层上 50～100mm,软化下层后铲走,再进行跨缝压密挤紧。

(3)高等级道路的表面层横向接缝应采用垂直的平接缝,以下各层和其他等级的道路的各层可采用斜接缝。平接缝宜采用机械切割或人工刨除层厚不足部分,使工作缝成直角连接。清除切割时留下的泥水,干燥后涂刷粘层油,铺筑新混合料接头应使接槎软化,压路机先进行横向碾压,再纵向充分压实,连接平顺。

(五)开放交通

《城镇道路工程施工与质量验收规范》(CJJ 1—2008)强制性条文规定:热拌沥青混合料路

面应待摊铺层自然降温至表面温度低于50℃后,方可开放交通。

(六)压实质量的评定

按照路面类型,热拌沥青混合料(快速路及主干路、次干路、支路)、冷拌沥青混合料、沥青贯入式可对照表2-20,判断压实度是否达到质量要求。

表2-20 沥青混合料路面压实度标准

路面类型	道路类别	压实度/(%)(重型击实)	检验频率		检验方法
			范围	点数	
热拌沥青混合料	快速路、主干路	≥96	每1000m²	1点	查试验记录
	次干路	≥95			
	支路	≥95			
冷拌沥青混合料		≥95			查配比、复测
沥青贯入式		≥90			灌水法、灌砂法、蜡封法

压实质量的评定原则如下:
(1)通过重型或轻型标准击实试验,求得现场干密度和室内最大干密度的比值。
(2)求实测干(质量)密度与最大干(质量)密度的比值,一般以百分率表示。
(3)由湿(质量)密度和含水量计算出干(质量)密度后,计算压实度。
(4)土基、石基、沥青路面工程施工质量检验项目中,压实度均为主控项目,必须达到100%合格,检验结果达不到要求值时,应采取措施加强碾压。

四、改性沥青混合料面层的施工技术

(一)生产和运输

1. 生产

改性沥青混合料的生产除遵照普通沥青混合料生产要求外,还应注意以下几点:
(1)改性沥青混合料的生产温度应根据改性沥青品种、黏度、气候条件、铺装层的厚度确定。改性沥青混合料的正常生产温度根据实践经验选择,如表2-21所示。通常宜较普通沥青混合料的生产温度提高10~20℃。
(2)改性沥青混合料宜采用间歇式拌和设备生产。这种设备除尘系统完整,能达到环保要求;给料仓数量较多,能满足配合比设计配料要求;具有添加纤维等外掺料的装置。
(3)改性沥青混合料拌和时间根据具体情况经试拌确定,以沥青均匀包裹骨料为度。间歇式拌和机每盘的生产周期不宜少于45s(其中干拌时间不少于5~10s)。改性沥青混合料的拌和时间应适当延长。

表 2-21 改性沥青混合料的正常生产温度范围(单位:℃)

工序	改性沥青品种		
	SBS 类	SBR 胶乳类	EVA PE 类
基质沥青加热温度	160~165		
改性沥青现场制作温度	160~165	—	165~170
成品改性沥青加热温度,不大于	175	—	175
骨料加热温度	190~220	200~210	185~195
改性沥青混合料出厂温度	170~185	100~180	165~180
混合料最高温度(废弃温度)	195		
混合料贮存温度	拌和出料后降低不超过 10		

(4)间歇式拌和机应备有保温性能好的成品储料仓。贮存过程中混合料温降不得大于 10℃,且具有沥青滴漏功能。改性沥青混合料的贮存时间不宜超过 24h,改性沥青 SMA 混合料只限当天使用,OGFC 混合料应随拌随用。

(5)添加纤维的沥青混合料,纤维必须在混合料中充分分散,拌和均匀。拌和机应配备同步添加投料装置,松散的絮状纤维可在喷入沥青的同时或稍后采用风送装置喷入拌和锅,拌和时间宜延长 5s 以上。颗粒纤维可在粗骨料投入的同时自动加入,经 5~10s 的干拌后,再投入矿粉。

(6)使用改性沥青时应随时检查沥青泵、管道、计量器是否受堵,堵塞时应及时清洗。

2. 运输

改性沥青混合料运输应按照普通沥青混合料运输要求执行,还应做到:运料车卸料必须倒净,如有粘在车厢板上的剩料,必须及时清除,防止硬结;在运输、等候过程中,当发现有沥青混合料滴漏时,应采取措施纠正。

(二)施工

1. 摊铺

(1)改性沥青混合料的摊铺除满足普通沥青混合料摊铺要求外,还应做到:摊铺在喷洒有粘层油的路面上铺筑改性沥青混合料时,宜使用履带式摊铺机。摊铺机的受料斗应涂刷薄层隔离剂或防黏结剂。SMA 混合料施工温度应经试验确定,一般情况下摊铺温度不低于 160℃。

(2)摊铺机必须缓慢、均匀、连续不间断地摊铺,不得随意变换速度或中途停顿,以提高平整度,减少混合料的离析。改性沥青混合料的摊铺速度宜放慢至 1~3m/min。当发现混合料出现明显的离析、波浪、裂缝、拖痕时,应分析原因,及时排除。摊铺系数应通过试验段取得,一般情况下改性沥青混合料的压实系数在 1.05 左右。

(3)摊铺机应采用自动找平方式,中、下面层宜采用钢丝绳或铝合金导轨引导的高程控制方式,铺筑改性沥青混合料和 SMA 混合料路面时宜采用非接触式平衡梁。

2. 压实与成型

(1)改性沥青混合料除执行普通沥青混合料的压实成型要求外,还应做到:初压开始温度不低于150℃,碾压终了的表面温度应不低于90℃。

(2)摊铺后应紧跟碾压,保持较短的初压区段,使混合料碾压温度不致降得过低。碾压时应将压路机的驱动轮面向摊铺机,从路外侧向中心碾压。在超高路段则由低向高碾压,在坡道上应将驱动轮从低处向高处碾压。

(3)改性沥青混合料路面宜采用振动压路机或钢筒式压路机碾压,不宜采用轮胎压路机碾压。OGFC混合料宜采用不超过12t钢筒式压路机碾压。

(4)振动压路机应遵循"紧跟、慢压、高频、低幅"的原则,即紧跟在摊铺机后面,采取高频率、低振幅的方式慢速碾压。这也是保证平整度和密实度的关键。压路机的碾压速度参照表2-18所示。如发现SMA混合料高温碾压时有推拥现象,应复查其级配是否合适。不得采用轮胎压路机碾压,以防沥青混合料被搓擦挤压上浮,造成构造深度降低或泛油。

(5)施工过程中应密切注意SMA混合料碾压产生的压实度变化,以防止过度碾压。

3. 接缝

(1)改性沥青混合料路面冷却后很坚硬,冷接缝处理很困难,因此应尽量避免出现冷接缝。

(2)摊铺时应保证有充分的运料车,以满足摊铺的需要,使纵向接缝成为热接缝。在摊铺特别宽的路面时,可在边部设置挡板。在处理横接缝时,应在当天改性沥青混合料路面施工完成后,在其冷却之前垂直切割端部不平整及厚度不符合要求的部分(先用3m直尺进行检查),并冲净、干燥。第二天,涂刷粘层油,再铺新料。其他接缝做法执行普通沥青混合料路面施工要求。

(三)开放交通及其他

(1)热拌改性沥青混合料路面开放交通的条件应同于热拌沥青混合料路面的有关规定。需要提早开放交通时,可洒水冷却降低混合料温度。

(2)改性沥青路面的雨期施工应做到:密切关注气象预报与变化,保持现场、沥青拌和厂及气象台站之间气象信息的沟通,控制施工摊铺段长度,各项工序紧密衔接。运料车和工地应备有防雨设施,并作好基层及路肩排水的准备。

(3)改性沥青面层施工应严格控制开放交通的时机。做好成品保护工作,保持整洁,不得造成污染,严禁在改性沥青面层上堆放施工产生的土或杂物,严禁在已完成的改性沥青面层上制作水泥砂浆等可能造成污染成品的混合料。

五、水泥混凝土路面的施工技术

面层混凝土板通常分为普通(素)混凝土板、钢筋混凝土板、连续配筋混凝土板、预应力混凝土板等(图2-79)。目前我国多采用普通(素)混凝土板。水泥混凝土面层应具有足够的强度、耐久性(抗冻性),表面抗滑、耐磨、平整。混凝土板在温度变化影响下会产生胀缩。为防止胀缩作用导致板体裂缝或翘曲,混凝土板设有垂直相交的纵向和横向缝,将混凝土板分为矩形板。一般相邻的接缝对齐,不错缝。每块矩形板的板长按面层类型、厚度及应力计算确定。

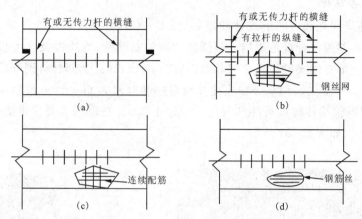

图 2-79 水泥混凝土路面的几种形式
(a)有接缝的普通混凝土路面;(b)有接缝的钢筋混凝土路面;
(c)连续配筋混凝土路面;(d)预应力混凝土路面

(一)混凝土配合比设计、搅拌和运输

1. 混凝土配合比设计

混凝土的配合比设计在兼顾技术经济性的同时应满足抗弯强度、工作性、耐久性 3 项指标要求,并符合《城镇道路工程施工与质量验收规范》(CJJ 1—2008)的有关规定。

根据《公路水泥混凝土路面设计规范》(JTG D40—2011)的规定,并按统计数据得出的变异系数、试验样本的标准差、保证率系数确定配制 28d 弯拉强度值。不同摊铺方式混凝土最佳工作性范围及最大用水量、混凝土含气量、混凝土最大水灰比和最小单位水泥用量应符合规范要求,严寒地区路面混凝土抗冻等级不宜小于 F250,寒冷地区不宜小于 F200。混凝土外加剂的使用应符合:高温施工时混凝土拌和物的初凝时间不得小于 3h,低温施工时终凝时间不得大于 10h;外加剂的掺量应由混凝土试配试验确定;当引气剂与减水剂或高效减水剂等外加剂复配在同一水溶液中时,不得发生絮凝现象。

混凝土配合比参数的计算应符合下列要求:

(1)水灰比的确定应按《公路水泥混凝土路面设计规范》(JTG D40—2011)的经验公式计算,并在满足弯拉强度计算值和耐久性两者要求的水灰比中取小值。

(2)应根据砂的细度模数和粗骨料种类按设计规范查表确定砂率。

(3)根据粗骨料种类和适宜的坍落度,按规范的经验公式计算单位用水量,并取计算值和满足工作性要求的最大单位用水量两者中的小值。

(4)根据水灰比计算确定单位水泥用量,并取计算值与满足耐久性要求的最小单位水泥用量中的大值。

(5)可按密度法或体积法计算砂石料用量。

(6)必要时可采用正交试验法进行配合比优选。

按照以上方法确定的普通混凝土配合比、钢纤维混凝土配合比应在实验室内经试配检验弯拉强度、坍落度、含气量等配合比设计的各项指标,从而依据结果进行调整,并经试验段的验证。

2. 水泥混凝土搅拌

(1)搅拌设备应优先选用间歇式拌和设备(图2-80),并在投入生产前进行标定和试拌,搅拌按配料计量偏差应符合规范规定。根据拌和物的黏聚性、均质性及强度稳定性经试拌确定最佳拌和时间。单立轴式搅拌机总拌和时间宜为80~120s,全部材料到齐后的最短纯拌和时间不宜短于40s;行星立轴和双卧轴式搅拌机总拌和时间为60~90s,最短纯拌和时间不宜短于35s;连续双卧轴搅拌机最短拌和时间不宜短于40s。在现场需要少量混凝土,也可选用小型混凝土搅拌机,如图2-81所示。

图2-80 大型混凝土搅拌机　　　　　图2-81 小型搅拌机

(2)搅拌过程中,应对拌和物的水灰比及稳定性、坍落度及均匀性、坍落度损失率、振动黏度系数、含气量、泌水率、视密度、离析等项目进行检验与控制,均应符合质量标准的要求。

(3)钢纤维混凝土的搅拌应符合《城镇道路工程施工与质量验收规范》(GJJ 1—2008)的有关规定。

3. 水泥混凝土运输

应根据施工进度、运量、运距及路况,选配车型和车辆(图2-82)总数。不同摊铺工艺的混凝土拌和物从搅拌机出料到运输、铺筑完毕的允许最长时间应符合规定(表2-21)。

图2-82 混凝土运输车

表 2-21 混凝土拌和物出料到运输、铺筑完毕允许最长时间(单位:h)

施工气温*/℃	到运输完毕允许最长时间		到铺筑完毕允许最长时间	
	滑模、轨道	三辊轴、小机具	滑模、轨道	三辊轴、小机具
5~9	2.0	1.5	2.5	2.0
10~19	1.5	1.0	2.0	1.5
20~29	1.0	0.75	1.5	1.25
30~35	0.75	0.50	1.25	1.0

注:表中 * 指施工时间的日平均气温;使用缓凝剂延长凝结时间后,本表数值可增加 0.25~0.5h。

(二)混凝土面板施工

1. 模板

(1)宜使用钢模板(图 2-83)。钢模板应顺直、平整,每 1m 设置 1 处支撑装置。如采用木模板,应质地坚实,变形小,无腐朽、扭曲、裂纹,且用前需浸泡。木模板直线部分板厚不宜小于 50mm,每 0.8~1m 设 1 处支撑装置;弯道部分板厚宜为 15~30mm,每 0.5~0.8m 设 1 处支撑装置,模板与混凝土接触面及模板顶面应刨光。模板制作偏差应符合规范规定要求。

图 2-83 钢模板

(2)模板安装应符合:支模前应核对路面标高、面板分块、胀缝和构造物位置;模板应安装稳固、顺直、平整,无扭曲,相邻模板连接应紧密平顺,不得错位;严禁在基层上挖槽嵌入模板;使用轨道摊铺机应采用专用钢制轨模;模板安装完毕,应检验合格后方可使用;模板安装检验合格后表面应涂脱模剂或隔离剂,接头应粘贴胶带或用塑料薄膜等密封。

2. 钢筋设置

钢筋安装前应检查其原材料品种、规格与加工质量,确认符合设计要求与规范规定。钢筋网、角隅钢筋(图 2-84)、边缘钢筋(图 2-85)等安装应牢固、位置准确。钢筋安装后应进行检验,合格后方可使用。传力杆安装应牢固、位置准确。

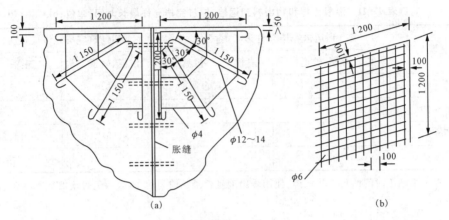

图 2-84 角隅钢筋(尺寸单位:mm)
(a)角隅钢筋布置;(b)钢筋网片

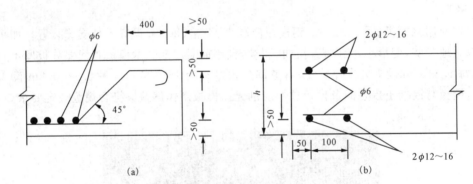

图 2-85 边缘钢筋(单位:mm)
(a)给向剖面;(b)横向剖面

3. 摊铺与振动

(1)三辊轴机组铺筑混凝土面层时,辊轴直径应与摊铺层厚度匹配,且必须同时配备一台安装插入式振捣器组的排式振捣机。当面层铺装厚度小于150mm时,可采用振捣梁;当一次摊铺双车道面层时应配备纵缝拉杆插入机,并配有插入式深度控制和拉杆间距调整装置。

铺筑时卸料应均匀,布料应与摊铺速度相适应;设有纵缝、缩缝拉杆的混凝土面层,应在面层施工中及时安设拉杆;三辊轴整平机分段整平的作业单元长度宜为20~30m,振捣机振实与三辊轴整平工序之间的时间间隔不宜超过15min;在一个作业单元长度内,应采用前进振动、后退静滚方式作业,最佳滚压遍数应经过试铺段确定。

(2)采用轨道摊铺机(图2-86)铺筑时,最小摊铺宽度不宜小于3.75m,并选择适宜的摊铺机;坍落度宜控制在20~40mm,根据不同坍落度时的松铺系数计算出松铺高度;轨道摊铺机应配备振捣器组,当面层厚度超过150mm、坍落度小于30mm时,必须插入振捣;轨道摊铺机应配备振动梁或振动板对混凝土表面进行振捣和修整,使用振动板振动提浆饰面时,提浆厚度宜控制在(4±1)mm;面层表面整平时,应及时清除余料,用抹平板完成表面整修。

(3)采用人工摊铺(图2-87)混凝土施工时,松铺系数宜控制在1.10~1.25;摊铺厚度达到混凝土板厚的2/3时,应拔出模内钢钎,并填实钎洞;混凝土面层分两次摊铺时,上层混凝土的摊铺应在下层混凝土初凝前进行,且下层厚度宜为总厚度的 3/5;混凝土摊铺应与钢筋网、传力杆及边缘角隅钢筋的安放相配合;一块混凝土板应一次连续浇筑完毕。

图 2-86 轨道摊铺机

图 2-87 人工摊铺

4. 接缝

(1)普通混凝土路面的胀缝应设置胀缝补强钢筋支架、胀缝板和传力杆。胀缝(图 2-88)应与路面中心线垂直;缝壁必须垂直,缝宽必须一致,缝中不得连浆。缝上部灌填缝料,下部安装胀缝板和传力杆。

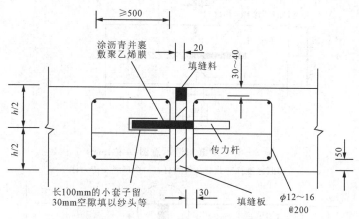
图 2-88 胀缝构造示意图(单位:mm)

(2)传力杆的固定安装方法有两种。一种是端头木模固定传力杆安装方法,宜用于混凝土板不连续浇筑时设置的胀缝。传力杆长度的一半应穿过端头挡板,固定于外侧定位模板中。混凝土拌和物浇筑前应检查传力杆位置;浇筑时,应先摊铺下层混凝土拌和物,用插入式振捣器振实,并应在校正传力杆位置后,再浇筑上层混凝土拌和物。浇筑邻板时应拆除端头木模,并应设置胀缝板、木制嵌条和传力杆套管。胀缝宽 20~25mm,使用沥青或塑料薄膜滑动封闭层时,胀缝板及填缝宽度宜加宽到 25~30mm。传力杆一半以上长度的表面应涂防粘涂层。另一种是支架固定传力杆安装方法,宜用于混凝土板连续浇筑时设置的胀缝。传力杆长度的一半应穿过胀缝板和端头挡板,并应采用钢筋支架固定就位。浇筑时应先检查传力杆位置,再在胀缝两侧前置摊铺混凝土拌和物至板面,振捣密实后,抽出端头挡板,空隙部分填补混凝土拌和物,并用插入式振捣器振实。宜在混凝土还未硬化时,剔除胀缝板上的混凝土,嵌入(20~

25)mm×20mm 的木条,整平表面。胀缝板应连续贯通整个路面板宽度。

(3)横向缩缝(图 2-89)采用切缝机施工,切缝方式有全部硬切缝、软硬结合切缝和全部软切缝 3 种。应由施工期间混凝土面板摊铺完毕到切缝时的昼夜温差确定切缝方式。如温差小于 10℃,最长时间不得超过 24h,硬切缝 1/4～1/5 板厚;当温差为 10～15℃时,软硬结合切缝,软切深度不应小于 60mm,不足者应硬切补深到 1/3 板厚;当温差大于 15℃时,宜全部软切缝,抗压强度等级为 1～1.5MPa,人可行走。软切缝不宜超过 6h,软切深度应大于或等于 60mm,软切未断开的切缝,应硬切补深到不小于 1/4 板厚处。对已插入拉杆的纵向伸缩缝,切缝深度不应小于 1/3～1/4 板厚,最浅切缝深度不应小于 70mm,纵、横缩缝宜同时切缝。缩缝切缝宽度控制在 4～6mm,填缝槽深度宜为 25～30mm,宽度宜为 7～10mm。纵缝施工缝(图 2-90)有平缝、企口缝等形式。混凝土板养护期满后应及时灌缝。

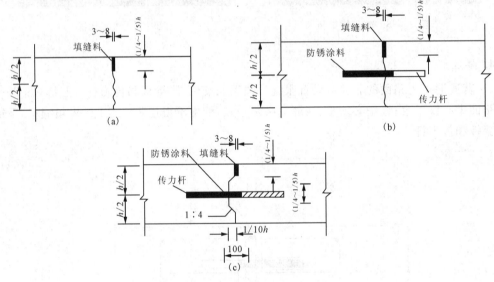

图 2-89 缩缝构造示意图(单位:mm)
(a)假缝型;(b)假缝+传力杆;(c)企口缝+传力杆

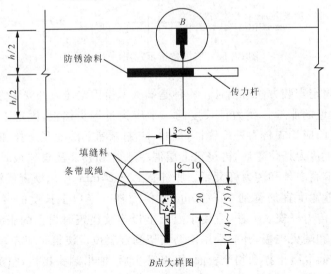

图 2-90 纵缝施工缝构造示意图(单位:mm)

(4)灌填缝料(图 2-91)前,应清除缝中砂石、凝结的泥浆、杂物等,冲洗干净。缝壁必须干燥、清洁。缝料灌注深度宜为 15~20mm,热天施工时缝料宜与板面持平,冷天施工时缝料应填为凹液面,中心宜低于板面 1~2mm。填缝必须饱满均匀、厚度一致、连续贯通,填缝料不得缺失、开裂、渗水。填缝料养护期间应封闭交通。

图 2-91 灌填缝料

5. 养护

混凝土浇筑完成后应及时进行养护,可采取喷洒养护剂或保湿覆盖等方式;在雨天或养护用水充足的情况下,可采用保温膜(图 2-92)、土工毡、麻袋(图 2-93)、草袋、草帘等覆盖物洒水湿养护方式,不宜使用围水养护;昼夜温差大于 10℃以上的地区或日均温度低于 5℃施工的混凝土板应采用保温养护措施。养护时间应根据混凝土弯拉强度增长情况而定,不宜小于设计弯拉强度的 80%,一般宜为 14~21d。应特别注重前 7d 的保湿(温)养护。

图 2-92 薄膜养护

图 2-93 麻袋养护

6. 开放交通

在混凝土达到设计弯拉强度 40% 以后,可允许行人通过。混凝土完全达到设计弯拉强度后,方可开放交通。

第八节 路基路面排水施工技术

> 实习任务：
> 1. 掌握路基路面排水分类。
> 2. 熟悉路基路面排水施工要点。
>
> 准备工作：
> 1. 了解路基路面各排水设施的作用。
> 2. 准备路基路面排水相关专业书籍及规范。
> 3. 向指导老师请教实习应注意的问题和细节。
>
> 实习基本内容：具体内容如下。

一、路基路面排水分类

路基路面的各种病害或变形的产生（图 2-94～图 2-99），都与地表水和地下水的浸湿和冲刷等破坏作用有关。要保证路基的稳定性，提高路基抗变形能力，必须采取相应的排水措施或隔水措施，以消除或减轻水对路基稳定的危害（图 2-100、图 2-101）。

图 2-94 沥青路面局部沉陷

图 2-95 沥青路面坑洞

图 2-96 沥青路面唧泥

图 2-97 水泥路面唧泥

图2-98 水泥路面错台

图2-99 水泥路面板脚开裂

图2-100 沥青路面表面水的渗入

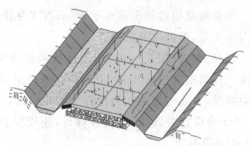

图2-101 水泥路面表面水的渗入

路基工程施工前应做好原地面临时排水设施,并与永久排水设施相结合。排走的雨水不得流入农田、耕地,亦不得引起水沟淤积和路基冲刷。当地下水位较高时,应采取疏导、堵截、隔离等工程措施。路基路面排水分为排地面水和排地下水两大类。

(1)排除地面水设施有边沟、截水沟、排水沟、跌水与急流槽、拦水带、蒸发地等。其作用是将可能停滞在路基范围内的地面水迅速排除,防止路基范围内的地面水流入路基内。

(2)排除地下水设施有排水沟、暗沟(管)、渗沟、渗井、检查井等。其作用是将路基范围内的地下水位降低或拦截地下水并将其排除到路基范围以外。

二、路基排水设施的施工要点

(一)路基地下水排水设施的施工要点

当路基范围内出露地下水或地下水位较高,影响路基、路面强度或边坡稳定时,应设置排水沟、暗沟(管)、渗沟、渗井、检查井等地下水排水设施。

(1)排水沟和暗沟用于当地下水位较高、潜水层埋藏不深时,截流地下水及降低地下水位。沟底宜埋入不透水层内。排水沟可兼排地表水,在寒冷地区不宜用于排除地下水。排水沟或暗沟采用混凝土浇筑或浆砌片石砌筑时,应在沟壁与含水量地层接触面的高度处,设置一排或多排向沟中倾斜的渗水孔。沟壁外侧应填以粗粒透水材料或土工合成材料做反滤层。沿沟槽每隔10～15m或当沟槽通过软硬岩层分界处时应设置伸缩缝或沉降缝。

(2)渗沟用于降低地下水位或拦截地下水。渗沟有填石渗沟、管式渗沟和洞式渗沟3种形式。填石渗沟只宜用于渗流不长的地段,且纵坡不能小于1%,通常为矩形或梯形,其埋置深度应满足渗水材料的顶部(封闭层以下)不得低于原有地下水位的要求。当排除层间水时,渗沟底部应埋至最下面的不透水层内。在冰冻地区,渗沟埋深不得小于当地最小冻结深度。管式渗沟适用于地下水引水较长、流量较大的地区。当管式渗沟长度为100~300m时,其末端宜设横向泄水管分段排除地下水。洞式渗沟适用于地下水流量较大的地段。3种渗沟均应设置排水层(或管、洞)、反滤层和封闭层。

(3)渗井(图2-102)用于排除路基附近的影响路基稳定的地面水或浅层地下水。其直径为50~60cm,井内填充材料按层次在下层透水范围内填碎石或卵石,上层不透水层范围内填砂或砾石,填充料应采用筛洗过的不同粒径的材料,应层次分明,不得粗细材料混蹦塞,井壁和填充料之间应设反滤层。

渗井离路堤坡脚不应小于10m,渗水井顶部四周(进口部除外)用黏土筑堤围护,井顶应加筑混凝土盖,严防渗井淤塞。

(4)检查井(图2-103)用于检查维修渗沟。一般采用圆形,内径不小于1m,在井壁处的渗沟底应高出井底0.3~0.4m,井底铺一层厚0.1~0.2m的混凝土。井基如遇不良土质,应采取换填、夯实等措施。当检查井的井壁时,应在含水层范围内设置渗水孔和反滤层。深度大于20m的检查井,除设置检查梯外,还应设置安全设备。井口顶部应高出附近地面的0.3~0.5m,并设井盖。

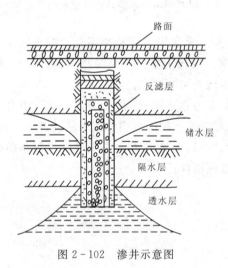

图2-102 渗井示意图

图2-103 检查井

(二)路基地面排水设施的施工要点

路基地面排水可采用边沟、截水沟、排水沟、跌水与急流槽、拦水带、蒸发池等设施。

(1)边沟(图2-104、图2-105)设置于挖方地段和填土高度小于边沟深度的填方地段。路堤靠山一侧的坡脚应设置不渗水的边沟。当平曲线处边沟施工时,沟底纵坡应与曲线前后沟底纵坡平顺衔接,不允许曲线内侧有积水或外溢现象发生。曲线外侧边沟应适当加深,其增加值等于超高值。当土质地段沟底纵坡大于3%时,应采取加固措施;当采用干砌片石对边沟进行铺砌时,应选用有平整面的片石,各砌缝要用小石子嵌紧;当采用浆砌片石铺砌时,砌缝砂浆应饱满,沟身不漏水;当沟底采用抹面时,抹面应平整压光。

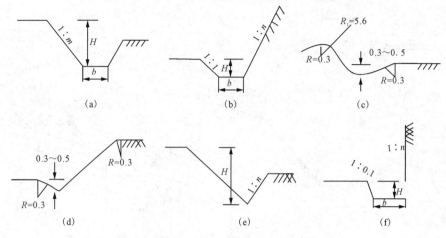

图 2-104 边沟的横断面示意图
(a)、(b)梯形;(c)、(d)流线形;(e)三角形;(f)矩形

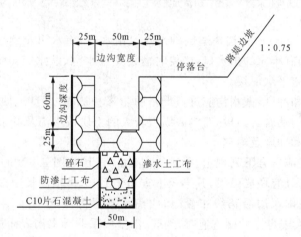

图 2-105 边沟、渗沟示意图

(2)截水沟(图 2-106、图 2-107)设置时主要考虑位置。在无弃土堆的情况下,截水沟的边缘离开挖方路基坡顶的距离视土质而定,以不影响边坡稳定为原则;路基上方有弃土堆时,截水沟应离开弃土堆坡脚 1~5m,弃土堆坡脚离开路基挖方坡顶不应小于 10m,弃土堆顶部应设 2% 倾向截水沟的横坡;山坡上路堤的截水沟离开路堤坡脚至少 2m,并用挖截水沟的土填在路堤与截水沟之间,修筑向沟倾斜坡度为 2% 的护坡道或土台,使路堤内侧地面水流入截水沟排出。

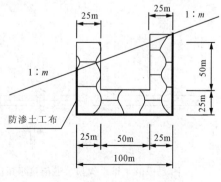

图 2-106 截水沟示意图

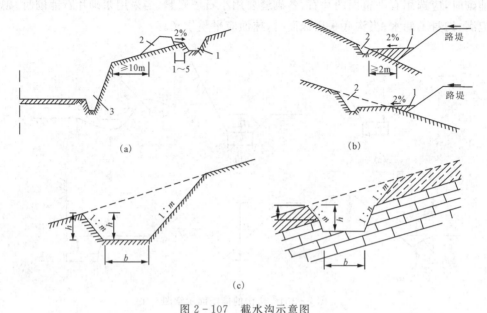

图 2-107 截水沟示意图
(a)挖方路段弃土堆与截水沟关系图;(b)填方路段上的截水沟示意图;(c)截水沟的横断面图例

截水沟长度超过 500m 时应选择适当的地点设出水口,将水引至山坡侧的自然沟中或桥涵进水口,截水沟必须有牢靠的出水口,必要时需设置排水沟、跌水或急流槽。截水沟的出水口必须与其他排水设施平顺衔接。

为防止水流下渗和冲刷,截水沟应进行严密的防渗和加固,不良地质地段和土质松软、透水性较大或裂隙较多的伪岩石路段,对沟底纵坡较大的土质截水沟及截水沟的出水口,均应采用加固措施防止渗漏和冲刷及沟壁。

(3)排水沟的施工应符合下列规定:①排水沟(图 2-108、图 2-109)的线形要求平顺,尽可能采用直线形,转弯处宜做成弧线,其半径不宜小于 10m,排水沟长度根据实际需要而定,通常不宜超过 500m;②排水沟沿路线布设时,应离路基尽可能远一些,距路基坡脚不宜小于 3~4m。水流的流速大于容许冲刷流速时,沟底、沟壁应采取排水沟表面加固措施。

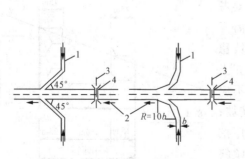

图 2-108 排水沟与水道衔接示意图

图 2-109 排水沟

(4)跌水与急流槽的施工应符合下列规定：①跌水与急流槽(图2-110、图2-111)必须用浆砌圬工结构，跌水的台阶高度可根据地形、地质等条件决定，多级台阶的各级高度可以不同，其高度与长度之比应与原地面坡度相适应。②急流槽的纵坡不宜超过1∶1.5，同时应与天然地面坡度相配合。当急流槽较长时，槽底可用几个纵坡，一般是上段较陡，向下逐渐放缓。

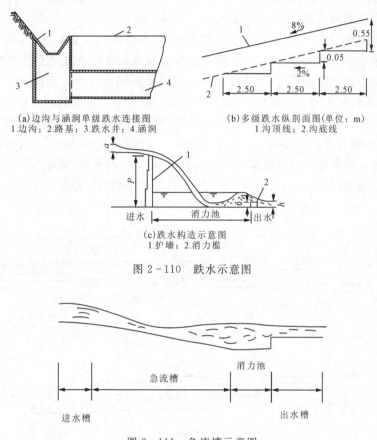

图2-110 跌水示意图

图2-111 急流槽示意图

(5)当急流槽很长时，可分段砌筑，每段不宜超过10m，接头用防水材料填塞，密实无空隙。

(6)急流槽的砌筑应使自然水流与涵洞进出口之间形成一个过渡段，基础应嵌入地面以下，基底要求砌筑抗滑平台并设置端护墙。

路堤边坡急流槽的修筑，应能为水流入排水沟提供一个顺畅通道，路缘石开口及流水进入路堤边坡急流槽的过渡段应连接圆顺。

三、路面排水设施的施工要求

面层结构除满足其他设计要求外，应考虑地表水的排放，防止地表水渗入基层；且其总厚度要满足防冻层厚度的要求，避免路基出现较厚的聚冰带而导致路面开裂和过量的不均匀冻胀。如果面层厚度不足，可设置水稳定性好的砂砾料或隔温性好的材料组成垫层。

(一)路面表面排水

路面表面排水(图 2-112)可采用集中排水或分散排水的方式。集中排水是在路肩外侧边缘设置预制混凝土拦水带,利用路面纵、横坡合成坡度将路面表面水汇集在拦水带与硬路肩组成的浅三角形过水断面内,然后通过一定间距设置的泄水口和急流槽集中排放到路基两侧的排水沟。此方法的缺点是:由于长距离设置拦水带,当降雨量较大时,路面水有滞流现象,容易形成雾障,影响行车安全;受路面平整度的影响,拦水带附近残留积水,易造成沥青路面破坏,而且,设拦水带需设泄水口和急流槽,影响路堤边坡植草绿化和防护工程施工,影响路容美观。分散排水是通过加固土路肩,采用漫流的方式排除路面水。为防止路面水流对路堤边坡的冲刷拉槽,边坡防护采用具有截排水功能的骨架护坡,即对于无超高填方路段的两侧和设超高填方路段的内侧,降雨径流通过路面和路肩的纵、横合成坡度向路基两侧分散漫流。当路基横断面为路堑时,横向漫流的表面水汇集于边沟内;当路基横断面为路堤时,横向漫流水由路堤坡面具有排水功能的骨架网分散排放到路基两侧的桥涵、排水沟、截水沟或天然沟渠内。分散排水的优点是能及时排除路面水,既不影响行车,又不会因为阻滞而使水渗入路面影响路面的使用寿命。

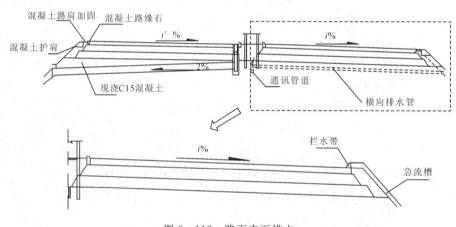

图 2-112 路面表面排水

(二)超高段路面排水

超高段路面的排水可采用漫流或集水方式。漫流方式是将中央分隔带固化,超高侧水通过中央分隔带漫流至另半幅路基,通过排水设施排除。此方法因为硬化中央分隔带,一方面无法绿化,且无法安装防眩板;另一方面大量雨水汇入非超高侧,影响行车安全。故无论从景观角度还是从安全角度都不理想,目前在高速公路上很少使用。

集水方式又可分为路缘带排水和中央分隔带排水(图 2-113)两种方式。路缘带排水是在超高段的外侧的左侧路缘带上设置集水槽,集水槽上设置铸铁雨蓖子,以汇集超高侧的路面水,然后通过一定间距(70~100m)的集水井和连接集水井的横向排水管、边坡急流槽将水流排入路基以外的排水沟、桥涵或天然沟渠内。横向排水管管底纵坡坡度为 2%,凹曲线底部必须设置横向出水口。为便于清淤,集水井设于中央分隔带一侧,集水井与集水槽之间用预制混凝土板连接。对于挖方路段,调整集水槽底部标高,在保证其槽底纵坡坡度不小于 0.3%的前提下,将水流引至填方路段,设集水井及横向排水管引出。若挖方段太长,无法调整时,则路面水经集水槽、集水井及横向排水管引入加深的边沟排出。

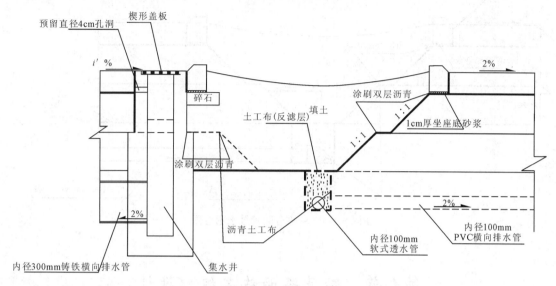

图 2-113 超高段路面中央分隔带排水

路缘带排水的优点是可留下足够的空间绿化,且不与地下管线干扰;缺点是设置于路缘带的水篦子影响美观,且车辆在高速行驶时易压坏铸铁雨篦子,导致发生交通事故。

中央分隔带排水是将设于路缘带上的集水槽移至中央分隔带内,集水槽可采用预制钢筋混凝土板,其上填土种草绿化,以利美观,且不影响中央分隔带植树绿化。为方便路面水通畅排入排水槽,集水侧的路缘石上增设泄水孔,在预制路缘石时,可按 10cm 间距预留 5cm×5cm 的方孔。

(三)中央分隔带排水

中央分隔带排水(图 2-114)依据中央分隔带的形式可采用分散排水或集中排水。凸起式或平齐式中央分隔带,一般将中央分隔带表面设倾向两侧的横坡,使表面水通过漫流至路面排除。浅碟式中央分隔带是通过在中央分隔带按一定的间距设置集水井及横向排水管将水排除。对于凸式中央分隔带,为减少雨水及绿化灌溉水下渗,阻止渗入其内的水进一步渗入路面结构层及路基内,在路面结构层端部,采用设置 2cm 厚的 10 号水泥砂浆抹面,然后在中央分隔带底部及路面结构层端部铺设一层防渗土工布,以防水流下渗危害路基、路面。

在高等级公路建设中都应认识到,影响高等级公路建设质量好坏的诸多因素中,水是重要因素之一。实践证明,高等级公路路面排水系统设计不完善会导致路面出现种种病害,给日后的正常养护、维修带来沉重负担,也会给社会经济带来负面影响。因此在设计中应吸取国内外高速公路路面排水成功经验、教训,根据高等级公路的使用情况、沿线自然条件,按需要合理选择路面排水形式,以提高排水设施的最终使用效果,减少不必要的工程浪费。

在路面施工过程中,应加强施工监控,严禁低温下铺筑路面,严格按设计要求施工防水层、上封层、下封层或透油层。在安装路侧拦水缘石或中央分隔带缘石时,应按规范进行施工,并在路面与缘石接触部分涂抹粘层油,使路面与缘石紧密结合,这是防止路面水下渗的重要部位。

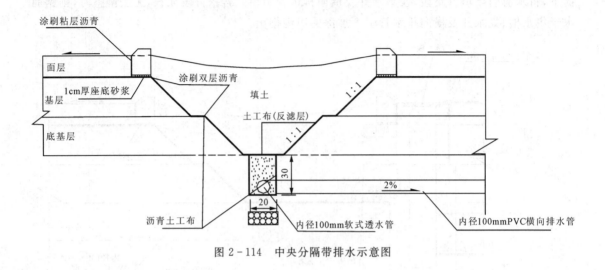

图 2-114 中央分隔带排水示意图

第九节 路基路面施工组织设计

实习任务：
1. 了解施工组织设计编制的目的及主要内容。
2. 熟悉施工方案设计的依据。
3. 掌握专项施工方案编制的范围及要求。

准备工作：
1. 熟悉本项目的施工组织设计。
2. 准备路基路面施工组织设计的相关专业书籍及规范。
3. 向指导老师请教实习应注意的问题和细节。

实习基本内容：具体内容如下。

一、施工组织设计编制的注意事项

（一）基本规定

（1）路基路面工程项目的施工组织设计是路基路面工程施工项目管理的重要内容，应经现场踏勘、调研，且在施工前编制。大、中型路基路面工程项目还应编制分部、分阶段的施工组织设计。

（2）施工组织设计必须经企业负责人批准，有变更时要及时办理变更审批。

（3）施工组织设计中关于工期、进度、人员、材料设备的调度，施工工艺的水平，采用的各项技术安全措施等项的设计将直接影响工程的顺利实施和工程成本。要想保证工程施工的顺利进行,工程质量达到预期目标,降低工程成本,企业获得应有的利润,施工组织设计必须做到科学合理、技术先进、费用经济。

(二)主要内容

1. 工程概况与特点

(1)简要介绍拟建工程的名称、工程结构、规模、主要工程数量表,工程地理位置、地形地貌、工程地质、水文地质等情况,建设单位及监理机构、设计单位、质监站名称、合同开工日期和工期、合同价(中标价)。

(2)分析工程特点、施工环境、工程建设条件。路基路面工程通常具有以下特点:多专业工程交错、综合施工,旧工程拆迁、新工程同时建设,与城市交通、市民生活相互干扰,工期短或有行政指令,施工用地紧张、用地狭小,施工流动性大等。这些特点决定了路基路面工程的施工组织设计必须对工程进行全面细致的调查、分析,以便在施工组织设计的每一个环节上,做出有针对性的、科学合理的设计安排,从而为实现工程项目的质量、安全、降耗和如期竣工目标奠定基础。

(3)技术规范及检验标准。标书明确工程所使用的规范(程)和质量检验评定标准、工程设计文件和图纸及作业指导书的编号。

2. 施工总平面布置图

(1)施工总平面布置图,应标明拟建工程平面位置、生产区、生活区、预制厂、材料厂位置,周围交通环境、环保要求及需要保护或注意的情况。

(2)在有新旧工程交错以及维持社会交通的条件下,路基路面工程的施工总平面布置图有明显的动态特性,即每一个较短的施工阶段之间,施工总平面布置都是变化的,必须详细考虑好每一步的平面布置及其合理衔接,才能科学合理地组织好路基路面工程的施工。

3. 施工部署和管理体系

(1)施工部署包括施工阶段的区划安排、施工流程(顺序)、进度计划,以及工力(种)、材料、机械设备、运输计划。施工进度计划用网络图或横道图(图 2-115)表示,关键线路(工序)用粗线条(或双线)表示;必要时标明每日、每周或每月的施工强度,以分项工程划分并标明工程数量。施工流程(顺序)一般应以流程图表示各分项工程的施工顺序和相关关系,必要时附以文字简要说明。工力(种)、材料、机械设备、运输计划应以分项工程或按月进行编制。

(2)管理体系包括组织机构设置、项目经理、技术负责人、施工管理负责人及各部门主要负责人等岗位职责、工作程序等,要根据具体项目的工程特点进行部署。

4. 施工方案及技术措施

(1)施工方案是施工组织设计的核心部分,主要包括拟建工程的主要分项工程的施工方法和施工机械的选择、施工顺序的确定,还应包括季节性措施、四新技术措施以及结合工程特点和由施工组织设计安排的、工程需要所应采取的相应方法与技术措施等方面的内容。

(2)重点叙述技术难度大、工种多、机械设备配合多、经验不足的工序和关键部位。常规的施工工序可简要说明。

施工进度横道图

施工过程	施工队	2	4	6	8	10	12	14	16	18	20	22	24
土方开挖	Ⅰ												
基础施工	Ⅰ												
地上结构	Ⅰ												
	Ⅱ												
	Ⅲ												
二次砌筑	Ⅰ												
	Ⅱ												
装饰装修	Ⅰ												
	Ⅱ												

图 2-115 施工横道图

5. 施工质量保证计划(图 2-116)

(1)明确工程质量目标,确定质量保证措施。根据工程实际情况,按分项工程项目分别制定质量保证技术措施,并配备工程所需的各类技术人员。

(2)在多个专业工程综合进行时,工程质量常常会相互干扰,因而进行质量总目标和分项目标设计时,必须严密考虑工程的顺序和相应的技术措施。

(3)对于工程的特殊部位或分项工程、分包工程的施工质量,应制定相应的监控措施。

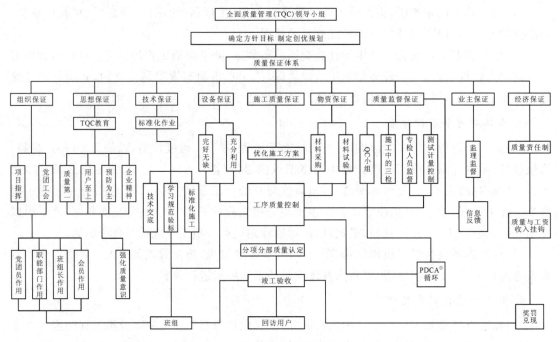

图 2-116 施工质量保证体系图

---

① PDCA,即计划(Plan)、实施(Do)、检查(Check)、行动(Action)。

6. 施工安全保证计划

(1)明确安全施工管理的目标和管理体系,兑现合同约定和承诺。

(2)风险源识别与防范包括安全教育培训、安全检查机构、施工现场安全措施、施工人员安全措施,以及危险性较大分部分项工程施工专项方案、应急预案和安全技术操作规程。

7. 文明施工、环保节能降耗保证计划以及辅助、配套的施工措施

路基路面工程常常处于城镇区域,具有与市民近距离相处的特殊性,因而必须在施工组织设计中详细安排好文明施工、安全生产施工和环境保护方面的措施,把对社会、环境的干扰和不良影响降至最低程度。

(三)编制方法与程序

1. 掌握设计意图和确认现场条件

编制施工组织设计应在现场踏勘、调研的基础上,做好设计交底和图纸会审等技术准备工作后进行。

2. 计算工程量和计划施工进度

根据合同和定额资料,采用工程清单中的工程量,准确计算劳动力和资源需要量;按照工期要求、工作面的情况、工程结构对分层分段的影响以及其他因素,决定劳动力和机械的具体需要量以及各工序的作业时间,合理组织分层分段流水作业,编制网络计划以安排施工进度。

3. 确定施工方案

按照进度计划,需要研究确定主要分部分项工程的施工方法(工艺)和施工机具的选择,制定整个单位工程的施工工艺流程。具体安排施工顺序和划分流水作业段,设置围挡和疏导交通。

4. 计算各种资源的需要量和确定供应计划

依据采用的劳动定额和工程量及进度计划确定劳动量(以工日为单位)和每日的工人需要量。依据有关定额和工程量及进度计划,来计算确定材料和预制品的主要种类和数量及其供应计划。

5. 平衡劳动力、材料物资和施工机具的需要量并修正进度计划

根据对劳动力和材料物资的计算可以绘制出相应的曲线以检查其平衡状况。如果发现有过大的高峰或低谷,应将进度计划作适当调整与修改,使它尽可能地趋于平衡,以便使劳动力的利用和物资的供应更为合理。

6. 绘制施工平面布置图

设计并绘制施工平面布置图,应使生产要素在空间上的位置合理、互不干扰,并能加快施工速度。

7. 确定施工质量保证体系和组织保证措施

建立质量保障体系和控制流程,实行各质量管理制度及岗位责任制;落实质量管理组织机构,明确质量责任;确定重点、难点及技术复杂的分部、分项工程质量的控制点和控制措施。

8. 确定施工安全保证体系和组织保证措施

建立安全施工组织，指定施工安全制度及岗位责任制、消防保卫措施、不安全因素监控措施、安全生产教育措施、安全技术措施等。

9. 确定施工环境保护体系和组织保证措施

建立环境保护、文明施工的组织及责任制，针对环境要求和作业时限，制定落实技术措施。

10. 其他有关方面措施

视工程具体情况制定与各协作单位配合的服务承诺、成品保护、工程交验后服务等措施。

二、施工方案确定的依据

施工方案是施工组织设计的核心部分。以下简要介绍施工方案的制定原则、主要内容及确定方案的基本要求。

（一）制定施工方案的原则

(1) 制定切实可行的施工方案，首先必须从实际出发，一切要切合当前的实际情况，有实现的可能性。选定的方案在人力、物力、财力、技术上所提出的要求，应该是当前已具备条件或在一定的时期内有可能争取到，否则，任何方案都是不可取的。这就要求在制定方案之前，要深入细致地做好调查研究工作，掌握主客观情况，进行反复的分析比较，做到切实可行。

(2) 施工期限满足规定要求，保证工程特别是重点工程按期或提前完成，迅速发挥投资的效益，有重大的经济意义。因此，施工方案必须保证在竣工时间上符合规定的要求，并争取提前完成。这就要在确定施工方案时，在施工组织上统筹安排，均衡施工；在技术上尽可能运用先进的施工经验和技术，力争提高机械化和装配化的程度。

(3) 确保工程质量和安全生产。在制定方案时，要充分考虑到工程的质量和安全，在提出施工方案的同时，要提出保证工程质量和安全的技术组织措施，使方案完全符合技术规范与安全规程的要求。如果方案不能确保工程质量与安全生产，其他方面再好也是不可取的。

(4) 施工费用最低。施工方案在满足其他条件的同时，还必须使方案经济合理，以增加生产盈利。这就要求在制定方案时，尽量采用降低施工费用的一切有效措施，从人力、材料、机具和间接费用等方面找出节约的因素，发掘节约的潜力，使工料消耗和施工费用降到最低。

以上几点是一个统一的整体，在制定施工方案时，应通盘考虑。随着现代施工技术的进步、组织经验的积累，每个工程的施工都有不同的方法来完成，存在着多种可能的方案，因此在确定施工方案时，要以上述几点作为衡量标准，经技术、经济分析比较，全面权衡，选出最优方案。

（二）施工方案的主要内容

施工方案的主要内容包括施工方法的确定、施工机具的选择、施工顺序的确定，还应包括季节性措施、四新技术措施以及结合路基路面工程特点和由施工组织设计安排的、工程需要所应采取的相应方法与技术措施等方面。重点分项工程、关键工序、季节施工还应制定专项施工方案。

1. 施工方法

施工方法(工艺)是施工方案的核心内容,具有决定性作用。施工方法(工艺)一经确定,机具设备和材料的选择就只能以满足它的要求为基本依据,施工组织也是在这个基础上进行。

2. 施工机具

正确拟定施工方法和选择施工机具是合理组织施工的关键,二者又有相互紧密的关系。施工方法在技术上必须满足保证施工质量,提高劳动生产率,加快施工进度及充分利用机械的要求,做到技术上先进、经济上合理,而正确地选择施工机具能使施工方法更为先进、合理、经济。因此,施工机具选择的好与坏很大程度上决定了施工方法的优劣。

3. 施工组织

施工组织是研究施工项目施工过程中各种资源合理组织的科学。施工项目是通过施工活动完成的。进行这种活动,需要有大量的各种各样的建筑材料、施工机具和具有一定生产经验和劳动技能的劳动者(如特殊工种),并且要把这些资源按照施工技术与组织规律,以及设计文件的要求,在空间上按照一定的位置、在时间上按照先后顺序、在数量上按照不同的比例合理地组织起来,让劳动者在统一的指挥下行动,由不同的劳动者运用不同的机械以不同的方式对不同的建筑材料进行加工。

4. 施工顺序

施工顺序安排是编制施工方案的重要内容之一,施工顺序安排的好,可以加快施工进度,减少人工和机械的停歇时间,并能充分利用工作面,避免施工干扰,达到均衡、连续施工的目的,实现科学组织施工,做到不增加资源、加快工期、降低施工成本。

5. 现场平面布置

科学地布置现场可以减少材料二次搬运和频繁移动施工机具产生的现场搬运费用,从而节省开支。

6. 技术组织措施

技术组织是保证选择的施工方案得以实施的措施,包括加快施工进度、保证工程质量和施工安全、降低施工成本的各种技术措施。如采用新材料、新工艺、先进技术,建立安全质量保证体系及责任制,编写工序作业指导书,实行标准化作业,采用网络技术编制施工进度等。

(三)施工方案的确定

1. 施工方法选择的依据

正确地选择施工方法是确定施工方案的关键。各个施工过程均可采用多种施工方法进行施工,而每一种施工方法都有其各自的优势和使用的局限性。应从若干可行的施工方法中选择最可行、最经济的施工方法。选择施工方法的依据主要有以下几点:

(1)工程特点。主要指工程项目的规模、构造、工艺要求、技术要求等方面。

(2)工期要求。要明确施工工程的总工期和各分部、分项工程的工期是属于紧迫、正常和充裕3种情况的哪一种。

(3)施工组织条件。主要指气候等自然条件,施工单位的技术水平和管理水平,所需设备、材料、资金等供应的可能性。

(4)标书、合同书的要求。主要指招标书或合同条件中对施工方法的要求。

(5)设计图纸。主要指根据设计图纸的要求,确定施工方法。

2. 施工方法的确定与机械选择的关系

施工方法一经确定,机械设备的选择就只能以满足其要求为基本依据,施工组织也只能在此基础上进行。但是,在现代化施工条件下,施工方法的确定,主要还是选择施工机具、机具的问题,有时这甚至成为最主要的问题。例如顶管施工的钻机一旦确定是选择冲抓式钻机还是旋转式钻机,施工方法也就确定了。

确定施工方法时,有时由于施工机具与材料等的限制,只能采用一种施工方法。可能此方案不一定是最佳的,但别无选择。这时就需要从这种方案出发,制定更好的施工顺序,以达到较好的经济性,弥补方案少而无选择余地的不足。

3. 施工机具的选择和优化

施工机具对施工工艺、施工方法有直接的影响,施工机具化是现代化大生产的显著标志,对加快建设速度、提高工程质量、保证施工安全、节约工程成本起着至关重要的作用。因此,选择施工机具是确定施工方案的一个重要内容,应主要考虑下列问题:

(1)在选用施工机具时,应尽量选用施工单位现有机械,以减少资金的投入,充分发挥现有机械使用效率。若现有机械不能满足过程需要,则可考虑租赁或购买。

(2)机械类型应符合施工现场的条件。施工现场的条件指施工现场的地质、地形、工程量大小和施工进度等,特别是工程量和施工进度计划,是合理选择机械的重要依据。一般来说,为了保证施工进度和提高经济效益,工程量大应采用大型机械,工程量小则应采用中、小型机械,但也不是绝对的。如一项大型土方工程,由于施工地区偏僻,道路、桥梁狭窄或载重量限制大型机械的通过,如果只是专门为了它的运输问题而修路、修桥,显然是不经济的,因此应选用中型机械施工。

(3)在同一个工地上施工机具的种类和型号应尽可能少。为了便于现场施工机具的管理及减少转移,对于工程量大的工程应采用专用机械;对于工程量小而分散的工程,则应尽量采用多用途的施工机具。

(4)要考虑所选机械的运行成本是否经济。施工机具的选择应以能否满足施工需要为目的,如本来土方量不大,却用了大型的土方机械,结果不到一周就完工了,进度虽然加快了,但大型机械的台班费、进出场的运输费、便道的修筑费以及折旧费等固定费用相当庞大,使运行费用过高而超过缩短工期所创造的价值。

(5)施工机具的合理组合。选择施工机具时要考虑各种机械的合理组合,这样才能使选择的施工机具充分发挥效率。合理组合一是指主机与辅机在台数和生产能力上相互适应,二是指作业线上的各种机械相互配套的组合。

(6)选择施工机具时应从全局出发统筹考虑。全局出发就是不仅考虑本项工程,而且还要考虑所承担的同一现场或附近现场其他工程的施工机具的使用。这就是说,从局部考虑选择机械是不合理的,应从全局角度进行考虑。

4. 施工顺序的选择

施工顺序是指各个施工过程或分项工程之间施工的先后次序。施工顺序安排的好,可以加快施工进度,减少人工和机械的停歇时间,并能充分利用工作面,避免施工干扰,达到均衡、连续施工的目的,并能实现科学地组织施工,做到不增加资源,加快工期,降低施工成本。

5. 技术组织措施的设计

技术组织措施是施工企业为完成施工任务,保证工程工期,提高工程质量,降低工程成本,在技术上和组织上所采取的措施。企业应把编制技术组织措施作为提高技术水平、改善经营管理的重要工作认真抓好。通过编制技术组织措施,结合企业内部实际情况,可以很好地学习和推广同行业的先进技术和行之有效的组织管理经验。

三、专项施工方案编制与论证要求

这里所指专项方案系指危险性较大的分部分项工程安全专项施工方案,是在编制施工组织设计的基础上,针对危险性较大的分部分项工程单独编制的专项施工方案。

(一)超过一定规模的危险性较大的分部分项工程范围

住房和城乡建设部颁布的《危险性较大的分部分项工程安全管理办法》(建质〔2009〕87号文件)规定:危险性较大的分部分项工程是指建筑工程在施工过程中存在的、可能导致作业人员群死群伤或造成重大不良社会影响的分部分项工程(详见《办法》附件一)。施工单位应当在危险性较大的分部分项工程施工前编制专项方案;对于超过一定规模的危险性较大的分部分项工程,施工单位应当组织专家对专项方案进行论证。

需要专家论证的工程范围如下。

1. 深基坑工程

(1)开挖深度超过 5m(含 5m)的基坑(槽)的土方开挖、支护、降水工程。

(2)开挖深度虽未超过 5m,但地质条件、周围环境和地下管线复杂,或影响毗邻建筑(构筑)物安全的基坑(槽)的土方开挖、支护、降水工程。

2. 模板工程及支撑体系

(1)工具式模板工程:包括滑模、爬模、飞模工程。

(2)混凝土高大模板支撑工程:搭设高度 8m 及以上;搭设跨度 18m 及以上;施工总荷载 15kN/m^2 及以上;集中线荷载 20kN/m^2 及以上。

(3)承重支撑体系:用于钢结构安装等满堂支撑体系,承受单点集中荷载 700kg 以上。

3. 起重吊装及安装拆卸工程

(1)采用非常规起重设备、方法,且单件起吊重量在 100kN 及以上的起重吊装工程。

(2)起重量 300kN 及以上的起重设备安装工程、高度 200m 及以上内爬起重设备的拆除工程。

4. 脚手架工程

(1)搭设高度 50m 及以上落地式钢管脚手架工程。

(2)提升高度 150m 及以上附着式整体和分片提升脚手架工程。

(3)架体高度 20m 及以上悬挑式脚手架工程。

5. 拆除、爆破工程

(1)采用爆破拆除的工程。

(2)码头、桥梁、高架、烟囱、水塔或拆除中容易引起有毒有害气(液)体或粉尘扩散的工程。
(3)易燃易爆事故发生的特殊建(构)筑物的拆除工程。
(4)可能影响行人、交通、电力设施、通信设施或其他建(构)筑物安全的拆除工程。
(5)文物保护建筑、优秀历史建筑或历史文化风貌区控制范围的拆除工程。

6. 其他

(1)施工高度50m及以上的建筑幕墙安装工程。
(2)跨度大于36m及以上的钢结构安装工程、跨度大于60m及以上的网架和索膜结构安装工程。
(3)开挖深度超过16m的人工挖孔桩工程。
(4)地下暗挖工程、顶管工程、水下作业工程。
(5)采用新技术、新工艺、新材料、新设备及尚无相关技术标准的危险性较大的分部分项工程。

(二)专项施工方案编制

(1)实行施工总承包的,专项方案应当由施工总承包单位组织编制。其中,起重机械安装拆卸、深基坑、附着式升降脚手架等专业工程实行分包的,其专项方案可由专业承包单位组织编制。

(2)专项方案编制应当包括以下内容:
A 工程概况:危险性较大的分部分项工程概况、施工平面布置、施工要求和技术保证条件。
B 编制依据:相关法律、法规、规范性文件、标准、图纸(国标图集)、施工组织设计等。
C 施工计划:施工进度计划、材料与设备计划。
D 施工工艺技术:技术参数、工艺流程、施工方法、检查验收等。
E 施工安全保证措施:组织保障、技术措施、应急预案、危险有害因素监测监控等。
F 劳动力计划:专(兼)职安全生产管理人员、特种作业人员等。
G 计算书及相关图纸(有计算、验算、设计图、文字说明)。

(三)专项方案的专家论证

1. 应出席论证会人员

(1)专家组成员。
(2)建设单位项目负责人或技术负责人。
(3)监理单位项目总监理工程师及相关人员。
(4)施工单位分管安全的负责人、技术负责人、项目负责人、项目技术负责人、专项方案编制人员、项目专职安全生产管理人员。
(5)勘察、设计单位项目技术负责人及相关人员。

2. 专家组成员

专家组成员应当由5名及以上符合相关专业要求的专家组成。施工项目参建各方的人员不得以专家身份参加专家论证会。专家组对专项施工方案审查论证时,需察看施工现场,并听取施工、监理等人员对施工方案、现场施工等情况的介绍。

3. 专家论证的主要内容

(1)专项方案内容是否完整、可行。

(2)专项方案计算书和验算依据是否符合有关标准规范。

(3)安全施工的基本条件是否满足现场实际情况。

4. 论证并提交报告

专项方案经论证后,专家组应当提交论证报告,对论证的内容提出明确的意见,并在论证报告上签字。该报告将作为专项方案修改完善的指导意见。

(四)专项方案实施

(1)施工单位应当根据论证报告修改完善专项方案,并经施工单位技术负责人、项目总监理工程师、建设单位项目负责人签字后,方可组织实施。实行施工总承包的,应当由施工总承包单位、相关专业承包单位技术负责人签字。

(2)施工单位应当严格按照专项方案组织施工,不得擅自修改、调整。

(3)专项方案经论证后需作重大修改的,施工单位应当按照论证报告修改,并重新组织专家进行论证。如因设计、结构、外部环境等因素发生变化确需修改的,修改后应当重新审核,并应当再次组织专家进行论证。

第三章 桥梁工程实习基本内容

第一节 桥梁工程地质勘察

> 实习任务：
> 1. 熟悉桥梁工程地质勘察的目的与任务。
> 2. 熟悉工程地质勘察方法。
> 3. 掌握工程地质勘察分级与阶段划分。
>
> 准备工作：
> 1. 首先了解实习地的人文地理情况。
> 2. 熟悉工程项目的地质情况和工程概况。
> 3. 准备相关资料，如工程地质勘察规范、与桥梁工程和工程地质学基础等相关的专业书籍。
> 4. 向指导老师请教实习应注意的问题和细节。
>
> 实习基本内容：具体内容如下。

一、工程地质勘察的目的与任务

在城建规划、建（构）筑物和交通工程等基本建设工程项目兴建之前，需要进行工程地质勘察。其目的是查明工程地质条件，分析存在的地质问题，对建筑地区做出工程地质评价，为工程的规划、设计、施工和运营提供可靠的地质依据，以保证工程建（构）筑物的安全稳定、经济合理和正常使用。

工程地质勘察的基本原则是坚持为工程建设服务，因而勘察工作必须结合具体建（构）筑物类型、要求和特点以及当地的自然条件和环境来进行，勘察工作要有明确的目的性和针对性。

对工程地质勘察的要求是：按勘察阶段的要求，正确反映工程地质条件，提出工程地质评价，为设计和施工提供依据。

工程地质勘察的任务主要有下列几个方面：

(1) 查明工程建筑地区的工程地质条件，阐明其特征、成因和控制因素，并指出其有利和不利的方面。

(2)分析与工程建筑有关的工程地质问题,做出定性和定量的评价,为建(构)筑物的设计和施工提供可靠的地质资料。

(3)选择工程地质条件相对优越的建筑场地。建筑场地的选择和确定对安全稳定、经济效益影响很大,有时是工程成败的关键所在。在选址或选线工作中要考虑许多方面的因素,但工程地质条件是重要因素之一,选择有利的工程地质条件,避开不利条件,可以降低工程造价,保证工程安全。

(4)配合工程建筑的设计与施工,根据地质条件提出建(构)筑物类型、结构、规模和施工方法的建议。建(构)筑物应该适应场地的工程地质条件,施工方法和具体方案也与地质条件有关。

(5)提出改善和防治不良地质条件的措施和建议。任何一个建筑场地或工程线路,从地质条件方面来看都不会是十全十美的,但从工程措施角度来看几乎任何不良地质条件都是能克服的,场地选完之后,必然要制定改善和防治不良地质条件的措施。只有在了解不良地质条件的性质、范围和严重程度后才能拟定出合适的措施方案。

(6)预测工程兴建后对地质环境造成的影响,制定保护地质环境的措施。大型工程的兴建常改变或形成新的地质应力,因而可能引起一系列不良的地质环境问题。如开挖边坡会引起滑坡、崩塌,矿产或地下水的开采会引起地面沉降或塌陷,水库蓄水引起浸没、坍岸或诱发地震等。所以保护地质环境也是工程地质勘察的一项重要任务。

二、工程地质勘察方法

为查明一个地区的工程地质条件和分析评价工程地质问题,必须采用一系列的勘察方法和测试手段。

(一)工程地质测绘

测绘的比例尺可在以下范围内选用:可行性研究阶段 1:5000~1:50000,初勘阶段 1:2000~1:10000,详勘阶段 1:200~1:2000。

下面分两种情况进行说明。

1. 无航(卫)测资料时

工程地质测绘主要依靠野外工作,为此需要讲究测绘方法与量测精度,以求用较少的工作获得符合要求的结果。

1)地质点标测方法

根据不同比例尺的精度要求,对观察点、地质构造及地质界线等的标测方法有以下 3 种:

(1)目测法。根据地形、地物目估或步测距离。目测法适用于小比例尺的工程地质测绘。

(2)半仪器法。用简单的仪器(如罗盘、仪器、气压计等)测定方位和高程,用徒步式测绳量距离。此方法适用于中比例尺的工程地质测绘。

(3)仪器法。仪器法是用测量仪器测定方位和高程的方法,此方法适用于大比例尺的工程地质测绘以及重要地质点的标测。

(4)卫星定位系统(GPS)。满足测绘精度的要求均可应用。

测绘精度的要求：相当于测绘地图上宽度不小于 2mm 的地质现象应尽量标绘在图上；具有重要工程意义的地质体，即使小于图上 2mm 的宽度也应采用扩大比例尺的方法标绘在图上；相反，对于工程意义不大的且相近的几种地质体可合并标绘。

2）工程地质测绘的基本方法

(1)路线法。沿着一定的路线穿越测绘场地，把走过的路线填绘在地形图上，并沿途详细观察、量测各种地质要素，将各种地质界线、地貌界线、构造线、岩层产状及各种不良地质现象等标绘在地形图上。路线的起点位置应选择有明显的地物（如村庄、桥梁等）的点或特殊地形点，路线的方向应大致与岩层走向、构造线方向及地貌单元相垂直。观察路线尽量选择在露头较多、覆盖层较薄的地方，路线形式可有 S 形或直线形。路线法是工程地质测绘的基本方法之一，通常适用于中、小比例尺。

(2)布点法。根据不同的比例尺，预先在地形图上布置一定数量的地质观测点和观察路线，野外逐点观察、观测各种地质要素并标绘在地形图上。观察路线应该力求避免重复，使一定的观察路线达到最广泛地观察地质现象的目的。布点法是工程地质测绘的基本方法，适用于大、中比例尺。

(3)追索法。沿地层、构造和其他地质单元界线布点追索，以便查明某些局部的复杂构造。追索法多用于中、小比例尺测绘。

2. 有航（卫）测资料时

遥感技术是根据电磁波辐射（发射、吸收、反射）的理论，应用各种光学、电子学探测器，对远距离目标进行探测和识别的综合技术，可用于工程地质调查测绘。地质体不但在光照条件下能反射辐射能，而且由于其自身具有一定的温度，也能不断发射出辐射能。

地质体在不同波长处，反射或发射电磁辐射的本领是不同的。这种辐射能够随波长改变而改变的特性称为地质体的波谱特性。这种辐射能以波长为参数记录下来就能得到该地质体的波谱分布，不同地质体有其特定的波谱分布，这是遥感技术识别目标的根据。遥感技术对地质体进行探测和识别就是以各种地质体对电磁波辐射的反射或发射的不同波谱分布作为理论基础的。

下面简要介绍航测资料用于绘制工程地质图的方法：

(1)立体镜判释。立体镜是航空像片立体观察仪器。利用判断标志，结合所需掌握的区域地质资料，将判明的地层、构造、岩性、地貌、水文地质条件、不良地质现象等，调绘在单张像片上，并据此确定需要调查的地点和路线。

(2)实地调查测绘。对判释的内容，通过实地调查测绘进行核对、修改与补充。重要的地质点应在航片上刺点并作好记录。

(3)绘制工程地质图。根据地形、地貌、地物的相对位置，将测绘在像片上的地质资料，利用转绘仪器绘制于等高线图上，并进行野外核对。

相对于航测，卫片的应用有如下优点：①卫片拍摄地面范围大；②反映宏观形态特征较清楚，解释效果比较好；③卫片中包含的信息量大，可根据色调和形态特征，解决工程地质测绘中的很多问题。

（二）工程地质勘探

在工程地质勘察过程中，当露头不好，不能判别地下隐蔽的地质情况时，可采用工程地质勘探,此项工作一般在工程地质调查与测绘的基础上,通过采用物探、钻探、原位测试等综合方法进行。

工程地质勘探的主要任务是探明地下相关地质情况,如地层、岩性、断裂构造、地下水位、滑动面位置等,为深部取样及现场原位试验提供场所,并利用勘探坑孔进行某些项目的长期观测工作以及物理地质现象处理工作。

1. 挖探

挖探是工程地质勘探中最常用的一种方法,可分为剥土、坑探、槽探、探井(分竖井、斜井)、平硐等,它是用人工或机械方式挖掘坑、槽、井、洞等,以便直接观察岩土层的天然状态以及各地层之间的接触关系等地质结构,并能取出接近实际的原状结构土样。该方法的特点是地质人员可以直接观察地质结构细节,准确可靠,且可不受限制地取得原状结构试样,因此对研究风化带、软弱夹层、断层破碎带有重要的作用,常用于了解覆盖层的厚度和特征。

坑探、槽探的缺点是可达的深度较浅,易受自然地质条件的限制,而探井、平硐工期长,费用高,一般在地质条件复杂,用其他手段难以查明情况时才采用。这里只介绍常用的坑探和槽探,探井和平硐请参考相关手册和书籍。

(1)坑探。用机械或人力垂直向下掘进的土坑,或者称为试坑,深者称为探井。坑探断面根据开口形状可分为圆形、椭圆形、方形、长方形等。其断面积有 $1m\times 1m$,$1.5m\times 1.5m$ 等不同的尺寸。它的选用是根据土层性质、用途及深度而定。坑探深一般为 $2\sim 4m$。

(2)槽探。挖掘成狭长的槽形,其宽度一般为 $0.6\sim 1.0m$,长度视需要而定,深度通常小于 $2m$。槽探适用于基岩覆盖层不厚的地方,常用来追索构造线,查明坡积层、残积层的厚度和性质,揭露地层层序等。槽探一般应垂直于岩层走向或构造线布置。

2. 钻探

在工程地质勘察工作中,钻探是广泛采用的一种最重要的勘探手段,它可以获得深部地层的可靠地质资料,一般是在挖探、简易钻探不能达到目的时采用。为保证工程地质钻探工作质量,避免漏掉或寻错重要的地质界面,在钻进过程中不应放过任何可疑的地方,对所获得的地质资料进行准确的分析判断,并用地面观察所得的地质资料来指导钻探工作,校核钻探结果。但在山区道路勘察中使用钻探方法,往往进场条件较为困难,"三通一平"(水通、电通、路通、均地平整)等辅助工作量较大,勘察成本高,周期长。钻探主要用于桥梁、隧道、大型边坡及滑坡等不良地质现象的勘探。

1)钻探的基本步骤

(1)破碎岩土。使小部分岩土脱离整体而成为粉末、岩土块或岩土芯的现象,岩土借助冲击力、剪切力、研磨和压力来实现破碎。

(2)采取岩土芯。用冲洗液(或压缩空气)将孔底破碎的碎屑冲到孔外,或者用钻具靠人力或机械将孔底的碎屑或岩芯取出地面。

(3)加固孔壁。为了顺利进行钻探工作,必须保护好孔壁,不使它坍塌。一般采用套管或泥浆来护壁。

2)钻探要求

钻孔按技术要求可分为技术性钻孔和一般钻孔。一般钻孔多是为工程需要而布置的,无论从深度上还是取样要求方面都低于技术性钻孔。技术性钻孔要布置在地貌、地质构造、地层变化大且具有代表性的部位，采取原状土样。钻孔深度，一般以结构物类型、工程规模、岩土类别、持力层深度、桥涵及防护等工程基础深度、隧道埋置深度和其他工程处理深度而定，以满足能评价工程地质条件，确定适宜的基础类型和埋深的要求。

3) 钻探方法

钻探根据钻进时破碎岩石的方法，可分为冲击钻进、回转钻进、冲击-回转钻进、振动钻进、冲洗钻进。

(1) 冲击钻进。借助钻具重量，在一定的冲程高度内，周期性地冲击孔底以破碎岩石的钻进，该方法不能取得完整岩芯。

(2) 回转钻进。利用回转钻机或孔底动力机具转动钻头破碎孔底岩石的钻进方法。机械回转钻进可适用于软硬不同的地层。

(3) 冲击-回转钻进。钻进过程是在冲击与回转综合作用下进行的。适用于各种不同的地层，能采取岩芯，在工程地质勘察中应用也较广泛。

(4) 振动钻进。是指利用机械动力所产生的振动力，使土的抗剪强度降低，借振动器和钻具的自重，切削孔底土层不断钻进。

(5) 冲洗钻进。是指通过高压射水破坏孔底土层从而实现钻进。该方法适用于砂层、粉土层和不太坚硬的黏土层，是一种简单快速的钻探方式。但该方法冲出地面的粉屑往往是各种土层的混合物，代表性很差，给地层的判断、划分带来困难，因此一般情况下不宜采用。

4) 钻探成果

钻探成果可用钻孔柱状图来表示，图中应标出地质年代、岩土层埋藏深度、岩土层厚度、岩土层底部绝对标高、岩土的描述、柱状图、地下水位、测量日期、岩土取样位置等内容，其比例尺一般为 1:100～1:500。

(三) 工程地质室内和野外试验

工程地质试验分为室内试验和野外试验两种。室内试验是通过仪器对采集的样品进行测试、分析，取得所需数据；野外试验结合工程实际情况在原位进行，亦称原位测试。

1. 室内试验

室内试验包括岩、土的物理、水理、力学、化学等试验内容，一般在中心试验室进行。如工程规模大、试验多，可考虑在现场设置工地试验室，就地进行试验。

室内试验虽然具有边界条件、排水条件和应力路径容易控制的优点，但是由于试验需要取试样，而土样在采集、运送、保存和制备等方面不可避免地受到不同程度的扰动，特别是对于饱和状态的砂质粉土和砂土，可能根本取不到土样，这使测得的力学指标严重失真。因此，为了取得可靠的力学指标，在工程地质勘察中，必须进行一定的相应数量的野外现场原位试验。

室内试验的项目应根据工程需要、工况等综合确定，具体试验方法详见有关规范及手册等，在此不再赘述。

2. 工程地质原位测试

岩土力学测试的主要项目有载荷试验、静力触探试验、动力触探试验、标准贯入试验、十字板剪切试验、旁压试验、现场剪切试验、波速测试、岩土原位应力测试、块体基础振动测试等。

水文地质试验的主要项目有抽水试验、注水(压水)试验、渗水试验、连通试验、弥散试验

(示踪试验)、流速和流向测定试验等。

1)载荷试验

载荷试验就是在一定面积的承压板上向地基逐级施加荷载,并观测每级荷载下地基变形特性,从而评定地基的承载力,计算地基的变形模量并预测实体基础的沉降量。它反映的是承压板以下 1.5～2.0 倍承压板直径或宽度范围内地基强度、变形的综合性状。由此可见,该种方法犹如一种基础的缩尺真型试验,是模拟建筑物基础工作条件的一种测试方法,因而利用其成果确定的地基容许承载力最可靠、最有代表性。当试验影响深度范围内土质均匀时,此法确定该深度范围内土的变形模量也比较可靠。

(1)载荷试验分类。按承压板的形状,载荷试验可以分为平板载荷试验和螺旋板载荷试验。其中,平板载荷试验适用于浅层地基,螺旋板载荷试验适用于深层地基和地下水位以下的土层,常规的载荷试验是指平板载荷试验。

(2)载荷试验的目的。确定地基土的临塑荷载、极限承载力,为评定地基土的承载力提供依据,这是载荷试验的主要目的;确定地基上的变形模量、不排水抗剪强度和地基土基床反力系数。

2)静力触探试验

静力触探试验(CPT)是利用静力将探头以一定的速率压入土中,同时用压力传感器或直接用量测仪表测试土层对探头的贯入阻力,以此来判断、分析地基土的物理、力学性质。

(1)静力触探试验的特点及适用范围。具有测试连续、快速,效率高,功能多,兼有勘探与测试双重作用的优点,测试数据精度高,再现性好。静力触探试验适用于黏性土、粉土、疏松到中密的砂土,但对碎石类土和密实砂土难以贯入,也不能直接观测土层。

(2)静力触探试验的目的。划分土层和定名;估算地基土的物理力学参数;评定地基土的承载力;选择桩基持力层,估算单桩极限承载力,判断沉桩可能性。

3)动力触探试验

动力触探试验(DPT)是利用一定的锤击动能,将一定规格的探头打入土中,根据每打入土中一定深度所需的能量来判定土的性质,并对土进行分层的一种原位测试方法。所需的能量体现了土的阻力大小,一般用锤击数来表示。

(1)动力触探试验的特点和适用范围。具有设备简单、操作及测试方法简便、适用性广等优点,对难以取样的砂土、粉土、碎石土,对静力触探难以贯入的土层,强风化、全风化的硬质岩石、各种软质岩石和各类土,动力触探是一种非常有效的勘探测试手段。它的缺点是不能对土进行直接鉴别描述,试验误差较大。

(2)动力触探试验的目的。划分土层;确定土的物理、力学性质,如确定砂土的密实度和黏性土的状态;评定地基土和桩基承载力;估算土的强度和变形参数等。

4)标准贯入试验

标准贯入试验(SPT)是利用一定的锤击动能,将一定规格的贯入器打入钻孔孔底的土层中,根据打入土层中所需的能量来评价土层和土的物理、力学性质。标准贯入试验中所需的能量用贯入器贯入土层中 30cm 的锤击数 $N_{63.5}$ 来表示,一般写作 N,称为标贯击数。标准贯入试验实质上是动力触探试验的一种。它和动力触探的主要区别是它的触探头不是圆锥形,而是标准规格的圆筒形探头,由两个半圆管合成,且其测试方式有所不同,采用间歇贯入方法。

(1)标准贯入试验的特点和适用范围。优点是设备简单,操作方便,土层的适应性广,且贯入器能取出扰动土样,从而可以直接对土进行鉴别。适用于砂土、粉土和一般黏性土。

(2)标准贯入试验的目的。评价砂土的紧密状态和粉土、黏性土的稠度状态,评价土的强度参数、变形参数、地基承载力、单桩极限承载力、沉桩可能性,判定砂土和粉质黏性土的液化等。

5)十字板剪切试验

十字板剪切试验(VST)是用插入软黏土中的十字板头,以一定的速率旋转,测出土的抵抗力矩,然后换算成土的抗剪强度。它是一种快速测定饱和软黏土层快剪强度的一种简单而可靠的原位测试方法。这种方法测得的抗剪强度值相当于试验深度处天然土层的不排水抗剪强度,在理论上它相当于三轴不排水剪的黏聚力值或无侧限抗压强度的一半(围压=0)。

(1)十字板剪切试验的特点和适用范围。具有对土扰动小、设备轻便、测试速度快、效率高等优点。适用于饱和软黏土,在我国沿海软土地区被广泛使用。

(2)十字板剪切试验的目的。计算地基承载力,确定桩的极限端阻力和侧摩擦阻力,确定软土地区路基、海堤、码头、土坝的临界高度,判定软土的固结历史。

三、工程地质勘察分级与阶段划分

(一)工程地质勘察分级

根据工程重要性等级、场地复杂程度等级和地基复杂程度等级,可按表3-1所列条件将勘察划分为甲、乙、丙3个等级。如建筑在岩质地基上为一级工程,而其场地复杂程度等级和地基复杂程度等级均为三级时,岩土工程勘察等级可定为乙级。工程重要性等级、场地复杂程度等级和地基复杂程度等级的划分如表3-2、表3-3和表3-4所示。

表3-1 岩土工程勘察等级划分表

岩土工程勘察等级	划分标准
甲级	在工程重要性、场地复杂程度和地基复杂程度等级中,有一项或多项为一级
乙级	除勘察等级为甲级和丙级以外的勘察项目
丙级	工程重要性、场地复杂程度和地基复杂程度等级均为三级

表3-2 岩土工程重要性等级表

岩土工程重要性等级	工程性质	破坏后引起的后果
一级工程	重要工程	很严重
二级工程	一般工程	严重
三级工程	次要工程	不严重

表 3-3 场地等级划分表

场地等级	特征条件	条件满足方式
一级场地	对建筑抗震危险的地段	满足其中一条及以上者
	不良地质作用强烈发育	
	地质环境已经或可能受到强烈破坏	
	地形地貌复杂	
	有影响工程的多层地下水、岩溶裂隙水或其他复杂的水文地质条件,需专门研究的场地	
二级场地	对建筑抗震不利的地段	满足其中一条及以上者
	不良地质作用一般发育	
	地质环境已经或可能受到一般破坏	
	地形地貌较复杂	
	基础位于地下水以下的场地	
三级场地	抗震设防烈度等于或小于 6°,或对建筑抗震有利的地段	满足全部条件
	不良地质作用不发育	
	地质环境基本未受破坏	
	地形地貌简单	
	地下水对工程无影响	

表 3-4 地基等级划分表

地基等级	特征条件	条件满足方式
一级地基	岩土种类多,很不均匀,性质变化大,需特殊处理	满足其中一条及以上者
	多年冻土,严重湿陷、膨胀、盐渍、污染的特殊性岩土,以及其他情况复杂,需要专门处理的岩土	
二级地基	岩土种类较多,不均匀,性质变化较大	满足其中一条及以上者
	除一级地基中规定的其他特殊性岩土	
三级地基	岩土种类单一,均匀,性质变化不大	满足全部条件
	无特殊性岩土	

(二)工程地质勘察阶段划分及勘察要求

建设工程项目设计一般分为可行性研究、初步设计和施工图设计 3 个阶段。为了提供各设计阶段所需的工程地质资料,勘察工作也相应地划分为选址勘察(可行性研究勘察)、初步勘察、详细勘察 3 个阶段。

各勘察阶段的任务和工作内容简述如下。

1. 选址勘察（可行性研究勘察）阶段

选址勘察工作对于大型工程是非常重要的环节，其目的在于从总体上判定拟建场地的工程地质条件能否适宜工程建设项目。一般通过取得几个候选场址的工程地质资料进行对比分析，对拟选场址的稳定性和适宜性做出工程地质评价。本阶段应进行下列工作：

(1) 搜集区域地质、地形地貌、地震、矿产和附近地区的工程地质资料及当地的建筑经验；

(2) 在收集和分析已有资料的基础上，通过踏勘了解场地的地层、构造、岩石和土的性质、不良地质现象及地下水等工程地质条件；

(3) 对工程地质条件复杂，已有资料不能符合要求，但其他方面条件较好且倾向于选取的场地，应根据具体情况进行工程地质测绘及必要的勘探工作。

2. 初步勘察阶段

初步勘察是结合初步设计的要求而进行的。其主要任务是对场地内建筑地段的稳定性做出评价，确定建筑物总平面布置，选择主要建筑物地基基础方案和对不良地质现象的防治措施进行论证。为此需要详细查明建筑场地的工程地质条件，分析各种可能出现的工程地质问题，在定性的基础上做出定量评价。勘察范围一般是在已选定的建筑地段内，相对比较集中，该阶段的勘察工作是最繁重的，勘察方法以勘探和试验为主。

本阶段的主要工作如下：

(1) 勘探工作主要是钻探，工作量常较大，必要时辅以坑、井或平硐勘探；

(2) 试验工作量也较大，必要时需进行相当数量的原位测试或大型野外试验，以便与室内试验结果相比较，获得较准确的计算参数；

(3) 测绘和物探工作仅在必要时才补充进行；

(4) 对天然建筑材料产地要进行详细勘察，做出质量和数量的评价；

(5) 根据需要布置长期观测工作。

3. 详细勘察阶段

详细勘察是密切结合技术设计或施工图设计的要求而进行的。其主要任务是对建筑地基做出岩土工程分析评价，对基础设计、地基处理、不良地质现象的防治等具体方案做出论证和建议。为此需要提供详细的工程地质资料和设计所需的技术参数。具体内容应视建筑物的具体情况和工程要求而定。

本阶段勘察方法以各种试验为主，勘探工作仍需进行，且主要是配合试验工作和为解决某些专门问题而进行的补充坑孔。

除上述各勘察阶段外，对工程地质条件复杂或有特殊施工要求的重大工程，尚需进行施工勘察。它包括施工地质编录、地基验槽与监测、施工超前预报。它可以起到校核已有的勘察成果资料和评价结论的作用。施工勘察视工程需要而决定是否进行，所以它不是一个固定的勘察阶段。对于地质条件简单、建筑物占地面积不大的场地，或有建设经验的地区，也可适当简化勘察阶段。

第二节 桥梁的基本组成和分类

实习任务：
1. 掌握桥梁的基本组成和分类方法。
2. 熟悉桥梁各组成部分的功能。
3. 熟悉与桥梁布置有关的主要尺寸和名词术语。
4. 熟悉各类桥梁的主要受力特征。

准备工作：
1. 了解现场人文地理情况及工程概况。
2. 准备桥梁工程学和桥梁工程施工专业书籍，如《桥梁工程施工技术规程》(2009)。
3. 准备必要的野外实习用品。

实习基本内容：具体内容如下。

一、桥梁的基本组成

桥梁由4个基本部分组成，即上部结构、下部结构、支座和附属设施，4种常见类型桥梁结构组成如图3-1所示。

(a)

(b)

(c)

(d)

图3-1 桥梁组成结构图
(a)梁式桥结构组成；(b)拱桥结构组成；(c)斜拉桥结构组成；(d)悬索桥结构组成

上部结构(桥跨结构)包括承重结构和桥面系,是跨越障碍的主要结构,直接承担桥面上各种车辆、行人的荷载。

下部结构包括桥墩、桥台及其基础,支承上部结构,传递上部传来的荷载,挡住路堤土,将桥梁结构的反力传递到地基。

支座架设于墩台上,顶面支承桥梁上部结构的装置。其功能为将上部结构固定于墩台,承受作用在上部结构的各种力,并将它们可靠地传给墩台;在荷载、温度、混凝土收缩和徐变作用下,支座能适应上部结构的转角和位移,使上部结构可自由变形而不产生额外的附加内力。

附属设施包括锥形护坡、护岸、导流结构物。

二、主要名称和尺寸

以梁式桥为例(图 3-2)对桥梁的主要名称加以说明。

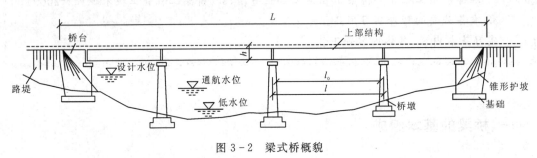

图 3-2 梁式桥概貌

(一)水位

低水位——枯水季节河流的最低水位。
高水位——洪峰季节河流的最高水位。
设计水位——按规定设计洪水频率算得的水位。
通航水位——各级航道中,能保持船舶正常航行时的最高和最低水位。

(二)跨径

净跨径(l_0):设计洪水位相邻两桥墩或桥台之间的净距。
总跨径(桥梁孔径)(Σl_0):多孔桥梁中各孔净跨径的总和,也称桥梁孔径,反映桥下泄洪能力。
计算跨径(l):是桥梁结构受力分析时的重要参数。对于设支座的桥梁,为相邻支座中心间的水平距离;对于不设支座的桥梁则为上部与下部结构的相交面之中心间的水平距离。
桥梁全长:对于有桥台的桥梁为两岸桥台侧墙或八字墙尾端间的距离 L,无桥台的桥梁为桥面系长度。
桥梁总长:通常把两桥台台背前缘间距离称为桥梁总长。

(三)高度

桥梁高度(桥高):一般指桥面至低水位水面的高差。

桥下净空高度：通常指桥孔范围内，从设计通航水位（或设计洪水位）至桥跨结构最下缘的净空高度。桥下净空高度不得小于排洪要求，以及对该河流通航所规定的净空高度。

建筑高度（h）：一般指行车路面至桥跨结构最下缘的高差。

容许建筑高度：一般指桥面至通航净空顶部的高差。

三、桥梁的分类

（一）桥梁按受力体系分类

桥梁按受力体系分类可分为梁、拱、吊三大基本体系，具体桥梁类型有梁式桥、拱式桥、刚架（构）桥、斜拉桥和悬索桥。

1. 梁式桥

梁式桥是指以受弯为主的主梁作为主要承重构件的桥梁。主梁可以是实腹梁或者是桁架梁（空腹梁）。实腹梁外形简单，制作、安装、维修都较方便，因此广泛用于中、小跨径桥梁。但实腹梁在材料利用上不够经济。桁架梁中组成桁架的各杆件基本只承受轴向力，可以较好地利用杆件材料的强度。但桁架梁的构造复杂、制造费工，多用于较大跨径桥梁。桁架梁一般用钢材制作，也可用预应力混凝土或钢筋混凝土制作，但用的较少。过去也曾用木材制作桁架梁，因耐久性差，现在很少使用。实腹梁主要用钢筋混凝土、预应力混凝土制作，也可以用钢材做成钢钣梁或钢箱梁。

1）基本组成

梁式桥基本组成如图3-3所示。其主要结构部分包含主梁和桥墩（台），此外还有支座和附属设施。

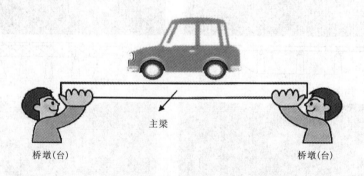

图3-3 梁式桥的组成示意图

2）受力特点

在竖向荷载作用下，一般桥墩和桥台处无水平反力，主梁以受弯为主，其受力情况如图3-4所示。

3）用材

梁式桥主要根据受力特点采用抗弯、抗拉能力强的材料（钢、配筋混凝土、钢-混凝土组合结构等）作为主梁材料，采用抗压强度高的材料作为桥墩（台）。

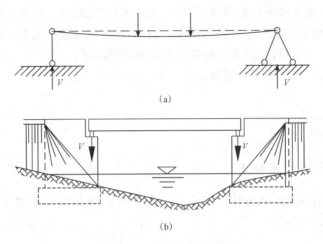

图 3-4 梁式桥受力图
(a)梁式桥受力简图;(b)梁式桥受力示意图

4)主要梁式桥型式

简支梁桥、钢桁架梁桥、连续梁桥、悬臂梁桥等(图 3-5)。

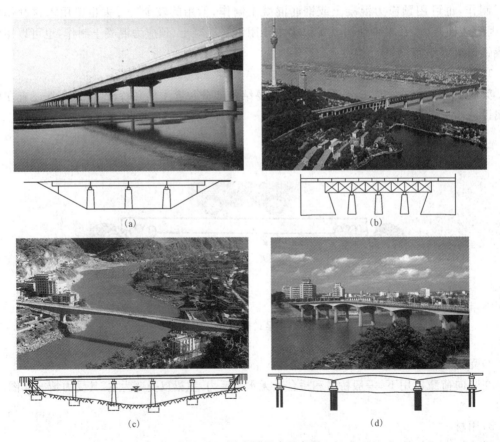

图 3-5 梁式桥型式示意图
(a)飞云江桥(简支梁桥);(b)武汉长江大桥(连续钢桁架梁桥);(c)六库怒江桥(连续梁桥);(d)南宁邕江大桥(悬臂梁桥)

2. 拱式桥

拱式桥(拱桥)是指用拱作为桥身主要承重结构的桥。拱式桥的主要承重结构是拱圈或拱肋。拱桥主要承受压力,故可用砖、石、混凝土等抗压性能良好的材料建造。大跨度拱桥则可用钢筋混凝土或钢材建造,可承受发生的力矩。拱桥的跨越能力很大,外形比较美观,条件许可时修建拱桥往往是经济合理的。为了拱桥能安全使用,下部结构和地基必须能经受很大的水平推力等不利作用。此外,拱桥的施工一般要比其他桥梁困难。

1) 基本组成

其结构基本组成如图 3-6 所示。主要结构包括主拱圈、吊杆、纵梁、桥墩(台)和附属设施。

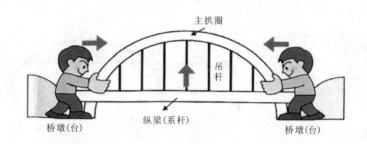

图 3-6 拱式桥的组成示意图

2) 受力特点

在桥面竖向移动荷载下,桥墩和桥台将承受水平推力。同时这种推力将显著抵消荷载所引起的在拱圈或拱肋内的弯矩作用,使拱圈或拱肋承受的主要作用是压力,因而其结构的主要内力是轴向压力。受力情况如图 3-7 所示。

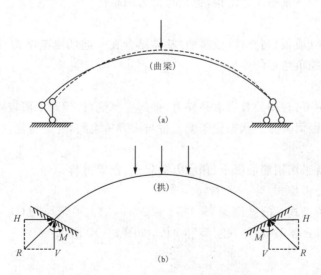

图 3-7 拱式桥受力示意图
(a)曲梁受力示意图;(b)拱圈受力示意图

3)主拱圈用材

一般用抗压能力强的圬工材料(如砖、石、混凝土)和钢筋混凝土、钢等来建造主拱圈。

4)主要拱式桥型式

主要拱式桥型式有双曲拱、中承式钢管拱、系杆拱桥、"飞雁式"三跨自锚式微小推力拱桥,如图3-8所示。

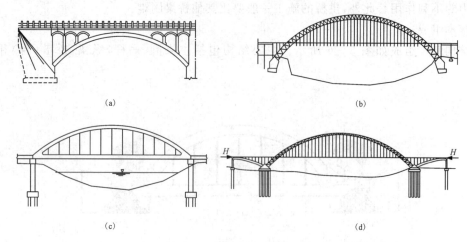

图3-8 拱式桥型式示意图
(a)双曲拱;(b)中承式钢管拱;(c)系杆拱桥;(d)"飞雁式"三跨自锚式微小推力拱桥

3. 刚架(构)桥

刚架(构)桥是一种介于梁与拱之间的结构体系,它是由受弯的上部梁(或板)结构与承压的下部柱(或墩)整体结合在一起的结构。由于梁和柱的刚性连接,使得梁因柱的抗弯刚度而得到卸荷载作用,整个体系是压弯结构,也是有推力的结构。

1)基本组成

刚架(构)桥是梁(或板)与立柱(或竖墙)整体结合在一起的刚架结构,梁和柱的连接处具有很大的刚性,以承担负弯矩的作用。

2)受力特点

在竖向荷载作用下,柱脚处具有水平反力,梁部主要受弯,但弯矩值较同跨径的简支梁小,梁内还有轴向压力,因而其受力状态介于梁式桥与拱式桥之间,受力特征如图3-9所示。

3)用材

刚架(构)桥主要采用钢筋混凝土、预应力混凝土、钢等材料。

4)主要刚架(构)桥型式

主要刚架(构)桥型式有门式刚架(构)桥[图3-9(a)]、T形刚架(构)桥、连续刚架(构)桥、刚架(构)-连续组合体系、斜腿式刚架(构)桥,如图3-10所示。

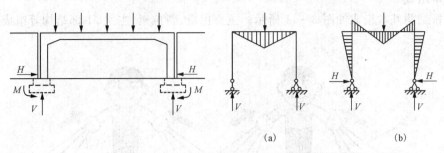

图 3-9 刚架(构)桥受力示意图
(a)门式刚架(构)桥示意图;(b)门式刚架(构)桥受力简图

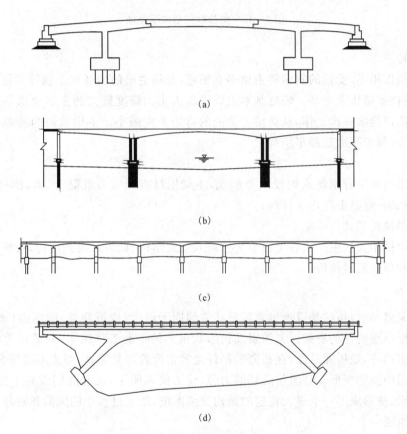

图 3-10 刚架桥型式示意图
(a)T形刚架(构)桥;(b)连续刚架(构)桥;(c)刚架(构)-连续组合体系;(d)斜腿式刚架(构)桥

4. 斜拉桥

斜拉桥又称斜张桥,是将主梁用许多拉索直接拉在桥塔上的一种桥梁,是由承压的塔、受拉的索和承弯的梁体组合起来的一种结构体系。它可看作是拉索代替支墩的多跨弹性支承连续梁。它可使梁体内弯矩减小,降低建筑高度,减轻结构重量,节省材料。斜拉桥作为一种拉索体系,比梁式桥的跨越能力更大,是大跨度桥梁的最主要桥型。

1)基本组成

斜拉桥结构基本组成如图 3-11 所示。主要由塔、斜拉索、主梁、下部结构等组成。

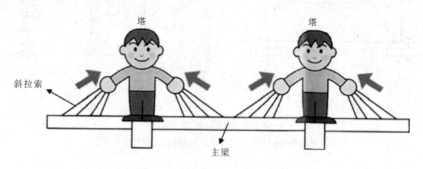

图 3-11 斜拉桥的组成示意图

2)受力特点

竖向荷载作用下,受拉的斜索将主梁多点吊起,并将主梁的恒载和车辆等其他荷载传至塔柱,再通过塔柱基础传至地基。塔柱基本上以受压为主。跨度较大的主梁就像一条多点弹性支承(吊起)的连续梁一样工作,从而使主梁内的弯矩大大减小。主梁截面的基本受力特征为偏心受压构件,属于高次超静定结构。

3)用材

斜拉索用高强平行钢丝或钢绞线等制成,主梁用材有预应力混凝土、钢、钢-混凝土组合(结合、叠合)、钢-混凝土混合等材料。

4)主要斜拉桥型式

主要斜拉桥型式从纵向来看可以分为三跨双塔式结构、独塔双跨式结构,按横向可分为双索面斜拉桥和单索面斜拉桥。

5. 悬索桥

悬索桥又名吊桥,指的是以通过索塔悬挂并锚固于两岸(或桥两端)的缆索(或钢链)作为上部结构主要承重构件的桥梁。其缆索几何形状由力的平衡条件决定,一般接近抛物线。从缆索垂下许多吊杆,把桥面吊住,在桥面和吊杆之间常设置加劲梁,同缆索形成组合体系,以减小荷载所引起的挠度变形。悬索桥跨越能力强,受力简单明了,成卷的钢缆易于运输,在将缆索架设完成后,便形成了一个强大稳定的结构支承系统,施工过程中的风险相对较小。

1)基本组成

悬索桥结构基本组成如图 3-12 所示。主要由缆索、塔柱、锚碇、吊杆、桥面系等部分组成,悬索桥的主要承重构件是缆索。

2)受力特点

竖向荷载作用下,通过吊杆使缆索承受很大的拉力,缆索锚于悬索桥两端的锚碇结构中。缆索传至锚碇的拉力可分解为垂直和水平两个分力,因而悬索桥也是具有水平反力(拉力)的结构。

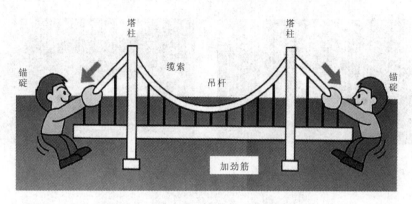

图 3-12 悬索桥的组成示意图

3) 用材

悬索桥的主要承重构件是缆索，一般用抗拉强度高的钢材（钢丝、钢缆等）制作。由于悬索桥可以充分利用材料的强度，并具有用料省、自重轻的特点，因此悬索桥在各种体系桥梁中的跨越能力最大。

4) 主要结构型式

悬索桥的主要结构型式有单跨式悬索桥和三跨式悬索桥（图 3-13）。按照缆索的锚固型式又可分为锚碇式悬索桥和自锚式悬索桥。

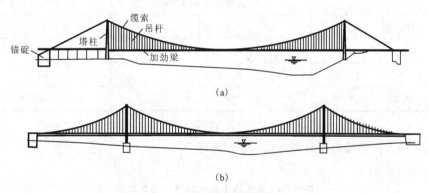

图 3-13 悬索桥型式示意图
(a) 单跨式悬索桥；(b) 三跨式悬索桥

（二）桥梁的其他分类方法

1. 按桥梁用途来划分

按照桥梁用途可以分为公路桥、铁路桥、公铁两用桥、农桥、人行桥、运水桥（渡槽）、其他专用桥梁（如通过管路、电缆等），部分桥梁如图 3-14 所示。

2. 按跨径大小分类

(1) 我国桥梁按照跨径分类标准（表 3-5）。

图 3-14 部分桥梁用途图例
(a)南京长江大桥(公铁两用桥);(b)军都山渡槽桥;(c)Rosentein 人行桥(自锚式悬索桥)

表 3-5 中国桥梁按跨径分类标准

桥梁分类	多孔跨径总长 L/m	单孔跨径 l_0/m
特大桥	$L \geqslant 500$	$l_0 \geqslant 100$
大桥	$100 \leqslant L < 500$	$40 \leqslant l_0 < 100$
中桥	$30 \leqslant L < 100$	$20 \leqslant l_0 < 40$
小桥	$8 \leqslant L < 30$	$5 \leqslant l_0 < 20$

(2)国际特大桥梁按跨径分类标准(表 3-6)。

表 3-6 国际特大桥梁按跨径分类标准

桥型	跨径 l_0/m
悬索桥	>1000
斜拉桥	>500
刚架(构)桥	>500
混凝土拱桥	>300

3. 按主要承重结构所用的材料来划分

按主要承重结构所用的材料可以分为木桥、钢桥、圬工桥(包括砖、石、混凝土桥)、钢筋混凝土桥、预应力钢筋混凝土桥、钢管混凝土桥。

4. 按行车道的位置划分

按照行车道位置可以划分为上承式桥梁和下承式桥梁，上承式桥梁视野开阔，但建筑高度相对较大[图3-15(a)]；下承式桥梁建筑高度小，视野较差[图3-15(b)]；中承式桥梁兼有前两者的优缺点[图3-15(c)]。

图3-15 桥梁行车道位置划分示意图
(a)挪威特罗姆泽海湾桥(上承式)；(b)大连新港海上栈桥(下承式)；(c)台北关渡桥(中承式)

5. 按跨越方式划分

按照跨越方式可以分为固定式桥梁(通常桥梁都是固定式)、开启式桥梁、浮桥、漫水桥，如图3-16所示。

图3-16 跨越方式桥梁划分图例
(a)提升式桥梁；(b)开启式桥梁

6. 按施工方法划分

按照施工方法可以分为整体施工桥梁[上部结构一次浇筑而成,如图 3-17(a)所示]和节段施工桥梁[上部结构分节段组拼而成,如图 3-17(b)所示]。

(a)　　　　　　　　　　　　　　　(b)

图 3-17　桥梁施工方法划分图例
(a)整体施工桥梁;(b)节段施工桥梁

第三节　桥面布置和构造

实习任务:
1. 熟悉桥面的组成及其作用。
2. 熟悉桥面铺装及防排水措施。
3. 了解桥梁伸缩缝的作用、使用要求及适用情况。

准备工作:
1. 收集当地人文文化、桥面布置图片,预习桥面布置的特点。
2. 熟悉桥面布置和构造的相关知识。
3. 准备《城市桥梁设计规范》(CJJ 11—2011)。
4. 准备必要的野外实习用品。

实习基本内容:具体内容如下。

一、桥面的组成及其作用

桥面部分通常包括桥面铺装、防水与排水措施、伸缩装置、人行道(或安全带)、缘石、栏杆和灯柱等(图 3-18)。桥面部分虽然不是主要承重结构,但它对桥梁功能的正常发挥,对主要构件的保护,对车辆行人的安全以及桥梁的美观等都十分重要。

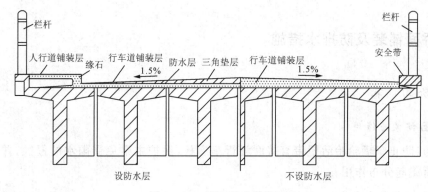

图 3-18 桥面组成横截面

二、桥面布置

桥面布置应根据道路的等级、桥梁的宽度、行车要求等条件确定,主要有以下几种:

(1)双向车道布置。即行车道的上下行交通布置在同一桥面上,它们之间用画线分隔。由于在桥梁上同时存在上下行机动车和非机动车,车辆只能中速或低速行驶,对交通量较大的道路,桥梁往往会造成交通滞流状态。

(2)分车道布置。即桥面上设置分隔带[图3-19(a)]或分离式主梁布置[图3-19(b)],使上下行交通分隔,甚至机动车道与非机动车道分隔、行车道与人行道分隔。这种布置方式可提高行车速度,便于交通管理。

(3)双层桥面布置。即桥梁结构在空间上提供两个不在同一平面上的桥面构造,如图3-20所示。双层桥面布置可以使不同的交通严格分道行驶,提高了车辆和行人的通行能力,便于交通管理。同时,在满足同样交通要求时,可以充分利用桥梁净空,减小桥梁宽度,缩短引桥长度,达到较好的经济效益。

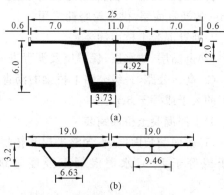

图 3-19 分车道的桥面布置(单位:m)
(a)桥面上设置分隔带布置;(b)分离式主梁布置

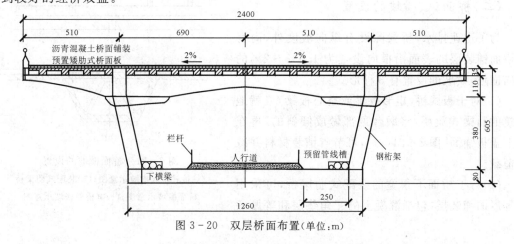

图 3-20 双层桥面布置(单位:m)

三、桥面铺装及防排水措施

(一)桥面铺装

1. 桥面铺装的作用

作用为:防止车辆轮胎或履带直接磨耗行车道板,保护主梁免受雨水的侵蚀,并对车辆轮重的集中荷载起分布作用。

2. 桥面铺装的要求

要求为:具有抗车辙、行车舒适、抗滑、不透水、刚度好等优点。

3. 桥面铺装类型

类型为:水泥混凝土、沥青混凝土、沥青表面处治、泥结碎石、混合型等。

4. 桥面铺装的构造要求

1)沥青表面处治桥面铺装

沥青表面处治桥面铺装是沥青和集料按层铺法或拌和法铺筑而成的厚度小于或等于 30mm 的沥青面层,供车轮磨耗之用。

2)沥青混凝土桥面铺装

(1)由黏层、防水层、保护层及沥青表面组成,铺设方式分为单层式和双层式两种。

(2)高速公路、一级公路上桥梁的沥青混凝土桥面铺装厚度大于或等于 7cm,二级及二级以下的大于或等于 5cm。

3)水泥混凝土桥面铺装

(1)桥面铺装面层(不含整平层和垫层)的厚度大于或等于 8cm,水泥混凝土强度等级不应低于 C4.0。

(2)铺装层内应配置钢筋网,钢筋直径大于或等于 8mm,间距小于或等于 10cm。

(二)桥面纵、横坡的设置

为了迅速排水,桥梁除设有纵向坡度外,尚有将桥面铺装层的表面沿横向设置为 1.5%~2% 的双向横坡,横坡的设置有 3 种形式:

(1)对于板式桥(矩形板梁或空心板梁)或就地浇筑的肋梁式梁桥,将墩台顶部做成倾斜的,再在其上盖板铺面[图3-21(a)],可节省铺装材料并减轻恒载。

(2)对于桥面不很宽的装配式肋梁桥,可采用不等厚的铺装层(包括混凝土的三角垫层和等厚的

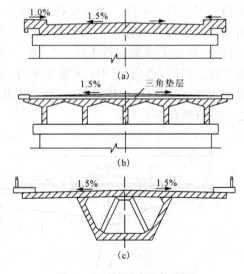

图 3-21 桥面横坡的设置
(a)板式桥面横坡示意图;(b)装配式肋梁桥桥面横坡示意图;(c)宽桥面横坡示意图

路面铺装层,[图 3-21(b)]),方便施工。

(3)桥宽较大时,直接将行车道板做成倾斜[图 3-21(c)],可减轻恒载,但主梁构造、制作均较复杂。

(三)桥面防水和排水设施

为了保障桥面行车通畅、安全,防止桥面结构受降水侵蚀,应设置完善的桥面防水和排水设施。

1. 防水层的设置

《公路桥涵施工技术规范》(JTG/T F50—2011)要求:对于防水程度要求高,或桥面板位于结构受拉区可能出现裂纹的混凝土梁式桥上,应在铺装内设置防水层,如图 3-22 所示。

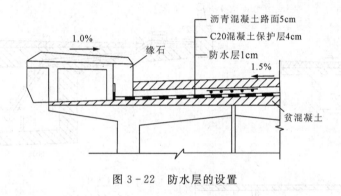

图 3-22 防水层的设置

防水层有 3 种类型:
(1)洒布薄层沥青或改性沥青,其上撒布一层砂,经碾压形成沥青涂胶下封层;
(2)涂刷聚氨酯胶泥、环氧树脂、阳离子乳化沥青、氯丁胶乳等高分子聚合物涂胶;
(3)铺装沥青或改性沥青防水卷材,以及浸渍沥青的无纺土工布等做法。

2. 泄水管和排水管的设置

1)位置

宜设置在桥面行车道边缘处,距离缘石 10~50cm;可以沿行车道两侧对称排列,也可交错排列。

2)间距

间距应依据设计径流量计算确定,但最大间距不宜超过 20m。应注意以下几点:
(1)在桥梁伸缩缝的上游方向应增设泄水管;
(2)在凹形竖曲线的最低点及其前后 3~5m 处也应各设置一个泄水管;
(3)桥面上泄水管的过水面积按每平方米桥面不少于 2~3 cm^2 布置。

3)设置方式

对于跨越一般河流、水沟的桥梁,桥面水流入泄水管后可以直接向下排放(图 3-23);对于一些跨径不大、不设人行道的小桥,可以直接在行车道两侧的安全带或缘石上预留横向孔道,用铁管或竹管将水排出桥外,管口要伸出构件 2~3cm 以便滴水,但这种做法孔道易淤塞。跨越公路、铁路、通航河流的桥梁以及城市桥梁,流入泄水管中的雨水,应汇集在纵向排水管(或排水槽)内,并通过设在墩台处的竖向排水管(落水管)流入地面排水设施或河流中(图 3-24)。

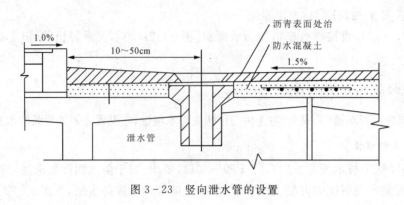

图 3-23 竖向泄水管的设置

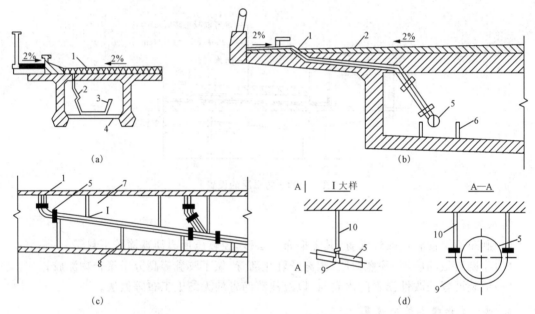

图 3-24 城市桥梁桥面排水措施
1.泄水漏斗；2.泄水管；3.钢筋混凝土斜槽；4.横梁；5.纵向排水管；6.支承结构；
7.悬吊结构；8.支柱；9.弧形箍；10.吊杆

排水管材料有铸铁管、塑料管(聚氯乙烯 PVC 或聚乙烯 PE)或钢管，其内径应等于或大于泄水管的内径。排水槽宜采用铝质或钢质材料，也可采用水泥混凝土预制件，其横截面为矩形或 U 型，宽度和深度均宜为 20cm 左右。纵向排水管或排水槽的坡度不得小于 0.5%。桥梁伸缩缝处的纵向排水管或排水槽应设置可供伸缩的柔性套筒。寒冷地区的竖向排水管，其末端宜距地面 50cm 以上。

四、桥面伸缩缝

为了保证桥跨结构在气温变化、活载作用、混凝土收缩与徐变等影响下按静力图式自由地变形，就需要使桥面在两梁端之间以及在梁端与桥台背墙之间设置横向的伸缩缝(变形量很少的称为变形缝)。

(一)伸缩缝的作用

(1)保证桥跨结构在气温变化、活载作用、混凝土收缩与徐变等影响下按静力图式自由变形。
(2)使车辆平顺通过,防止雨水、垃圾、泥土等阻塞。
(3)减小车辆通过的噪声。

(二)伸缩缝的使用要求

(1)能够适应桥梁温度变化所引起的伸缩。
(2)桥面平坦,具有行驶性良好的构造。
(3)施工安装方便,且与桥梁结构连为整体。
(4)具有能够安全排水和防水的构造。
(5)承担各种车辆荷载的作用。
(6)养护、修理与更换方便。
(7)经济价廉。
(8)伸缩缝的变形量=温度伸缩量+收缩和徐变量+制造与安装误差的富余量。

(三)伸缩缝的种类

(1)U型锌铁皮式伸缩缝。它是以单层或双层的U型锌铁皮作为跨缝材料,在其上放置石棉纤维过滤器,然后用沥青胶填塞。它的特点是构造简单,但使用寿命不长,使用效果不佳,伸缩量为20~40mm,仅用于低等级公路中、小型桥梁。

(2)钢板式伸缩缝。它是在缝间的加劲角钢上加设一块钢板,钢板的一端与角钢焊接固定,另一端则搭设在角钢上。它的特点是构造简单,能直接承受车辆的荷载,并可根据伸缩量的大小调整钢盖板的厚度;但不适宜于坡桥,在反复荷载作用下钢板及其焊缝极易变形、破坏。伸缩量为10~70mm,适用于低等级公路中、小型桥梁。

(3)橡胶伸缩缝。采用各种断面形状的橡胶带(或板)作为嵌缝材料。橡胶(一般为氯丁橡胶)既富有弹性,又易于胶帖,并且能满足变形要求和具备防水功能,施工及养护维修也很方便。

(4)模数式伸缩缝。它是以国产热轧整体成型的异型钢材为主要受力构件,由边梁、中梁、横梁、位移控制系统、密封橡胶带等构件组成,目前已形成系列产品。

(5)无缝式(暗缝型)伸缩缝。它的基本做法是将接缝上面一窄条范围的桥面铺装层替换为一种高弹性的特殊沥青混合料。这条高弹性特殊沥青混合物可以吸收由于温度和交通负荷作用产生的桥面板位移,而保证表层不会开裂损坏。无缝伸缩粘接料能够同时兼顾高温和低温、渗透和黏性这些对立的性能要求,不仅适用于温度单一地区,而且适用于温差较大的地区。

(四)伸缩缝的适用情况

桥梁伸缩装置暴露在大气中,直接经受车辆、人群荷载的反复摩擦、冲击作用,稍有缺陷或不足,就会引起跳车等不良现象,严重时还会影响到桥梁结构本身和通行者的生命安全,是桥梁中最易损坏而又较难于修缮的部位,需经常养护,清除缝内杂物,并及时更换。

《公路桥涵施工技术规范》(JTG/T F50—2011)规定,对于多跨简支梁桥,桥面应尽量做到连续,使得多孔简支梁桥在竖直荷载作用下的变形状态为简支或部分连续体系,而在纵向水平力作用下则属于连续体系。

但经验表明,采用桥面板连续构造,连续部分桥面易开裂,因此近年来发展了简支-连续结构,使多跨简支梁桥在长期恒载作用下处于简支体系受力,在二期恒载和活载作用下处于连续体系受力。这种简支-连续结构具有施工方便、减少桥面伸缩缝、行车平顺等优点,因此得到了越来越广泛的使用。

五、人行道

(一)人行道宽度的确定

位于城镇和近郊的桥梁均应设置人行道,其宽度和高度应根据行人的交通流量和周围环境来确定。人行道的宽度一般为 0.75m 或 1m,当人行道的宽度要求大于 1m 时,人行道的宽度按 0.5m 的倍数增加。表 3-7 为城市桥梁人行道参考宽度。

表 3-7 城市桥梁桥面人行道宽度表

桥梁等级及地段	人行道宽度(单侧)/m
火车站、码头、长途公共汽车站附近和其他行人聚集地段	3~5
大型商店及大型公共文化场所附近、商业闹市区	2.5~4.5
一般街道地段	1.5~3
大桥、特大桥	2~3

(二)安全道

在快速路、主干路、次干路桥或行人稀少地区,若两侧无人行道,则两侧应设安全道,宽度为 0.50~0.75m,高度应不少于 0.25m。近年来,不少桥梁设计中,为了保证行车的安全,安全带的高度已经大于或等于 0.4m。

(三)人行道构造

人行道的构造形式多种多样(图 3-25),根据不同的施工方法有就地浇筑式、预制装配式、部分装配和部分现浇的混合式。其中就地浇筑式的人行道现在已经很少采用。而预制装配式的人行道具有构件标准化、拼装简单化等优点,现在各种桥梁结构中应用广泛。在斜拉桥中,当直柱门形塔对人行道有妨碍时,可将人行道用悬臂梁向塔柱外侧挑出,绕过塔柱,这时需采用混合式人行道,如图 3-26 所示。

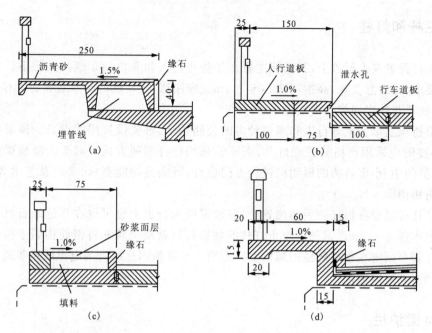

图 3-25 人行道一般构造示意图(单位:cm)
(a)整体预制的"F"形的人行道;(b)人行道附设在板上;(c)小跨宽桥上搁置独立的人行道板;(d)就地浇筑式人行道

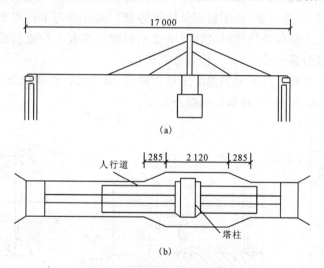

图 3-26 混合式人行道示意图(单位:cm)
(a)立面;(b)平面

图 3-25(a)为整体预制的"F"形的人行道,它搁置在主梁上,适用于各种净宽的人行道,人行道下可以放置过桥的管线,但是对管线的检修和更换十分困难;图 3-25(b)为人行道附设在板上,人行道部分用填料填高,上面敷设 2~3cm 砂浆面层或沥青砂,人行道内缘设置缘石;图 3-25(c)为小跨宽桥上将人行道部分墩台加高,在其上搁置独立的人行道板;图 3-25(d)为就地浇筑式人行道,适用于整体浇筑的钢筋混凝土梁桥,而将人行道设在挑出的悬臂上,这样可以缩短墩台宽度,但施工不太方便。

六、栏杆和灯柱

桥梁栏杆设置在人行道上,其功能主要在于防止行人和非机动车辆掉入桥下。其设计应符合受力要求,并注意美观,高度不应小于1.1m。应注意,在靠近桥面伸缩缝处所有的栏杆均应断开,使扶手与柱之间能自由变形。

在城市桥梁上以及城郊行人和车辆较多的公路桥上,都要设置照明设备。桥梁照明应防止眩光,必要时应采用严格的控光灯具,而不宜采用栏杆照明方式。对于大型桥梁和具有艺术、历史价值的中、小型桥梁的照明应进行专门设计,既满足功能要求,又顾及艺术效果,并与桥梁的风格相协调。

照明灯柱可以设在栏杆扶手的位置上,在较宽的人行道上也可设在靠近缘石处。照明用灯一般高出车道8~12m。钢筋混凝土灯柱的柱脚可以就地浇筑并将钢筋锚固于桥面中。铸铁灯柱的柱脚可固定在预埋的锚固螺栓上。照明以及其他用途所需的电讯线路等通常都从人行道下的预留孔道内通过。

七、桥梁护栏

为了避免机动车辆碰撞行人和非机动车辆的严重事故的发生,对于高速公路、汽车专用一级公路上的特大桥及大、中桥梁,必须根据其防撞等级在人行道与车行道之间设置桥梁护栏。一般公路的特大、大、中桥在条件许可的情况下也应设置。在有人行道的桥梁上,应按实际需要在人行道和行车道分界处设置汽车、行人分隔护栏。

桥梁护栏按构造特征可分为钢筋混凝土墙式护栏、梁柱式护栏和组合式护栏,如图3-27所示。可采用金属(钢、铝合金)和钢筋混凝土施工。

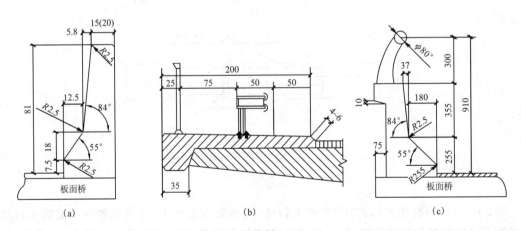

图 3-27 护栏(单位:cm)
(a)钢筋混凝土墙式护栏;(b)金属制梁柱式护栏;(c)组合式护栏

桥梁护栏的形式选择,首先应满足其防撞等级的要求,避免在相应设计条件下的失控车辆跃出,同时还应综合考虑公路等级,桥梁护栏外侧危险物的特征、美观、经济性,以及养护维修等因素。例如,在美观要求较高或积雪严重的地区,宜采用梁柱式或组合式结构;钢桥为了方便减轻恒载,宜采用金属制护栏。

第四节　预应力构件施工技术

实习任务:
1. 熟悉预应力混凝土的基本原理及特点。
2. 掌握施加预应力的施工方法。
3. 了解预应力构件的养护方法。

准备工作:
1. 复习先张法和后张法预应力构件的相关知识。
2. 查阅先张法和后张法所需的设备,并了解这些设备的原理及操作方法。
3. 准备预应力混凝土和预应力混凝土桥梁施工专业书籍。
4. 准备《公路钢筋混凝土及预应力混凝土桥涵设计规范》(中交公路规划设计院,2012)。

实习基本内容:具体内容如下。

一、预应力混凝土的基本原理及特点

(一)预应力混凝土的基本原理

由于钢筋混凝土的抗拉性能很差,使得钢筋混凝土存在两个无法解决的问题:一是在使用荷载作用下,钢筋混凝土受拉、受弯等构件通常是带裂缝工作的;二是从保证结构耐久性出发,必须限制裂缝宽度,为了满足变形和裂缝控制的要求,则需增大构件尺寸和用钢量,这将导致自重过大,使钢筋混凝土结构用于大跨度或承受动力荷载的结构成为不可能或很不经济。

为了避免钢筋混凝土结构的裂缝过早出现,充分利用高强度混凝土,可以设法在结构构件承受使用荷载前,预先对受拉区的混凝土施加压力,使他产生预应力来减小或抵消荷载所引起的混凝土拉应力,从而将结构构件的拉应力控制在较小范围,甚至处于受压状态,以延迟混凝土裂缝的出现和发展,从而提高构件的抗裂性能和刚度。

(二)预应力混凝土的特点

与钢筋混凝土相比,预应力混凝土具有以下特点:
(1)构件的抗裂性能好。
(2)构件的刚度较大。由于预应力混凝土能延迟裂缝的出现,并且受弯构件要产生反拱,因而可以减小受弯构件在荷载作用下的挠度。
(3)构件的耐久性较好。由于预应力混凝土能使构件不出现裂缝或减小裂缝宽度,因而可以减少大气或侵蚀性介质对钢筋的侵蚀,从而延长构件的使用期限。

(4)工序较多,施工复杂,且需要张拉设备和锚具。

二、施加预应力的施工方法

对混凝土施加预应力,一般是通过张拉预应力钢筋。被张拉的钢筋反向作用,同时挤压混凝土,使混凝土受到压应力。张拉预应力钢筋的方法主要有先张法和后张法两种。

(一)先张法

先张法是指首先在台座上或钢模内张拉钢筋,然后浇筑混凝土的一种方法。其张拉力的传递是靠混凝土与预应力筋间的黏结。

1. 先张法施工工序

将预应力钢筋一端用夹具固定在台座的钢梁上,另一端通过张拉夹具、测力器与张拉机械相连。当张拉到规定控制应力后,在张拉端用夹具将预应力钢筋固定,浇筑混凝土;当混凝土达到一定强度后,切断或放松预应力钢筋,由于预应力钢筋与混凝土间的黏结作用,使混凝土受到预压应力,如图 3-28 所示。

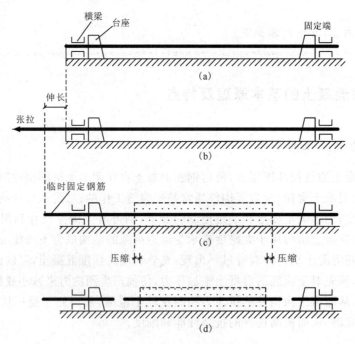

图 3-28 先张法施工工序示意图
(a)钢筋就位;(b)张拉钢筋;(c)浇筑构件;(d)切断钢筋,挤压构件

2. 台座

1)墩式台座

墩式台座是靠自重和土压力来平衡张拉力所产生的倾覆力矩,并靠土壤的反力和摩擦力来抵抗水平位移。台座由台面、承力架、横梁和定位钢板等组成,如图 3-29 所示。

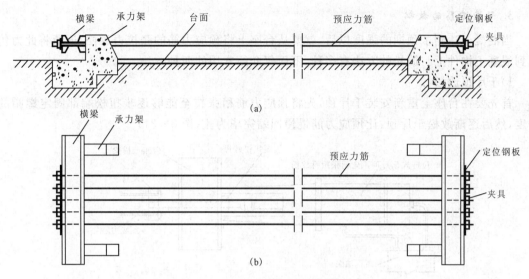

图 3-29 重力式台座构造示意图
(a)立面图;(b)平面图

台面有整体式混凝土台面和装配式混凝土台面两种,它是制梁的底模。承力架承受全部的张拉力,横梁是将预应力筋张拉力传给承力架的构件,它们都需进行专门的设计计算。定位钢板用来固定预应力筋的位置,其厚度必须保证其承受张拉力后具有足够的刚度。定位钢板上的圆孔位置则按构件中预应力筋的设计位置确定。

2)槽式台座

当现场地质条件较差,台座又不很长时,可以采用由台面、传力柱、横梁、横系梁等构件组成的槽式台座,如图3-30所示。传力柱和横系梁一般用钢筋混凝土做成,其他部分与墩式台座相同。

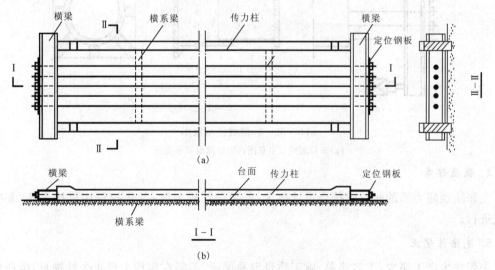

图 3-30 槽式台座示意图
(a)平面图;(b)立面图

3. 预应力筋的放松

当混凝土达到了预期的强度以后,就要从台座上将预应力筋的张拉力放松,逐渐将此力传递到混凝土构件上。放松的方法有多种,下面仅介绍常用的两种方法。

1) 千斤顶放松

首先要在台座上重新安装千斤顶,先将预应力筋稍张拉至能够逐步扭松端部固定螺帽的程度,然后逐渐放松千斤顶,让预应力筋慢慢回缩完毕为止(图3-31)。

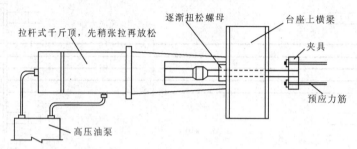

图3-31 千斤顶放松示意图

2) 砂筒放松

在张拉预应力之前,在承力架和横梁之间各放一个灌满被烘干过的细砂子砂筒(图3-32)。张拉时筒内砂子被压实。当需要放松预应力筋时,可将出砂口打开,使砂子慢慢流出,活塞徐徐顶入,直至张拉力全部放松为止。本法易于控制放松速度,故应用较广。

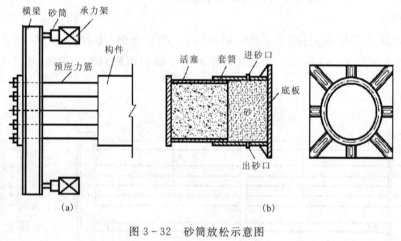

图3-32 砂筒放松示意图
(a)张拉端组成示意图;(b)砂筒放张示意图

4. 张拉程序

先张法预应力筋的张拉应符合设计要求,若无设计规定时,其张拉程序可按表3-8中的规定进行。

5. 先张法优点

先张法生产工序少,工艺简单,施工质量容易保证,不需在构件上设永久性锚具,生产成本低。在长线台座上以此可生产多个构件。

表 3-8 先张法预应力筋张拉程序

预应力筋种类	张拉程序
钢筋	$0 \to$ 初应力 $\to 1.05\sigma_k$(持荷 2min)$\to 0.9\sigma_k \to \sigma_k$(锚固)
钢丝、钢绞丝	对于夹片式具有自锚性能的锚具： ①普通松弛力筋： $0 \to$ 初应力 $\to 1.03\sigma_k$(锚固) ②低松弛力筋： $0 \to$ 初应力 $\to \sigma_k$(持荷 2min 锚固)

6. 先张法的适用范围

主要适用于工厂内生产中、小型构件。

(二)后张法

后张法是指先浇筑混凝土构件,然后直接在构件上张拉预应力钢筋的一种施工方式。其张拉力的传递是靠构件端部的锚固作用传给混凝土。

1. 后张法施工工序

浇筑混凝土构件时,预先在构件中留出孔道。当混凝土达到规定强度后,将预应力钢筋穿入孔道,用锚具将预应力钢筋锚固在构件的端部,在构件另一端用张拉机具张拉预应力钢筋,张拉预应力钢筋的同时,构件受到预压应力。当达到规定的张拉控制应力值时,将张拉端的预应力钢筋锚固。对有黏结预应力混凝土,在构件孔道中压力灌入填充材料(如水泥砂浆),使预应力钢筋与构件形成整体,如图 3-33 所示。

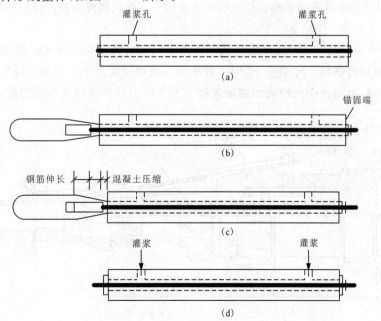

图 3-33 后张法施工工序示意图
(a)浇筑混凝土构件;(b)锚固;(c)张拉钢筋;(d)灌浆

2. 预应力筋孔道的成型

在梁体内预留预应力筋孔道所用的制孔器目前主要有3种,即铁皮管、金属波纹管和橡胶管。前两种制孔器按预应力筋设计位置和形状固定在钢筋骨架中,本身便是孔道。橡胶管制孔器也按设计位置固定在钢筋骨架中,待混凝土抗压强度达到时,再将制孔器抽拔出以形成孔道。为了增加橡胶管的刚度和控制位置的准确性,需在橡胶管内设置圆钢筋(亦称芯棒),以便在先抽出芯棒之后,橡胶管易于从梁体内拔出。对于曲线束筋的孔道,则用两段胶管在跨中对接,对接接头处套一段长为0.3～0.5m的铁皮管,如图3-34所示。抽拔时,该段铁皮管留在梁内,橡胶管则从梁的两端抽拔出来。

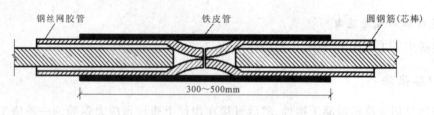

图3-34 橡胶制孔器的接头简图

3. 预应力筋的张拉

这一施工过程包括孔道检查与清洗→穿顶应力筋→张拉预应力筋→孔道压浆→封锚固端混凝土等几道工序。到此步骤才能算完成了装配式构件的制作。孔道压浆的目的是保护预应力筋不受锈蚀,并使预应力筋与梁体的混凝土黏结成整体,共同受力,从而也减轻了锚具的受力。用混凝土封固端部锚头除了达到防止锈蚀的目的外,还可以保持锚塞或者夹片不因汽车的运行而产生松动,以免造成滑丝的危险。这里简单地介绍一下张拉预应力筋所使用的几种设备。

1) 锥锚式千斤顶

图3-35所示的是TD-60型锥锚式三作用千斤顶的构造和张拉装置简图。这种千斤顶具有张拉、顶锚和退楔块3种功能,适用于锥形锚具的钢丝束。千斤顶的工作靠高压油泵的进油与回油来控制,施加预应力的大小靠油表读值及预应力筋延伸率大小来控制。

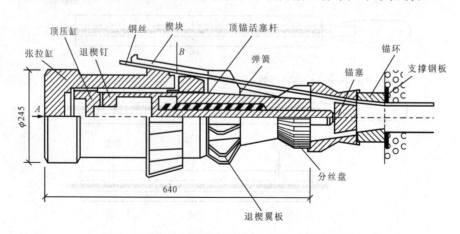

图3-35 TD-60型锥锚式三作用千斤顶装置简图

2)拉杆式千斤顶

拉杆式千斤顶构造简单,操作方便,适用于张拉常用螺杆式和墩头式锚、夹具的单根粗钢筋、钢筋束或碳素钢丝束。图 3-36 为常用的 GJ_zY-60A 型拉杆式千斤顶的构造示意图。张拉前先用连接器将预应力筋和张拉杆联结。

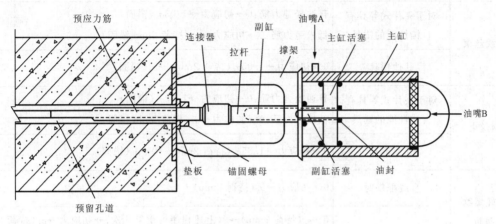

图 3-36　GJ_zY-60A 型千斤顶构造示意图

3)穿心式千斤顶

这种千斤顶主要用于张拉带有夹片式锚、夹具的单根钢筋,钢绞线或钢筋束和钢绞线束。图 3-37 所示为 YC-60 型穿心式千斤顶的构造简图。张拉前先将预应力筋穿过千斤顶,在其后端用锥销式工具锚将预应力筋锚住,然后借助高压油泵完成张拉工作。

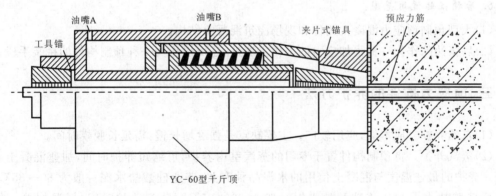

图 3-37　YC-60 型穿心式千斤顶构造简图

4. 张拉程序

不同预应力筋构件所采用的张拉程序见表 3-9。

表 3-9 后张法预应力筋张拉程序

预应力筋		张拉程序
钢筋、钢筋束		0→初应力→1.05σ_k(持荷 2min)→σ_k(锚固)
钢绞丝束	对于夹片式等具有自锚性能的锚具	普通松弛力筋:0→初应力→1.03σ_k(锚固) 低松弛力筋:0→初应力→σ_k(持荷 2min 锚固)
	其他锚具	0→初应力→1.05σ_k(持荷 2min)→(锚固)
钢丝束	对于夹片式等具有自锚性能的锚具	普通松弛力筋:0→初应力→1.03σ_k(锚固) 低松弛力筋:0→初应力→σ_k(持荷 2min 锚固)
	其他锚具	0→初应力→1.05σ_k(持荷 2min)→0→σ_k(锚固)
精轧螺纹钢筋	直线配筋时	0→初应力→σ_k(持荷 2min)
	曲线配筋时	0→σ_k(持荷 2min)→0(上述程序可重复几次)→初应力→σ_k(持荷 2min 锚固)

5. 后张法的优缺点

(1)优点:不需台座设备,灵活性大,尤其适用于现浇结构施工。
(1)缺点:锚具不能重复使用,耗钢量大;工艺复杂,整体成本高。

6. 后张法的适用范围

(1)大型预制预应力混凝土构件和现场浇筑混凝土结构。
(2)后张法除作为一种预加应力的工作方法外,还可以作为一种预制构件的拼装手段。

三、预应力构件的养护方法

(1)自然养护。成本低,应用较广。主要缺点是强度增长慢,需延长脱模时间。

(2)蒸汽养护。将预制构件置于专门的蒸汽室内养护,可缩短养护时间,加速混凝土硬化过程。养护的最佳温度与混凝土使用的水泥品种有关,普通硅酸盐水泥一般为 80~85℃,火山灰质硅酸盐水泥和矿渣硅酸盐水泥一般为 90~95℃。蒸汽养护时间,恒温加热一般为 5~8h。

(3)热拌混凝土热模养护。是指构件在养护过程中,不直接与蒸汽接触,蒸汽只喷射在模板上,热量通过模板传到混凝土内部,其养护周期可大为缩短。因为混凝土在拌和时已预行加热,养护时的蒸汽温度与混凝土内部温度的温差较小,混凝土能较快地达到高温养护,从而加速混凝土硬化,缩短养护时间。

第五节 混凝土简支梁桥施工技术

> 实习任务：
> 1. 掌握简支梁桥施工方法。
> 2. 熟悉简支梁桥各施工方法的使用条件、施工工序和优缺点。
> 3. 了解混凝土预制梁的制造工艺。
>
> 准备工作：
> 1. 复习混凝土简支梁桥就地浇筑和预制安装的相关知识。
> 2. 查阅简支梁施工所需的设备，并了解这些设备的原理及操作方法。
> 3. 准备笔、笔记本和照相设备。
>
> 实习基本内容：具体内容如下。

一、简支梁桥的施工方法和施工工序

（一）就地浇筑法

(1) 定义。在桥位处搭设支架，作为工作平台，然后在其上制作模板，并在模板中浇筑梁体混凝土，待混凝土达到强度后拆除模板、支架。

(2) 适用条件。两岸桥墩不太高的引桥和城市高架桥，或靠岸边水不太深且无通航要求的小跨径桥梁。

(3) 施工工序。搭设支架→安装模板→安装钢筋骨架→现场浇筑混凝土→拆除模板。

(4) 优点：①不需大型的吊装设备和专门的预制场地；②结构的整体性能好，施工平稳可靠。

(5) 缺点：①施工工期长，施工质量不容易控制；②需要大量的模板和支架，成本较高；③需要较大施工场地，施工管理复杂。

（二）预制安装法

(1) 定义。在预制工厂或在运输方便的桥址附近设置预制场进行梁的成批预制，然后采用一定的架设方法进行安装就位。

(2) 施工工序。预制构件→预制厂构件移运堆放→构建运输→横向连接施工→桥面系施工。

(3) 优点：①上、下部结构可平行施工，工期短；②容易控制构件的质量和尺寸精度；③可减少混凝土收缩、徐变引起的变形；④降低工程成本。

(4) 缺点：①需要大型的起吊运输设备和施工场地；②梁体的整体工作性能不如就地浇筑法。

二、就地现浇的钢筋混凝土简支梁桥的制造工艺

（一）支架

1. 支架的类型及构造

(1)按构造可分为立柱式支架、梁式支架和梁-柱式支架3种，如图3-38所示。

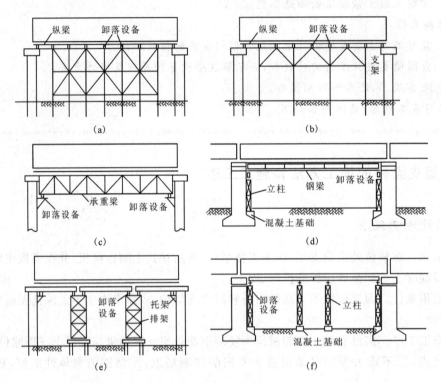

图3-38 常用支架的主要构造
(a)(b)为立柱式支架；(c)(d)为梁式支架；(e)(f)为梁-柱式支架

(2)按材料的不同可分为木支架、钢支架、刚木支架、万能杆件组拼支架等。

2. 支架的基础

为了保证现浇的梁体不产生大的变形，除了要求支架本身具有足够的强度、刚度以及具有足够的纵、横、斜3个方向的连接杆件来保证支架的整体性能外，支架的基础必须坚实可靠，以保证其沉陷值不超过施工规范的规定。

对于跨径不大且采用满布式的木支架排架[图3-38(a)]，可以将基脚设置在枕木上，枕木下的垫基层必须夯实；对于梁-柱式支架，因其荷载较集中，故其基脚宜支承在临时桩基础上[图3-38(e)、图3-38(f)]，也可直接支承在永久结构的墩身或基础的上面[图3-38(c)、图3-38(d)]。

3. 支架的预拱度

为了使上部结构在卸架后能满意地获得设计规定的外形,必须在施工时设置一定数值的预拱度。在确定预拱度时应考虑以下因素:

(1)卸架后由上部结构自重及活载一半所产生的挠度 δ_1;

(2)施工期间支架结构在恒载及施工荷载(施工人员、机具、设备等)作用下的弹性压缩 δ_2 和非弹性变形 δ_3;

(3)支架基底土在荷载作用下的非弹性沉陷 δ_4;

(4)由混凝土收缩及温度变化而引起的挠度 δ_5 等。

第(2)、第(3)项引起的变形量可通过对支架用同等荷载预压得到。根据梁的挠度和支架的变形所计算出来的预拱度之和就是简支梁预拱度的最高值,它应设置在跨径的中点。其他各点的预拱度,则按直线或二次抛物线比例进行分配,在两端的支点处则为零。

(二)模板

1. 模板的分类

(1)按模板的梁体成型时的作用可以分为外模(侧模、端模、底模)、内模。

(2)按模板所用的材料不同可以分为木模板、钢模板、钢木模板、胶合板模板、钢竹模板、塑料模板、玻璃钢模板、铝合金模板等。

2. 模板的构造

工程中常见的模板构造如图 3-39~图 3-41 所示。

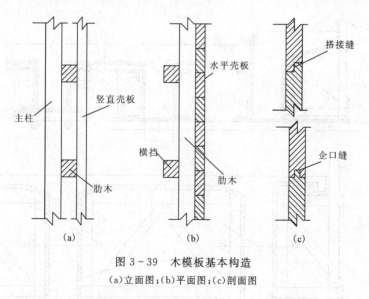

图 3-39 木模板基本构造
(a)立面图;(b)平面图;(c)剖面图

3. 模板的支立

钢筋混凝土空心板结构较少采用现场整体浇筑的施工工艺,其原因之一是板的高度低,从板孔中拆除内模很不便。钢筋混凝土实心板结构的模板比较简单,故这里着重介绍肋板梁的模板。

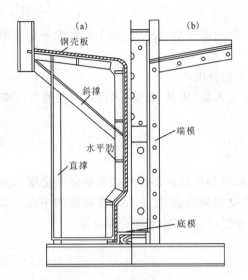

图 3-40 T梁钢模板构造
(a)侧模示意图;(b)端模示意图

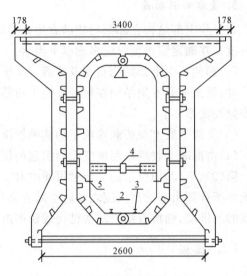

图 3-41 箱型钢模板构造(单位:cm)
1—上铰;2—下铰;3—轨道;4—伸缩杆;5—接缝

跨径不大的肋板梁模板,一般用木料制作。安装时,首先在支架纵梁上安装横木,横木上钉底板,然后在上面安装肋梁的侧模板和桥面板底板[图 3-42(a)]。当肋梁的高度较高时,其模板一般采用框架式,这时,梁的侧模及桥面板的底膜可用木板或镶板钉在框架上,框架式模板底构造如图 3-42(b)。

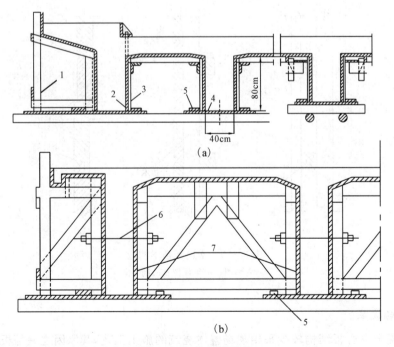

图 3-42 肋板梁模板
(a)安装肋梁;(b)框架式模板底构造
1—小柱架;2—侧面镶板;3—肋木;4—底板;5—压板;6—拉杆;7—填板

4. 模板的卸落

梁桥模板的卸落应对称、均匀和有顺序地进行。卸架设备应放在适当的位置,当为满布式支架时应放在立柱处,当为梁式支架时应放在支架梁支点处(图3-38)。

5. 对模板的要求

(1)具有足够的强度、刚度和稳定性能,安全可靠地承担施工中可能出现的各种荷载。

(2)保证结构的设计形状、尺寸及各部分相互之间位置的准确性。

(3)模板的接缝必须密合,确保混凝土浇筑过程中不漏浆。

(4)构造简单,拆装方便,便于周转使用,应尽量做成装配式组件或块件。

(三)钢筋骨架

1. 钢筋骨架的组成

混凝土内的钢筋骨架是由纵向钢筋(主筋)、架立筋、箍筋、弯起钢筋(斜筋)、分布钢筋以及附加钢件构成。关于这些钢筋的作用及截面的计算详见《结构设计原理》(于辉等,2009)。

2. 钢筋骨架的成型

钢筋骨架都要通过钢筋整直→切断→除锈→弯曲→焊接或者绑扎等工序以后才能成型。除绑扎工序外,每个工序都可应用相应的机械设备来完成。对于就地现浇的结构,焊接或者绑扎的工序多放在现场支架上来完成,其余均可在工地附近的钢筋加工车间来完成。

(四)浇筑及振捣混凝土

该施工过程包括混凝土搅拌、混凝土运输、浇筑混凝土、振捣密实4个工序。混凝土的砂石配合比及水灰比均应通过设计和实验室的试验来确定,拌制一般采用搅拌机。混凝土的振捣器应采用插入式振捣器、附着式振捣器、平板式振捣器或振动台等设备,这需依据不同构件和不同部位的需要来选用,目的是达到模板内的软体混凝土密实,不能使混凝土内存在大的空洞、蜂窝和麻面。

(五)养护及拆除模板

混凝土浇筑完毕后,应在收浆后尽快用草袋、麻袋或稻草等物予以覆盖和洒水养护。洒水持续时间随水泥品种的不同和是否掺用塑化剂而异,对于用硅酸盐水泥拌制的混凝土构件不少于7个昼夜;对于用矿渣水泥、火山灰水泥或在施工中掺用塑化剂的,不少于14个昼夜。

混凝土构件经过养护后,达到了设计强度的25%~50%时,即可拆除侧模;达到了设计吊装强度并不低于设计强度等级的74%时,就可起吊主梁。

三、预制钢筋混凝土简支梁桥的制造工艺

预制钢筋混凝土简支梁结构在工程上的应用比较广泛,它属于标准设计的构件,便于成批生产、保证质量、降低成本。制作的场地可以是桥梁工地附近的地面上,也可以是一个专门的构件制造厂。不论采用哪种方式,预制好的成品构件都得通过构件运输(场内或场外)和构件安装两个重要施工过程,下面分别叙述这两个方面的问题。

(一) 预制构件的运输

从工地预制场至桥头处的运输,称为场内运输,通常需要铺设钢轨便道,在预制场地先用龙门吊机或木扒杆将预制构件装上平车后,再用绞车牵引运抵桥头。当采用水上浮吊架梁时,还需要在河岸适当位置修建临时栈桥(码头),再将钢轨便道延伸到这里,以便将预制构件运上驳船,再开往桥孔下面进行架设。

从预制构件厂至施工现场的运输称场外运输,通常用大型平板车、驳船或火车等运输工具。不论属于哪类运输方式,都要求在运输过程中,构件的放置要符合受力方向,并在构件的两侧采用斜撑和木楔加以临时固定,防止构件发生倾倒、滑动或跳动,造成构件的损坏。

当运输道路坑洼不平、颠簸比较厉害时,可采用图 3-43 所示的措施,防止构件产生负弯矩而断裂。构件装到平板拖车的垫木上后,在构件的中部设一立柱,用钢丝绳穿过两端吊环,中间搁在立柱上,并以花篮螺丝将钢绳拉紧,只有这样,构件在运输途中才不致发生负弯矩。

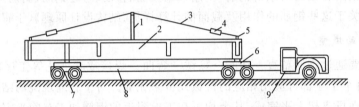

图 3-43 防止构件发生负弯矩的措施
1—立柱;2—构件;3—钢丝绳;4—花篮螺丝;5—吊环;6、7—转盘装置;8—连接杆;9—主车

(二) 预制构件的安装

安装预制简支梁构件的机械设备和方法较多,这里不一一介绍,现仅就几种常见的架梁方法略加说明。

1. 自行式吊车架梁

当桥梁跨径不大、质量较轻时可以采用自行式吊车(汽车吊车或履带吊车)架梁。如果是岸上的引桥或者当桥墩不高时,可以视吊装质量的不同,用一台或两台(抬吊)吊车直接在桥下进行吊装[图 3-44(a)];如果桥下是河道或当桥墩较高时,则将吊车直接开到桥上,利用吊机的伸臂边架梁边前进[图 3-44(b)]。不过,此时对于已经架好了的桥孔主梁,当横向尚未连成整体时,必须核算主梁是否能够承受吊车、被吊构件、机具以及施工人员的重力。

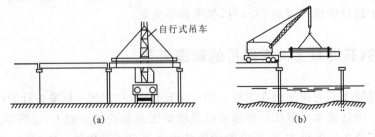

图 3-44 小跨径梁的架设
(a)用吊车直接吊装;(b)利用吊机的伸臂边架梁边前进

2. 浮吊船架梁

浮吊船实际是吊车与驳船的联合体，它可在通航河道上的桥孔下面架桥，而装有成批预制构件的装梁船，则停靠在浮吊船的一旁，随时供浮吊船起吊，如图 3-45 所示。浮吊船宜逆流而上，先远后近地安装。吊装前应先下锚定位，航道要临时封锁。

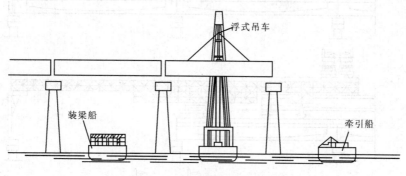

图 3-45　浮吊船架梁法

3. 跨墩龙门式吊车架梁

当桥不太高，架桥孔数又多，且沿桥墩两侧铺设轨道不困难时，可以采用跨墩的龙门式吊车架梁（图 3-46）。此时，尚应在龙门式吊车的内侧铺设运梁轨道，或者设便道用拖车运梁。

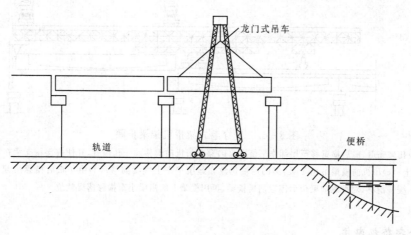

图 3-46　跨墩龙门式吊车架梁法

4. 宽穿巷式架桥机架梁

宽穿巷式架桥机架梁的示意图如图 3-47 所示。其中安装梁可用贝雷钢架或万能杆件拼组而成。

由于这种架桥机的自重很大，所以当它沿桥面纵向移动时，一定要保持慢速，并需注意前支点下的挠度，以保证安全。

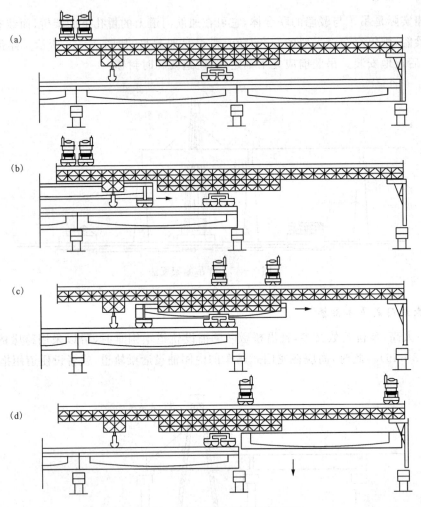

图 3-47 宽穿巷式架桥机架梁步骤

(a)孔架完后,前后横梁移至尾部作平衡重;(b)穿巷吊机向前移动一孔位置,并使前支腿支承在墩顶上;(c)吊机前横梁吊起 T 梁,梁的后端仍放在运梁平车上继续前移;(d)由吊机后横梁吊起 T 梁,缓慢前移,对准纵向梁位后固定前后横梁,再用横梁上的吊梁小车横移落梁就位

5. 联合架桥机架梁

联合架桥机架梁的示意图如图 3-48(a)所示,其架梁操作步骤是:

(1)用绞车纵向拖拉导梁就位;

(2)用托架将两个门式吊机移至待架桥孔两端的桥墩上;

(3)由平车轨道运预制梁至架梁孔位,再由门式吊机将它起吊、横移并落梁就位[图 3-48(b)];

(4)将被导梁临时占住位置的预制梁暂放在已架好的梁上;

(5)待用绞车将导梁移至下一桥孔后,再将暂放一侧的预制梁架设完毕。

如此反复,直到将各孔主梁全部架好为止。此法用于孔数较多和较长的桥梁时才比较经济。

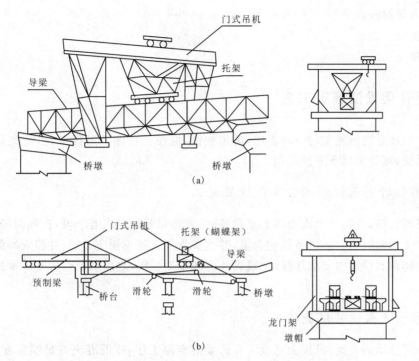

图 3-48 联合架桥机安装预制梁
(a)联合架桥机示意图；(b)架梁过程示意图

第六节 预应力混凝土连续梁桥施工技术

实习任务：
1. 掌握预应力混凝土连续梁桥施工方法。
2. 熟悉预应力混凝土连续梁桥各施工方法的工艺。

准备工作：
1. 预习逐孔架设法、悬臂施工法和顶推施工法的相关知识。
2. 准备相关专业书籍，如《公路桥涵施工技术规范》(JTG/T F50—2011)等。
3. 向指导老师请教实习应注意的问题和细节。

实习基本内容：具体内容如下。

一、连续梁桥施工方法简介

连续梁桥的最大特点是桥跨结构上除了有承受正弯矩的截面以外，还有能承受负弯矩的支点截面，这也是它们与简支梁体系的最大差别。因此，连续梁桥的施工方式与简支梁大不相同。目前所用的施工方法大致可分为 3 类：

(1)逐孔架设法；
(2)悬臂施工法；
(3)顶推施工法。

二、逐孔架设法施工工艺

逐孔架设法是连续施工的一种方法，施工快捷、简便。在施工过程中，由简支梁或悬臂梁转换为连续梁，可分为以下三种类型。

(一)用临时支承组拼预制节段逐孔施工

对于多跨长桥，在缺乏大能力的起重设备时，可将每跨梁分成若干段，在预制场生产；架设时采用一套支承临时承担组拼节段的自重，并在支承梁上张拉预应力筋，并将安装的跨梁与完成的桥梁结构按照设计的要求连接，完成安装跨的架梁工作，之后移动临时支承梁进行下一个桥跨的施工。

(二)移动支架逐孔现浇施工

它是在可移动的支架、模板上完成一孔桥梁的全部工序，待混凝土有足够强度后，张拉预应力筋，移动支架、模板，进行下一孔梁的施工。

逐孔现浇施工与在支架上现浇施工的不同点在于逐孔现浇施工仅在一跨梁上设置支架，当预应力筋张拉结束后，移到下一跨逐孔施工。而在支架上现浇施工时，通常在一联桥跨上布设支架连续施工，因此前者在施工过程中有体系转换的问题。

(三)整孔吊装与分段吊装逐孔施工

首先在预制现场预制整孔或分段梁，再进行逐孔架设施工。由于淤滞或分段较长，需要在预制时先进行第一次预应力索的张拉，拼装就位后进行二次张拉。因此，在施工过程中需要进行体系转换。

三、悬臂施工法施工工艺

悬臂施工法也称分段施工法，是以桥墩为中心向两岸对称地逐节悬臂接长的施工方法。1952年以来。国内外100m以上跨径混凝土桥梁中，采用悬臂浇筑法施工的约占80%，采用悬臂拼装法施工的约占7%。

(一)悬臂施工法的特点

(1)连续梁及悬臂梁采用悬臂施工时需进行体系转换。
(2)桥跨间不需搭设支架，施工期间不影响通航或行车。
(3)多孔桥跨可同时施工，施工周期短。
(4)可用于大跨径桥梁施工。
(5)施工机具设备可重复使用，降低工程造价。

(二)悬臂施工法的分类

1. 悬臂浇筑法

悬臂浇筑法一般采用移动式挂篮作为主要施工设备,以已经完成的墩顶节段(0号块)为中心,对称向两岸利用挂篮逐段浇筑梁段混凝土(图3-49),待混凝土达到要求强度后,张拉预应力束,再移动挂篮,进行下一节段的施工。

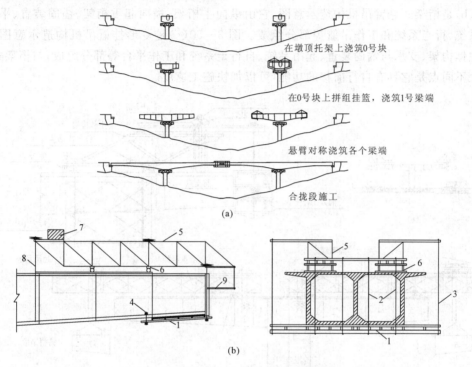

图3-49 悬臂浇筑法施工示意图
(a)悬臂施工法概貌;(b)挂篮结构简图
1—底模架;2,3,4—悬吊系统;5—承重结构;6—行走系统;7—平衡重;8—锚固系统;9—工作平台

1)悬臂浇筑法施工工序

挂篮前移→外模就位,并调整底模标高→绑扎底、腹板钢筋,安装相应位置的预应力管道(或者抽拔管)→拼装内模(或内模就位)和端模→绑扎顶板钢筋,安装相应位置的预应力管道(或者抽拔管)→浇筑梁段混凝土→养护,梁端面混凝土凿毛→张拉预应力→孔道压浆→接长轨道,解除相关约束,作好挂篮前移准备→进入下一个梁段循环。

2)悬臂浇筑施工时应注意的问题

(1)悬臂浇筑的节段长度要根据主梁的截面变化情况和挂篮设备的承载能力来确定,一般可取 2~8m。

(2)每个节段可以全截面一次浇筑,也可以先浇筑梁底板和腹板,再安装顶板钢筋及预应力管道,最后浇筑顶板混凝土,但需注意由混凝土龄期差而产生的收缩、徐变次内力。

(3)悬臂浇筑施工和周期一般为 6~10d,依节段混凝土的数量和结构复杂的程度而定。

(4)合拢段是悬臂施工的关键部位。为了控制合拢段的准确位置,除了需要预先设计好预拱度和进行严密的施工监控外,还要在合拢段中设置劲性钢筋定位,采用超早强水泥,选择最合适的梁的合龙温度(宜在低温)及合龙时间(夏季宜在晚上),以提高施工质量。

2. 悬臂拼装法

悬臂拼装法是将预制好的梁段,用驳船运到桥墩的两侧,然后通过悬臂梁上早先建好的梁段的一对起吊机械,对称吊装梁段,待就位后再施加预应力,如此下去,逐渐接长,如图3-50所示。用作悬臂拼装的机具很多,有移动式吊车、桁架式吊车、缆式起重机、汽车吊和浮吊等。图3-50(b)是桁架式悬臂吊机构造示意图,它由纵向主桁架、横向起重桁架、锚固装置、平衡重、起重系统、行走系统和工作吊篮等部分组成。图3-50(c)是菱形挂篮吊机构造示意图,它由菱形主体构架、支承与锚固装置、起吊系统、自行走系统和工作平台等部分组成,与桁架式吊机的最大不同点是它具有自行前移的功能,可以加快施工速度。

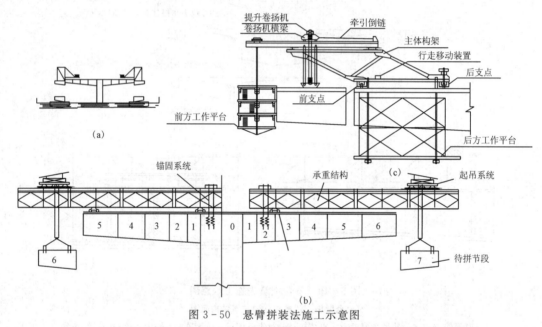

图 3-50 悬臂拼装法施工示意图
(a)悬臂拼装概貌;(b)桁架式悬臂吊机构造示意图;(c)菱形挂篮吊机构造示意图

预制节段之间的接缝可采用湿接缝和胶接缝。湿接缝宽度为0.1~0.2m,拼装时下面设临时托架,梁段位置调准以后,使用高强度等级的砂浆或细石混凝土填实,待接缝混凝土达到设计强度以后再施加预应力。胶接缝是用环氧树脂加水泥在节段接缝面上涂上厚0.8mm的薄层,它在施工中可使接缝易于密贴,完工以后可提高结构的抗剪能力、整体刚度和不透水性,故应用较普遍。但胶接缝要求梁段接缝有很高的制造精度。

(三)悬臂施工法中的梁墩临时固结

对于T形刚构桥梁和连续刚构桥梁,因墩梁本身就是固结着的,所以不存在梁墩临时固结的问题。但对于悬臂梁桥和连续梁桥来说,采用悬臂施工法时,就必须在0号块节段将梁体与桥墩临时固结或支承。图3-51是0号块体与桥墩临时固结的构造示意图,只要切断预应力筋,便解除了临时固结,完成了结构体系的转换。图3-52是几种不同的临时支承示意图。临时支承可用硫磺水泥砂浆块、砂筒或混凝土块等卸落设备,以便于体系转换和拆除临时支承。

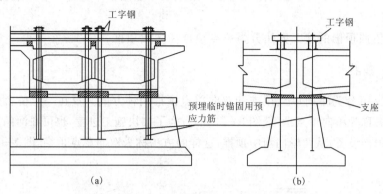

图 3-51 0号块件与桥墩的临时固结构造示意图
(a)横断面图;(b)纵立面图

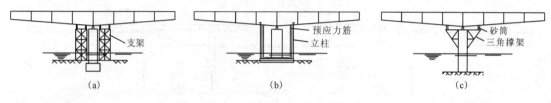

图 3-52 临时支承示意图
(a)支架临时支承示意图;(b)预应力筋临时支承示意图;(c)三角撑架临时支承示意图

(四)结构体系转换

(1)结构由双悬臂受力状态转换成单悬臂受力状态时,梁体某些部位的弯矩方向发生转换。所以在拆除梁墩锚固前,应按设计要求,张拉部分或全部布置在梁体下缘的正弯矩预应力束,对活动支座还需保证解除临时固结后的结构稳定,如控制和采取措施来限制单悬臂梁发生过大纵向水平位移。

(2)梁墩临时锚固的放松,应均衡对称进行,确保逐渐均匀地释放。在放松前应测量各梁段高程,在放松过程中应注意各梁段的高程变化,如有异常情况,应立即停止作业,找出原因,确保施工安全。

(3)当转换为超静定结构时,需考虑钢束张拉、支座变形、温度变化等因素引起结构的次内力。若按设计要求,需进行内力调整时,应以标高、反力等多因素控制,相互校核。如出入较大时,应分析原因。

(4)在结构体系转换中,临时固结解除后,将梁落于正式支座上,并按标高调整支座高度及反力。支座反力的调整,应以标高控制为主,反力作为校核。

四、顶推施工法施工工艺

顶推施工法施工是指沿桥轴方向,在桥台后开辟预制场地,分节段预制梁身并用纵向预应力筋将各节段连成整体,然后通过水平液压千斤顶施力,借助滑动装置,将梁段向对岸推进,待全部顶推就位后,落梁、更换正式支座,完成桥梁施工。适用于中等跨径、等截面的直线或曲线桥梁。

顶推施工依照顶推的施工方法分为单点顶推和多点顶推。

(一)单点顶推

单点顶推又可分为单向单点顶推和双向单点顶推两种方式。只在一岸桥台处设置制作场地和顶推设备的称为单向单点顶堆[图3-53(a)];为了加快施工进度,也可在河两岸的桥台处设置制作场地和顶推设备,从两岸向河中顶推,这样的方法称为双向单点顶推[图3-53(b)]。

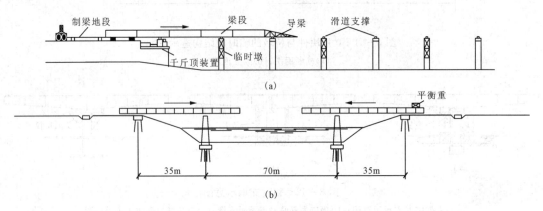

图3-53 连续梁顶推法施工示意图
(a)单项单点顶推;(b)双向单点顶推

在顶推中为了减少悬臂梁的负弯矩,一般要在梁的前端安装长度为顶推跨径0.6~0.7倍的钢导梁,导梁应自重轻而刚度大。顶推装置由水平千斤顶和竖直千斤顶组合而成,可以联合作用,其工序是:顶升梁→向前推移→落下竖直千斤顶→收回水平千斤顶,如图3-54所示。

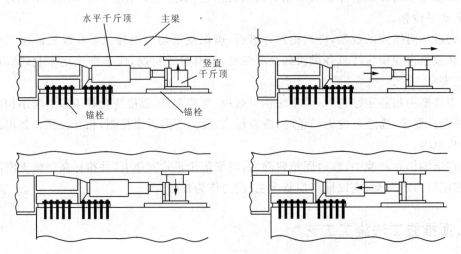

图3-54 水平千斤顶与垂直千斤顶联用顶推示意图
(a)升顶;(b)滑移;(c)落下;(d)复原

在顶推的过程中,各个桥墩墩顶均需布设滑道装置,它由混凝土滑台、不锈钢板和滑板组成。滑板则由上层氯丁橡胶和下层聚四氟乙烯板镶制而成。橡胶板与梁体接触使摩擦力增大,而四氟板与不锈钢板接触使摩擦力减至最小,借此就可使梁前进。图 3-55 是滑板从后一侧滑移到前一侧,落下后再转运到后侧供继续工作的示意图。

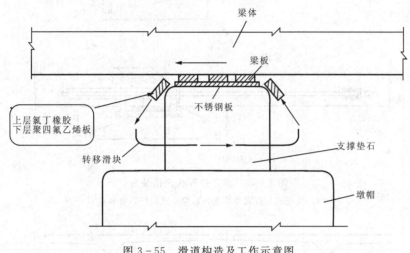

图 3-55　滑道构造及工作示意图

每个节段的顶推周期为 6~8d,全梁顶推完毕后,便可解除临时预应力筋,调整、张拉和锚固后期预应力筋,再进行灌浆、封端、安装永久性支座,至此主体结构即告完成。

(二) 多点顶推

它是在每个墩台上设置一对小吨位的水平千斤顶,将集中的顶推力分散到各墩上。由于利用水平千斤顶传给墩台的反力来平衡梁体滑移时在桥墩上产生的摩擦阻力,从而使桥墩在顶推过程中只承受较小的水平力,因此,可以在柔性墩上采用多点顶推施工。多点顶推施工采用拉杆式顶推装置,如图 3-56 所示。图 3-56(a)所示的顶推工艺为:水平千斤顶通过传力架固定在桥墩(台)靠近主梁的外侧,装配式的拉杆用连接器接长后与埋植在箱梁腹板上的锚固器相连接,驱动水平千斤顶后活塞杆拉动拉杆,使梁借助梁底滑板装置向前滑移,水平千斤顶走完一个行程后,就卸下一节拉杆,然后水平千斤顶回油使活塞杆退回,再连接拉杆进行下一顶推循环。图 3-56(b)是用穿心式千斤顶拉梁前进,在此情况下,拉杆的一端固定在梁的锚固器上,另一端穿过水平千斤顶后用夹具锚固在活塞杆尾端,水平千斤顶走完一个行程后,松去夹具,活塞杆退回,然后重新用夹具锚固拉杆并进行下一顶推循环。

必须注意,在顶推过程中要严格控制梁体两侧的水平千斤顶同步运行。为了防止梁体在平面内发生偏移,通常在墩顶上梁体的旁边设置横向导向装置,如图 3-57 所示。

顶推施工法适宜于建造跨度为 40~60m 的多跨、等高度连续梁桥,当跨度更大时就需要在桥跨间设置临时支承墩,国外已用顶推法修建成跨度达 168m 的桥梁。多点顶推与单点顶推比较,可以免用大规模的顶推设备,并能有效地控制顶推梁的偏心。当顶推曲梁桥时,由于各墩均匀施加顶推力,使得曲梁桥顶推施工也能顺利完成。因此,目前此法被广泛采用。多点顶推法也可以同时从两岸向跨中方向顶推,但需增加更多的设备,使工程造价升高,因此较少采用。

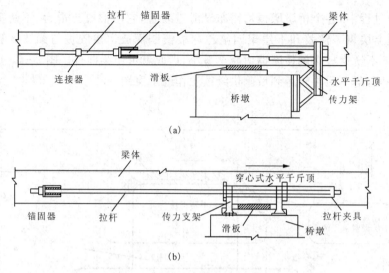

图 3-56 多点拉杆式顶推装置
(a)装配式拉杆顶推装置;(b)穿心式拉杆顶推装置

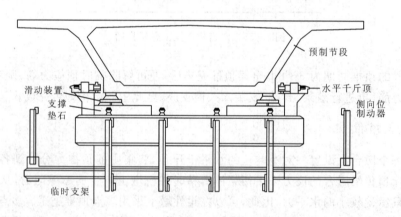

图 3-57 顶推施工的横向导向装置

第七节 刚架桥施工技术

实习任务：
1. 熟悉刚架桥的类型及适用范围。
2. 熟悉刚架桥的优缺点。
3. 掌握刚架桥的主要施工方法。

准备工作：
1. 查阅与刚架桥相关的资料，明确刚架桥的受力特性。
2. 准备必要的野外实习用品。

实习基本内容：具体内容如下。

一、刚架桥的概述

桥跨结构(主梁)和墩台(支柱)整体相连的桥梁叫做刚架桥。由于梁与墩台之间采用刚结构,在竖向荷载作用下,主梁端部将产生负弯矩,从而减小了主梁跨中的正弯矩,跨中截面尺寸可相应减小。支柱在竖向荷载作用下,除承受压力外还承受弯矩。

刚架桥一般都做成超静定结构,故在混凝土收缩、温度变化、桥台不均匀沉降和预加力等因素的影响和作用下,会产生附加内力。在施工过程中,当结构体系发生转换时,徐变也会引起附加内力。有时,这些内力可占整个内力的相当大的比例。

钢筋混凝土刚架桥的混凝土用量小,钢筋的用量较大,且梁柱刚接处易开裂,所以钢筋混凝土刚架桥常用于中、小跨度桥梁,而预应力混凝土刚架桥则常用于大跨度桥梁。中、小跨径一般做成门式刚架或斜腿刚架形式,大跨度刚架结构常做成T型刚构和连续刚构形式。

二、刚架桥的类型

刚架桥的主要类型有门式刚架桥、斜腿刚架桥、V型墩刚架桥、带拉杆刚构桥、T形刚构桥、连续刚构桥等。

(一)门式刚架桥

门式刚架桥的腿和梁垂直相交呈门架形(图3-58),且腿所受的弯矩将随腿和梁的刚度比率的提高而增大。用钢或钢筋混凝土制造的门式刚架桥,多用于跨线桥。

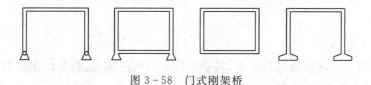

图3-58 门式刚架桥

1. 优点

(1)桥台台身与主梁固结,减小梁高,省掉伸缩缝,行车平顺,提高了结构刚性。
(2)降低线路高程,改善纵坡,减小路堤土方量。

2. 缺点

(1)薄壁台身(或立柱)除承受轴向压力外,还承受横向弯矩,并且在基脚处还产生水平推力。
(2)基脚无论采用固结还是铰接构造,都会因预应力、徐变、收缩、温度变化和基础变位等因素而产生较大的次内力。
(3)当基脚为铰接构造时,可改善基底的受力状态,使地基应力趋于均匀,但铰接构造复杂,难以施工、养护和维修。
(4)角隅节点(台身与主梁连接处)的截面承受较大的负弯矩,因此节点内缘的混凝土会产生很高的压应力,而节点外缘的拉应力虽然由钢筋来承担,但此处的主拉应力常常也会使角隅截面产生劈裂裂缝,如图3-59(a)所示。因此,工程设计中必须在此处设置防劈钢筋予以加强,如图3-59(b)所示。

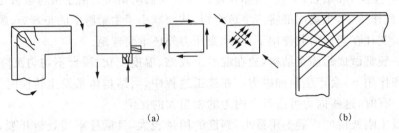

图3-59 角隅节点的受力与防劈钢筋构造
(a)隅节点受力示意图;(b)隅节点井通钢筋的设置

(5)这种桥型宜采用有支架的整体浇筑法施工,相对于采用普通的装配式简支梁桥而言,施工工期往往较长。

(二)斜腿刚架桥

由一对斜置的撑杆与梁体固结后来承担车辆荷载的桥梁称为斜腿刚架桥(图3-60)。

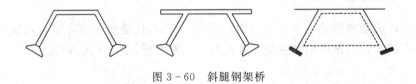

图3-60 斜腿钢架桥

1. 优点

(1)主跨相当于一座折线形拱式桥,其受力特点与拱桥相似,斜腿以受压为主,比门式刚架的立墙或立柱受力更合理,跨越能力大。

(2)桥两端具有较长的伸臂长度,选择合适的跨径比可使支座不上翘,改善行车条件,同时对恒载作用下边跨对主跨跨中的弯矩起卸荷作用,使主跨梁高更薄。

(3)斜腿下端的铰支座便于施工和维护。

2. 缺点

(1)横隔板的构造复杂,受力复杂。

(2)预加力、徐变、收缩、温度变化及基础变位等因素使斜腿刚架桥产生次内力。

(3)斜腿施工难度大。

(三)V型墩刚架桥

为减小刚架桥支柱肩部的负弯矩峰值,将其支柱做成V型墩形式(图3-61),从而改善刚架桥结构的受力状态。

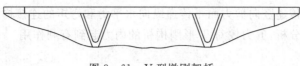

图 3-61 V 型墩刚架桥

(四) 带拉杆刚架桥

为方便采用悬臂施工,并且减小跨中正弯矩和扰度值,将刚架桥做成两端带拉杆的结构形式(图 3-62),施工时可在端部临时压重。

图 3-62 带拉杆刚架桥

(五) T 形刚构桥

桥跨结构的上部梁在墩上采用两边平衡悬臂施工,首先形成一个"T"字形的悬臂结构,然后相邻的两个"T"形悬臂在跨中可用剪力铰或跨径较小的挂梁连成一体,称为带铰的 T 形刚构桥(图 3-63)或带挂孔的 T 形刚构桥(图 3-64)。

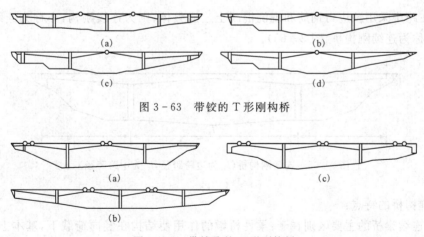

图 3-63 带铰的 T 形刚构桥

图 3-64 带挂孔的 T 形刚构桥

1. 带铰的 T 形刚构桥

带铰的 T 形刚构桥是一种超静定结构,上部结构全部是悬臂部分,相邻两悬臂通过剪力铰相连接。

1) 优点

剪力铰是一种只传递竖向剪力而不传递纵向水平力和弯矩的连接构造。从结构整体受力和牵制悬臂端的变形分析,剪力铰对 T 形刚构桥的内力起到有利作用。

2) 缺点

(1) 由于温度变化,混凝土收缩、徐变和基础不均匀沉陷等因素的作用会使刚架桥结构内产生附加内力。

(2) 有时施工中还要强迫合龙等。

(3) 剪力铰不仅结构复杂,用钢量多,造成费用增加,而且铰和梁的刚度差异引起刚架桥结构变形不协调,致使桥面不平顺,导致行车不舒适。

2. 带挂孔的 T 形刚构桥

1) 优点

(1) 带挂孔的 T 形刚构桥是一种静定结构,与带铰的 T 形刚构桥相比,虽然各个 T 构单元完全独立作用,其受力与变形情况稍差,但带挂孔的 T 形刚架桥消除了钢筋混凝土结构的缺点,充分发挥了结构在营运和施工中受力一致的独特优点。

(2) 受力明确,构造简单,特别是当挂梁与多孔引桥简支跨尺寸相同时,更能加快全桥施工进度,从而获得更高的经济效益。

(3) 虽增加了牛腿构造,但免去了剪力铰复杂构造。

2) 缺点

主要缺点除桥面伸缩缝多,对高速行车不利外,在施工中还增加了预制与安装挂梁的机具设备。

(六)连续刚构桥

如果在跨中采用预应力钢筋和现浇混凝土连成整体,则为连续刚构,亦称为连续-刚构连续体系,简称为连续刚构桥(图 3-65)。

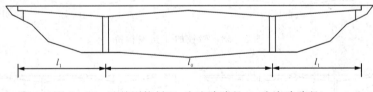

图 3-65 连续刚构桥(l_1 为边跨跨径,l_0 为中跨跨径)

连续刚构桥的特点:

(1) 与连续梁桥的主要区别在于:柔性桥墩的作用使结构在竖向荷载下,基本上属于一种墩台无推力的结构,而上部结构具有连续梁施工的一般特点。

(2) 连续刚构桥跨越能力大,受力合理,结构整体性能好,桥面连续,行车舒适,造型简单,施工又相对简单,其投资比同等跨度条件下斜拉桥、悬索桥的要低,在高墩结构中也比同等条件下一直以为最便宜的简支梁桥投资偏低或相同,是一种极有发展前景的新型桥梁结构形式。

三、刚架桥的施工方法

刚架桥的施工方法主要有支架现浇法、逐孔架设施工法、悬臂施工法和顶推施工法,本章在第五节和第六节详细介绍过这几种方法,这里不作过多说明。

第八节 混凝土拱桥施工技术

> 实习任务:
> 1. 掌握混凝土拱桥的施工方法。
> 2. 熟悉混凝土拱桥的类型。
> 3. 熟悉混凝土拱桥施工的基本流程。
>
> 准备工作:
> 1. 学习混凝土拱桥就地浇筑法、悬臂浇筑法和转体施工法的相关知识。
> 2. 准备《桥梁转体施工》(张联燕,2003)、《钢管混凝土拱桥技术规范》(GB50923—2013)等专业书籍。
> 3. 准备笔、笔记本和照相设备。
> 4. 准备野外生活用品。
>
> 实习基本内容:具体内容如下。

一、混凝土拱桥施工方法简介

混凝土拱桥的施工按其主拱圈成型的方法可以分为以下三大类。

(一)就地浇筑法

就地浇筑法就是把拱桥主拱圈混凝土的基本施工工艺流程(立模、扎筋、浇筑混凝土、养护及拆模等)直接在桥孔位置来完成。按所使用的设备分为以下两种施工方法。

1. 支架施工法

这和梁式桥的有支架施工相类似,有关支架的类型、主拱圈混凝土浇筑的技术要求以及卸架方式等将在后文中逐步介绍。

2. 悬臂浇筑法

悬臂浇筑法施工主拱圈(箱形截面)如图 3-66 所示。把主拱圈划分成若干个节段,并用专门设计的钢桁托架结构作为现浇混凝土的工作平台。托架的后端铰接在已完成的悬臂结构上,其前端则用刚性组合斜拉杆经过临时支柱和塔架,再由尾索锚固在岸边的锚碇上。由于钢桁托架本身较重,它的转移必须借助起重量大的浮吊船,而钢筋骨架和混凝土的运输则借助缆索吊装设备,施工比较麻烦,拱轴线上各点的标高也较难控制,故目前较少采用这种施工方法。

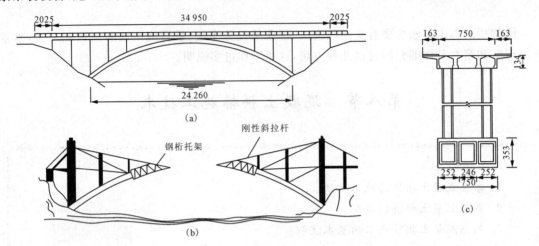

图 3-66 悬臂浇筑箱形拱示意图(单位:cm)
(a)拱桥立面示意图;(b)悬臂施工示意图;(c)悬臂浇筑托架示意图

(二)预制安装法

预制安装法按所采用的材料可以分为以下两种。

1. 整体安装法

这种施工方法适合于钢管混凝土系杆拱的整片起吊安装,因为钢管混凝土拱肋在未灌混凝土之前具有重量轻的优点,但被吊的拱片需进行 3 点验算:

(1)拱肋从平卧到竖立的翻转过程中,应将此两个起吊点视为作用于其上的垂直集中力,来验算此曲梁的强度和刚度;

(2)在竖向吊运过程中,需验算吊点截面的强度;

(3)当两吊点间距较近时,需验算系杆是否出现轴向压力及其面外的稳定性。

2. 节段悬拼法

节段悬拼法是将主拱圈结构划分成若干节段,先放在现场的地面或场外工厂进行预制,然后运送到桥孔的下面,利用起吊设备提升就位,进行拼接,逐渐加长直至成拱(图 3-67)。每拼完一个节段,必须借助辅助设备临时固定悬臂段。这种方法对钢筋混凝土或钢管混凝土主拱圈的施工都适用。常用的起重设备有以下两种。

1)缆索吊装设备

缆索吊装设备主要由主索、工作索、塔架和锚固装置 4 个基本部分组成。其中包括主索、起重索、牵引索、结索、扣索、缆风索、塔架及索鞍、地锚、滑车、电动卷扬机等设备和机具(图 3-68)。

2)伸臂式起重机

图 3-69 是利用伸臂式起重机在已拼接好了的悬臂端逐次起吊和拼接下一节段的施工示意图。每拼接好一个节段,即用辅助钢索临时拉住,每拼完三节,便改用更粗的主钢索拉住,然后拆除辅助钢索,供重复使用。这种方法适用于特大跨径的拱桥施工。

图 3-67 节段悬臂拼装示意图

图 3-68 节段悬拼法中预制安装(缆索吊装设备)

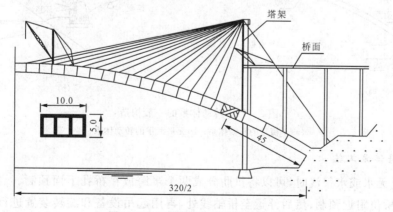

图 3-69 悬臂拼装示意图(单位:m)

(三)转体施工法

转体施工法是将主拱圈从拱顶截面分开,把主拱圈混凝土高空浇筑作业改为桥孔下面或两岸进行,并预先设置好旋转装置,待主拱圈混凝土达到设计强度后,再将它就地旋转就位成拱。按照旋转的几何平面可分为以下3种。

1. 平面转体施工法

图3-70是主拱圈正处在平面旋转过程中的示意图。这种施工方法的特点是:将主拱圈分为两个半跨,分别在两岸利用地形作简单支架(或土牛拱胎),现浇或者拼装拱肋,再安装拱肋间横向联系(横隔板、横系梁等),把扣索的一端锚固在拱肋的端部(靠拱顶)附近,经引桥桥墩延伸至埋入岩体内的锚碇中,最后用液压千斤顶收紧扣索,使拱肋脱模,借助环形滑道和手摇卷扬机牵引,慢速地将拱肋转体180°(或小于180°),最后再进行主拱圈合拢段和拱上建筑的施工。图3-71示意了拱桥转动体系的一般构造。其中的图3-71(a)是在转盘上放置平衡重来抵抗悬臂拱肋的倾覆力矩,转动装置是利用摩阻系数特别小的聚四氟乙烯材料和不锈钢板制造的,以利转动;图3-71(b)是无平衡重的转动体系,它是把有平衡重转体施工中的扣索直接锚固在两岸岩体中,这种方法仅适合于在山区地质条件好或跨越深谷的地形条件下采用。

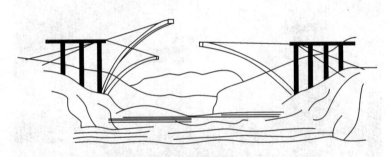

图3-70 平面转体施工示意图

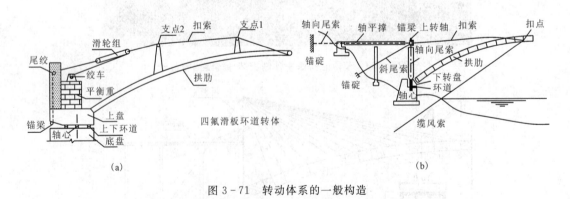

图3-71 转动体系的一般构造
(a)平衡重的转动体系;(b)无平衡重的转动体系

2. 竖向转体施工法

当桥位处无水或水很浅时,可以将拱肋分成两个半跨放在桥孔下面预制。当桥位处水较深时,可以在桥位附近预制,然后浮运至桥轴线处,再用起吊设备和旋转装置进行竖向转体施工。这种方法最适宜于钢管混凝土拱桥的施工。因为钢管混凝土拱桥的主拱圈必须先让空心钢管成拱以后再浇筑混凝土,故在旋转起吊时,不但钢管自重相对较轻,而且钢管本身强度也高,易于操作。图3-72是应用扒杆吊装系统对钢管拱肋进行竖向转体施工的示意图。它的主要施工过程是:将主拱圈从拱顶分成两个半拱在地面胎架上完成,经过对焊接质量、几何尺寸、拱轴线形等验收合格后,由竖立在两个主墩顶部的两套扒杆分别将其旋转拉起,在空中对接合龙。拱脚旋转装置是采用厚度为36mm的钢板在工厂进行配对冲压而成,使两个弧形钢板密贴,两弧形钢板之间涂上黄油,以减小摩擦阻力,如图3-73所示。

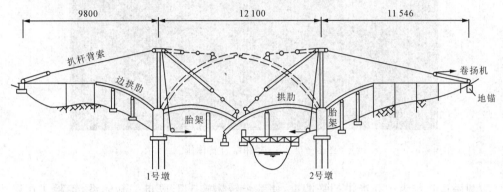

图3-72 扒杆吊装系统总布置图(单位:cm)

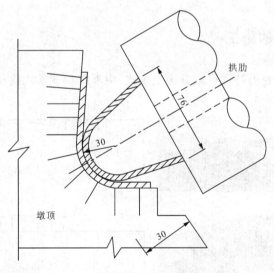

图3-73 拱脚旋转装置(单位:cm)

3. 平-竖相结合的转体施工法

这种施工方法是在我国广州市丫髻沙大桥上(三孔连续自锚中承式钢管混凝土系杆拱桥)首先采用(图3-74)。它综合吸收了上述两种转体施工方法的优点,具体体现在:

(1) 利用竖向转体法的优点,变高空作业为地上作业,避免了长、大、重安装单元的运输和起吊;

(2) 利用平面转体法的优点,将全桥三孔分为两段,放在主河道的两岸进行预制和拼装,将桥跨结构的施工对主航道航运的影响减少到最小程度;

图 3-74 平-竖相结合转体施工

(3)利用边孔作为中孔半拱的平衡重,使整个转体施工形成自平衡体系,免除了在岸边设置锚碇构造。

二、混凝土拱桥的施工

混凝土拱桥根据其受力特征可以分为上承式、中承式和下承式拱桥,如图 3-75 所示。

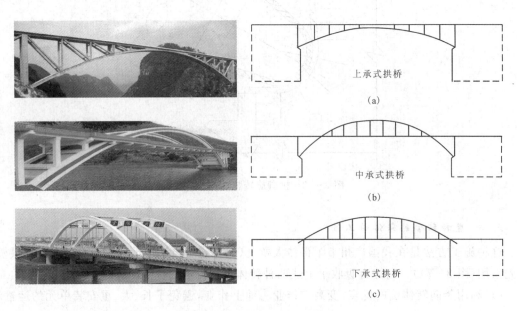

图 3-75 混凝土拱桥的分类图

(一)上承式拱桥的有支架施工

1. 拱架施工及拱架的类型

拱架是有支架施工建造拱桥必不可少的辅助结构,用以支承全部或部分拱圈和拱上建筑的重量,并保证拱圈的形状符合设计要求。因此,要求拱架具有足够的强度、刚度和稳定性。常用的拱架有以下几种。

1)满布立柱式拱架

满布立柱式拱架一般采用木材制作,图3-76是这种拱架的一般构造示意图。它的上部由斜梁、立柱、斜撑和拉杆组成拱形桁架,又称拱盔;它的下部是由立柱和横向联系(斜夹木和水平夹木)组成支架,上、下部之间放置卸架设备(木楔或砂筒等)。这种支架的立柱数目很多,只适合在桥不太高、跨度不大且无通航要求的拱桥施工时采用。

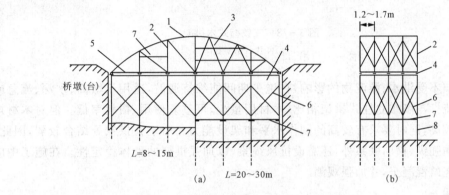

图3-76 满布立柱式木拱架构造示意图
(a)立面图;(b)剖面图
1—弓形木;2—立柱;3—斜撑;4—卸架设备;5—水平拉杆;6—斜夹木;7—水平夹木;8—桩木

2)撑架式拱架

这种拱架的上部与满布立柱式拱架相同,其下部是用少数框架式支架加斜撑来代替众多数目的立柱,因此木材用量相对较少,如图3-77所示。这种拱架构造上并不复杂,而且能在桥孔下留出适当的空间,减小洪水及漂流物的威胁,并在一定程度上满足通航的要求。因此,它是实际中采用较多的一种形式。

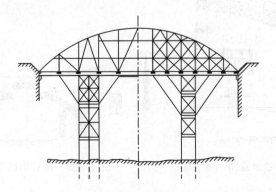

图3-77 撑架式拱架构造示意图

3) 三铰桁式木拱架

三铰桁式木拱架是由两片对称弓形桁架在拱顶处拼装而成,其两端直接支承在墩(台)所挑出的牛腿上或者紧贴墩(台)的临时排架上,跨中一般不另设支架,如图3-78所示。

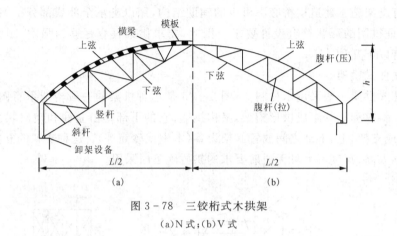

图 3-78 三铰桁式木拱架
(a)N式;(b)V式

这种拱架不受洪水、漂流物的影响,在施工期间能维持通航,适用于墩高、水深、流急或要求通航的河流。与满布立柱式拱架相比,木材用量少,可重复使用,损耗率低。但对木材规格和质量要求较高,同时要求有较高的制作水平和架设能力。由于在拱铰处结合较弱,因此,除在结构上需加强纵、横向联系外,还需设抗风缆索,以加强拱架的整体稳定性。在施工中应注意对称均匀浇筑混凝土,并加强观测。

4) 钢拱架

钢拱架一般采用桁架式,由单片拱形桁架构成。拱片之间的距离可为0.4m或1.9m。它们可以被拼接成三铰、两铰或无铰拱架。当跨径小于80m时多用三铰拱架,跨径小于100m时多用两铰拱架,跨径大于100m时多用无铰拱架。图3-79是两铰钢拱架构造示意图。由于钢拱架多用在大跨径拱桥的建造上,它本身具有很大的重量,故在安装时,还需借助临时墩和起吊设备,将它分为若干节段后再拼装而成。施工时再拆除临时墩与钢拱架的联系,施工完毕后,又借助临时墩逐段将它拆除,图3-80是这类拱架的安装示意图。

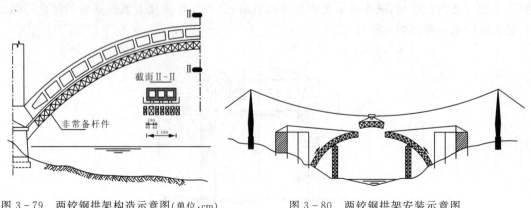

图 3-79 两铰钢拱架构造示意图(单位:cm)　　图 3-80 两铰钢拱架安装示意图

2. 拱圈混凝土的浇筑

在浇筑拱圈混凝土之前,必须在拱架上立好模板,绑扎或焊接好钢筋骨架。为保证在整个施工过程中拱架受力均匀和变形最小,必须选择合适的浇筑方法和顺序。

(1)跨径小于16m的拱圈或拱肋,按拱圈全宽从两端拱脚向拱顶对称地连续浇筑,并在拱脚混凝土初凝前全部完成,如预计不能在限定时间内完成,则应在拱脚预留一个隔缝并浇筑混凝土。

(2)跨度大于或等于16m的拱圈或拱肋,应沿拱跨方向分段浇筑。分段位置应以能使拱架受力对称、均匀和变形小为原则,对撑架式拱架,宜将分段位置设置在拱架受力反弯点、拱架节点、拱顶及拱脚处;对满布式拱架,宜将它设置在拱顶、$L/4$部位、拱脚及拱架节点处。各接缝面应与拱轴线垂直,各分段点应预留间隔槽,其一般宽度为 0.5~1.0m,当安排有钢筋接头时,其宽度尚应满足钢筋接头的要求。如预计拱架变形较小,可减少或不设间隔槽,而采取分段间隔浇筑,如图 3-81 所示。

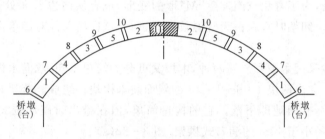

图 3-81 拱圈浇筑顺序

(3)间隔槽混凝土,应待拱圈分段浇筑完成后且其强度达到75%以上设计强度,并且接缝按施工缝经过处理后,再由拱脚向拱顶对称进行浇筑。拱顶及两拱脚间隔槽混凝土应在最后封拱时浇筑。由于温降对拱圈受力不利,封拱合龙温度宜尽可能在低温时进行,一般最高不超过15℃,否则需采取一定的措施调整拱圈内力。封拱合龙前当用千斤顶施加压力的方法调核拱圈应力时,拱圈(包括已浇间隔槽)内的混凝土强度应达到设计强度。

(4)浇筑大跨径拱圈时,纵向钢筋接头应安排在设计规定的最后浇筑的几个间隔槽内,并应在浇筑这些间隔槽时再连接。

(5)浇筑大跨径拱圈(拱肋)混凝土时,宜采用分环(层)分段法浇筑,也可沿纵向分成若干条幅,中间条幅先行浇筑合龙,达到设计要求后,再按横向对称,分层浇筑合龙其他条幅。其浇筑顺序和养护时间应根据拱架荷载和各环负荷条件通过计算确定,并应符合设计要求。

(6)大跨径钢筋混凝土箱形拱圈(拱肋)可采取在拱架上组装并现浇的施工方法。先将预制好的腹板、横隔板和底板放在拱架上组装,在焊接腹板、横隔板的接头钢筋形成拱片后,立即浇筑接头和拱箱底板混凝土,组装和现浇混凝土时应从两拱脚向拱顶对称进行,浇筑底板混凝土时应按拱架变形情况设置少量间隔缝并于底板合龙时填筑,待接头和底板混凝土达到设计强度的75%以上后,安装预制盖板,然后铺设钢筋,现浇顶板混凝土。

(7)在多孔连续拱桥中,当桥墩不是按单向推力墩设计时,就应注意相邻孔间对称、均匀地施工。

3. 拱上建筑的施工

拱上建筑的施工,应在拱圈合龙、混凝土强度达到要求强度后进行,如设计无规定,可按达到设计强度的30%以上控制,一般不少于合龙后的3个昼夜。

对于实腹式拱上建筑,应由拱脚向拱顶对称地浇筑。当侧墙浇筑好以后,再填筑拱腹填料。对空腹式拱桥,在腹拱墩浇筑完后就卸落主拱圈的拱架,然后再对称、均匀地砌筑腹拱圈,以免由于主拱圈不均匀下沉导致腹拱圈开裂。

4. 拱架的卸落

1) 卸架程序设计

卸架时间必须待拱圈混凝土达到一定强度后才能进行,为了保证拱圈或整个上部结构逐渐均匀降落,以便使拱架所支承的桥跨结构重量逐渐转移给拱圈自身来承担,因此拱架不能突然卸除,而应按照一定的卸架程序进行。

一般卸架的程序是:对于满布式拱架的中、小跨径拱桥,可从拱顶开始,逐渐向拱脚对称卸落;对于大跨径拱圈,为了避免拱圈发生"M"形的变形,也有从两边 $L/4$ 处逐次对称地向拱脚和拱顶均匀地卸落。卸架时宜在白天气温较高时进行,这样的条件对卸落拱架工作较方便。

2) 卸架设备

卸架设备,一般采用木楔和砂筒两种,木楔又可分为简单木楔、双向木楔、组合木楔。

(1) 简单木楔。它由两块 1∶6～1∶10 的斜面硬木楔块件组成。落架时,用铁锤轻敲木楔小头,将木楔取出后,拱架随即下落。它的构造简单,但在敲出时震动较大,容易造成下落不匀。它仅适用于跨径小于 10m 的满布式拱架[图 3-82(a)]。

(2) 双向木楔。它由互相垂直的两对简单木楔构成。其优点是不用铁件、载重较大、卸模方便,适用于 30m 以内的满布式拱架[图 3-82(b)]。

(3) 组合木楔。它由三块楔形木和拉紧螺栓组成。卸载时只需扭松螺栓,则木楔徐徐下降。它的下落比较均匀,可用于 30m 以下的满布式拱架或 20m 以下的撑架式拱架[图 3-82(c)]。

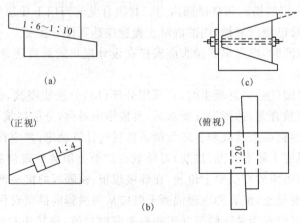

图 3-82 木楔
(a) 简单木楔;(b) 双向木楔;(c) 组合木楔

(二)上承式拱桥缆索吊装施工

缆索吊装施工工序:在预制场预制拱肋(或拱箱)节段和拱上结构→移运到缆索吊装设备下的合适位置→吊运至待拼桥孔处安装就位→用扣索将它们临时固定→吊合拢段的拱肋(或拱箱)节段→调整轴线→进行接头固接处理→安装拱肋(或拱箱)→处理横系梁或纵向接缝→安装拱上结构。

1. 拱圈节段的预制

将箱形截面主拱圈从横方向上划分成若干根箱肋,再从纵方向上划分为数段,待拱肋拼装成拱后,再在箱壁间用现浇混凝土把各箱肋连成整体,形成主拱圈截面。

(1)在样台上按设计图的尺寸对每个节段进行坐标放样,然后分别预制箱肋的侧板(箱壁)和横隔板。

(2)在拱箱节段的底模上,将侧板(箱壁)和横隔板安放就位,并绑扎好接头钢筋,然后浇筑底板混凝土及接缝混凝土,组成开口箱。

(3)当采用闭口箱时,便在开口箱内立顶板的底模,绑扎顶板的钢筋,浇筑顶板混凝土,组成闭口箱。

2. 拱肋的吊装

为了保证拱肋吊装的稳定和安全,必须遵循以下规定:

(1)拱肋的吊装,除拱顶节段外,其余节段均应设置一组扣索悬挂。

(2)拱肋分3段或5段拼装时,至少应保持2根基肋设置固定风缆,拱肋接头处应横向联结。

(3)对于中、小跨径的箱形拱桥,当其拱肋高度大于0.009~0.012倍跨径,拱肋底面宽度为肋高的0.6~1.0倍,且横向稳定安全系数大于或等于4时,可采用单肋合龙,嵌紧拱脚后,松索成拱。

(4)大、中跨径的箱形拱,当其单肋合龙横向稳定安全系数小于4时,可先悬扣多段拱脚段或次拱脚拱肋,然后用横夹木临时将相邻两肋联结后,安装拱顶单根肋合龙,松索成拱。

(5)当拱肋跨径在80m以上或横向稳定安全系数小于4时,应采用双基肋合龙松索成拱的方式。

(6)当拱肋分3段吊装,采用阶梯形搭接头时,应先准确扣挂两拱脚段,再安装拱顶段。采用对接接头,先悬扣拱脚段初步定位,然后准确悬扣拱顶段,最后放松两拱脚段扣索使其两端均匀下降与拱顶段合龙。

(7)当拱肋分5段吊装时,宜先从拱脚开始,依次向拱顶分段吊装就位,每段的上端头不得扭斜。

(8)采用7段和7段以上拱肋吊装,应采用施工控制,准确计算每段吊装后各扣索的索力、各接头的标高位置,并对风缆系统进行专门设计,确保拱肋横向稳定安全系数不小于4,拱肋在各阶段承受的应力也应包含在控制计算中。

(9)拱肋合龙温度应符合设计规定,如设计无规定,可在气温接近当地的年平均温度(一般在5~15℃)时进行;天气炎热时可在夜间洒水降温条件下进行。

(10)大跨径箱形拱桥分3段或5段吊装合龙后,根据拱肋接头密合情况及拱肋的稳定度,可重索和扣索部分受力,等拱肋接头的连接工序基本完成后再依序松索。

3. 施工加载程序设计

1)施工加载程序设计的目的

施工加载程序设计的目的,是要在裸拱上加载时,使拱肋各个截面在整个施工过程中,都能满足应力、强度和稳定的要求,并在保证施工安全和工程质量的前提下,尽量减少施工工序,便于操作,加快施工进度。

2)施工加载程序设计的一般原则

(1)对中、小跨径拱桥,拱肋的截面尺寸应满足一定的要求,可不作施工加载程序设计,但应按有支架施工方法对拱上建筑进行对称、均匀地施工。

(2)大、中跨径的箱形拱桥或双曲拱桥,一般应按分环、分段、均匀对称加载的总原则进行设计。即在拱的两个半跨上,按需要分成若干段,并在相应部位同时进行相等数量的施工加载。但对于坡拱桥,一般应使低拱脚半跨的加载量稍大于高拱脚半跨的加载量。

(3)多孔拱桥的两个相邻孔之间,须均衡加载。两孔间的施工进度不能相差太远,以免桥墩承受过大的单向推力而产生过大的位移,造成施工快的一孔的拱顶下沉,邻孔的拱顶上冒,从而导致拱圈开裂。

(三)中、下承式拱桥的施工

1. 一般施工程序

中承式拱桥与下承式拱桥在构造上的唯一差别是前者在两端的桥面系以下是用门架代替吊杆。它们的施工程序(图 3-83)基本上是相同的,且其中的拱肋施工是整个施工过程的关键。

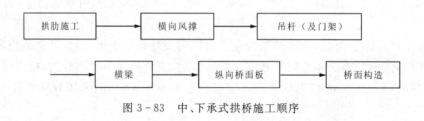

图 3-83 中、下承式拱桥施工顺序

2. 钢筋混凝土箱形拱肋的施工

中、下承式箱形拱肋是在双铰钢拱架上采用就地浇筑法进行施工,浇筑方法与上承式箱形截面主拱圈施工方法相似。拱肋混凝土达到设计强度和设置横向风撑后,可将贝雷拱架从中间拆除若干个,然后合龙,并在其上搭设浇筑横梁及安装吊杆的施工平台,完成后面的施工程序。

3. 钢管混凝土拱肋的施工

钢管混凝土拱肋施工分为两个步骤完成,即先采用缆索起重机(或其他起重设备),分节段安装钢管拱肋结构,合龙并连接好两肋之间的 K 形撑,再向钢管内泵送微胀混凝土,形成承重结构。拱肋吊装与上承式拱肋绕索吊装方法完全相同。

钢管混凝土的浇筑应注意以下几点：

(1) 采用泵送顶升压注施工，从两拱脚向拱顶对称、均衡地一次压注完成，除拱顶外不宜在其余部位设置横隔；

(2) 钢管混凝土具有低泡、大流动性、收缩补偿、延后初凝和早强的工作性能；

(3) 钢管混凝土压注前应清洗管内污物，润湿管壁，泵入适当水泥浆后再压注混凝土，直到钢管顶端排气孔排出合格的混凝土时停止，完成以后应关闭设于压注口的倒流截止阀；

(4) 钢管混凝土的质量检测以超声波检测为主，人工敲击为辅；

(5) 钢管混凝土的泵送顺序是先钢管后腹箱。

4. 劲性骨架钢管混凝土拱肋的施工

施工中一般设计成箱形截面的形式，以钢管混凝土骨架代替钢筋骨架，将钢管混凝土骨架当成浇筑混凝土的钢支架，直接在它的外面包上一定厚度的混凝土。这种形式提高了截面的承载能力，又省掉了施工中的卸架工序。它的钢管拱本身的安装和向钢管中压注混凝土的方法及要求完全与钢管混凝土拱肋相同。但是在浇筑外包混凝土的过程中要特别注意以下问题：

(1) 准确地设置预拱度；

(2) 保证拱肋在施工过程中的侧向稳定。

第九节 斜拉桥施工技术

实习任务：
1. 了解斜拉桥的发展历史。
2. 熟悉斜拉桥的组成及受力特点。
3. 掌握斜拉桥的施工工艺。

准备工作：
1. 准备《桥梁工程》(赵青,2004)、《斜拉桥设计》(刘士林、玉似舜,2006)、《斜拉桥手册》(刘白明、王邦楣,2004)等专业书籍。
2. 预习斜拉桥索塔和主梁的相关知识。
3. 准备野外实习用品。
4. 向指导老师请教实习应注意的问题。

实习基本内容：具体内容如下。

一、斜拉桥的组成

斜拉桥主要由主梁、索塔和斜拉索三大部分组成。主梁一般采用混凝土结构、钢-混凝土组合结构或钢结构，索塔大都采用混凝土结构，而斜拉索则采用高强材料（高强钢丝或钢绞线）制成。

二、斜拉桥的优点

斜拉桥荷载传递路径是：斜拉索的两端分别锚固在主梁和索塔上，将主梁的恒载和车辆荷载传递至索塔，再通过索塔传至地基。因而主梁在斜拉索的各点支承作用下，像多跨弹性支承的连续梁一样，使弯矩值得以大大地降低，这不但可以使主梁尺寸大大地减小（梁高一般为跨度的1/50～1/200，甚至更小），而且由于结构自重显著减轻，既节省了材料，又能大幅度地增强桥梁的跨越能力。

三、斜拉桥的施工工艺

（一）索塔施工要点

索塔分为混凝土索塔和钢索塔（图3-84），钢索塔因成本较高、运营维护要求高而较少使用，故本节主要介绍混凝土索塔。

图3-84 索塔
(a)混凝土索塔；(b)钢索塔

1. 索塔施工顺序

一般来讲，钢索塔采用预制拼装的办法施工，混凝土索塔的施工则有搭架现浇、预制拼装、滑升模板浇筑、翻转模板浇筑、爬升模板浇筑等多种施工方法可供选择。

根据斜拉桥的受力特点，索塔要承受巨大的竖向轴力，还要承受部分弯矩。斜拉桥设计对成桥后索塔的几何尺寸和轴线位置的准确性要求都很高。混凝土塔柱施工过程受施工偏差、混凝土收缩、徐变、基础沉降、风荷载、温度变化等因素影响，其几何尺寸、平面位置将发生变化，如控制不当，则会造成缺陷，影响索塔外观质量，并且产生次内力。因此，不管是何种结构形式的索塔，采用哪种施工方法，施工过程中都必须实行严格的施工测量控制，确保索塔施工质量及内力分布满足设计及规范要求。

混凝土索塔的基本施工顺序如图 3-85 所示。

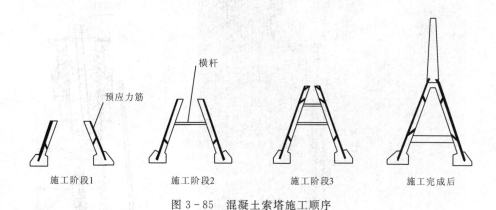

图 3-85 混凝土索塔施工顺序

2. 劲性骨架

混凝土塔柱的塔壁内往往需设置劲性骨架,劲性骨架在工厂分节段加工,在现场分段超前拼接,精确定位。劲性骨架安装定位后,可供测量放样、立模、钢筋绑扎及斜拉索钢套管定位使用,也可承受部分施工荷载。劲性骨架在倾斜塔柱中,其作用更大,它的设计往往结合构件受力需要设置。当倾斜塔柱为内倾或外倾布置时,应考虑在两塔肢之间每隔一定的高度设置受压横杆(塔柱内倾)或受拉横杆(塔柱外倾)以减小斜塔柱的受力和变形,具体的布置间距应根据塔柱构造经过设计计算确定。

3. 起重设备

目前大多数索塔施工起重设备均采用塔吊辅以人货两用电梯。

1)塔吊

斜拉桥索塔施工中,一般均采用附着式自升塔吊,其起重力矩为 600~2500kN·m 不等。起重力可达 100kN 以上,吊装高度可达 150m 以上,典型的塔吊结构如图 3-86 所示。实际施工时,可综合索塔构造特点、工期要求、塔柱施工方法等因素来确定应选用的塔吊型号和布置方式,塔吊选择应考虑如下几点:①塔吊性能参数满足施工要求;②起重能力和生产效率满足施工进度的要求,匹配合理,功能大小合适;③适应施工现场的环境,便于进场、安装架设和拆除退场。

2)人货两用电梯

用于斜拉桥索塔施工的人货两用电梯一般有直爬式和斜爬式两种,主要由轨道架、轿箱、驱动机构、安全装置、电控系统、提升接高系统等几大部分组成,具有构造简单、适用性强、安装可靠等特点,能极大地方便施工人员的上下及小型机具与材料的运输。电梯一般布置在顺桥向索塔的一侧,并附着在塔柱上,如图 3-87 所示。施工中应根据索塔的高度和形状选用合适的电梯。

 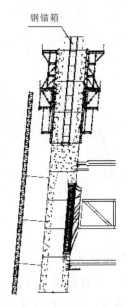

图 3-86　附着式塔吊　　　　图 3-87　电梯布置示意图

4. 索塔施工模板

索塔施工模板按照结构形式的不同可分为提升模板和滑模板。提升模板按其吊点不同可分为依靠外部吊点的单面整体提升模板、交替提升多节模板(翻转模板)及爬升模板(自备爬架的爬升模板)。滑模板因只适用于等截面的垂直塔柱,有较大的局限性,目前已较少采用,而提升模板因适应性强、施工快捷等特点被大量采用。无论采用提升模板还是滑模板,均可以实现索塔的无支架现浇。

1)单面整体提升模板

对于截面尺寸相同、外观质量要求一般的混凝土索塔施工,可采用单面整体提升模板。施工时先制作和组拼模板,分块组装,模板下端夹紧塔壁以防止漏浆,然后进行混凝土全模板高度浇筑,待混凝土达到规定的设计强度后,将模板拆成几块后提升到下一个待浇节段并组装,继续施工。单面整体提升模板可分为组拼式钢模和自制钢模。模板一次浇筑分节高度一般为3~6m。

单面整体提升模板施工简便,在无吊机的情况下,可利用索塔内的劲性骨架作支撑,用手拉葫芦向上提升。但在索塔截面尺寸变化较大、混凝土接缝质量要求高的情况下,其使用有一定的局限性,目前此法已很少采用。

2)交替提升多节模板(翻转模板)

每套翻转模板由内模、外模、对拉螺杆、护栏及内工作平台等组成,不必另设内、外脚手架。模板分节高度及分块大小应根据起重设备吊装能力和塔柱构造要求确定。一般情况下,每套模板沿高度方向分为底节、中节和顶节3个分节,每个分节高度为1~3m。施工时先安装第一层模板,浇筑混凝土,完成第一层基本节段的施工;再以已浇混凝土为依托,拆除已浇节段的下两个分节模板,顶节不拆,向上提升并接于顶节之上,安装对拉螺杆和内撑,完成第二层模板安装。如此由下至上依次交替上升,直至达到设计的施工高度为止。

翻转模板系统依靠混凝土对模板的黏着力自成体系,制造简单,构件种类少,模板的大小可根据施工能力大小灵活选用。混凝土接缝较易处理,施工速度快,能适应各种结构形式的斜拉桥索塔施工,目前被大量使用。特别是折线形索塔使用翻转模板施工更有优势,但此类模板自身不能爬升,要依靠塔吊等起重设备提升翻转循环使用,因而对起重设备要求较高。

3）爬升模板（自备爬架的提升模板）

爬模系统一般由模板、爬架及提升系统三大部分组成,根据提升方式不同又可分为倒链手动爬模、电动爬架拆翻模、液压爬升模等几种。

爬模系统所配模板一般采用钢模,且沿竖向将模板分为 3~4 节,模板分节高度根据塔柱构造节点、混凝土浇筑压力、爬架本身提升能力等因素确定,一般分节高度为 1.5~4.5m。

爬架可用万能杆件组拼,亦可采用型钢加工,主要由网架和联结导向滑轮提升结构组成。爬架沿高度方向分为两部分,下部为附墙固定架,包括 2 个操作平台；上部为操作层工作架,包括 2 个以上操作平台。爬架总高度及结构形式根据塔柱构造特点、拟配模板组拼高度及施工现场条件综合确定,常用高度一般为 15~20m。

爬模提升系统由爬架自提升设备和模板拆翻提升设备两部分组成。爬模自提升设备一般可采用倒链葫芦、电动机或液压千斤顶,模板翻转、提升设备则可采用倒链葫芦、电动葫芦或卷扬机。要求提升速度不可太快,以确保同步平稳。

爬模施工期需先施工一段爬模安装锚固段,俗称爬模起始段。待起始段施工完成后拼装爬模系统,依次循环进行索塔的爬模施工。根据爬模的施工特点,无论采用何种提升方式,相对其他施工方法均有施工速度快、安全可靠、对起重设备要求不高的特点。但此法对折线形索塔适应性较差,故一般在直线形索塔施工中应用较为广泛。

（二）主梁施工

主梁常用的施工方法有支架法、悬臂法、平转法、顶推法等。对大跨度斜拉桥,比较适用的是悬臂法,有时也辅以支架法（主要作为主梁 0 号块的施工,或边跨主梁端部区域的施工辅助方法）；对于跨度过大的斜拉桥,有时在跨间设立临时支墩以减小悬臂施工长度。平转法和顶推法适用于跨径不大、高度不高的斜拉桥。

1. 主梁的悬臂浇筑施工

悬臂浇筑法主要用在具有预应力混凝土主梁的斜拉桥上。其主梁混凝土的悬臂浇筑与一般预应力混凝土梁式桥的基本相同。这种方法的优点是结构的整体性好,施工中不需用大吨位悬臂吊机和运输预制节段块件的驳船；但其不足之处是在整个施工过程中必须严格控制挂篮的变形和混凝土收缩、徐变的影响,相对于悬臂拼装法而言其施工周期较长。

1）悬臂浇筑法施工程序

悬臂浇筑法施工程序如图 3-88 所示。首先在主塔上搭设支架现浇 0 号块和 1 号块并挂索,然后拼装牵索挂篮,在挂篮上对称悬臂浇筑 2 号块梁段并挂索,挂篮前移,依次对称悬臂浇筑下一个节段。

2）施工工艺

(1) 0 号块（无索区）施工。施工流程：支架架设、模板加工、钢筋制作等→底模安装、塔梁临时固结施工→安装钢筋、预应力系统→安装内模、外模及横隔板模板→混凝土浇筑及养护、拆模板→预应力张拉。

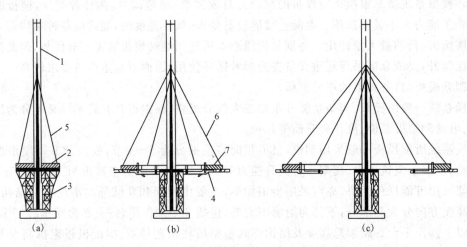

图 3-88 悬臂浇筑法施工程序
(a)支架现浇 0 号块及 1 号块并挂索;(b)拼装牵索挂篮,对称悬浇梁段;(c)挂篮前移,依次悬浇梁段
1—索塔;2—现浇梁段;3—现拼支架;4—前支点挂篮;5—斜拉索;6—前支点斜拉索;7—悬浇梁段

(2)安装挂篮。安装挂篮一般用吊机进行,水上一般用浮吊进行。也可在已经浇筑好的 0 号块或 1 号块上完成挂篮拼装。

(3)主梁标准节段悬浇。牵索挂篮行走就位→提升内模拱架→调整挂篮初始状态→钢绞线挂索→绑扎钢筋及预应力管道安装→第一次整体张拉斜拉索→浇筑本节段一半质量的混凝土→第二次整体张拉斜拉索→本节段混凝土浇筑完成→纵、横向预应力张拉→张拉斜拉索,挂篮脱离斜拉索锚固到主梁上,实现体系转换→第三次整体张拉斜拉索→牵索挂篮前移就位。

(4)斜拉索体系施工。斜拉索安装步骤:前支点挂篮前移到位→安装斜拉索转换装置→安装 PE 圆管→单根钢绞线挂索、张拉→进行本梁段模板及钢筋施工→对斜拉索进行第一次调索→浇筑本梁段混凝土→浇筑过程中进行调索以控制高程→混凝土强度达到设计强度的 85% 后再进行一次调索→体系转换,将斜拉索锚固在混凝土梁体上。

(5)预应力及混凝土工程。主梁预应力体系分为横隔板钢绞线预应力束、纵向预应力束、顶板横向预应力。主梁混凝土等级为 C60,由全自动拌和站生产,泵送到施工部位。混凝土入模遵循先"前端"、后"后端",先主肋后隔板的原则,同时进行水平分层浇筑,浇筑一半质量时整体张拉斜拉索,然后浇筑剩下的一半混凝土。

2. 主梁悬臂拼装施工

悬臂拼装法主要用在钢主梁(桁架梁或箱形梁)的斜拉桥上。钢主梁一般先在工厂加工制作,再运至桥位处拼装就位。钢梁预制节段长度应从起吊能力和方便施工考虑,一般以布置 1~2 根斜拉索和 2~4 根横梁为宜,节段与节段之间的连接分全断面焊接和全断面高强螺栓连接两种,连接之后必须严格按照设计精度进行预拼装和校正。常用的起重设备有悬臂吊机、大型浮吊以及各种自制吊机。这种方法的优点是钢主梁和索塔可以同时在不同场地进行施工,因此具有施工快捷和方便的特点。

图3-89(a)所示是双塔斜拉桥在采用悬臂拼装法施工时直到全桥合龙之前的全貌,图3-89(b)所示是取其中一座索塔的两侧逐节扩展的过程,它的大体步骤如图3-89所示。

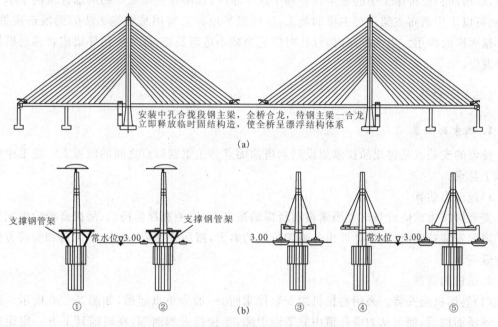

图3-89 悬臂拼装程序(单位:m)
(a)双塔斜拉桥合龙前示意图;(b)双塔斜拉桥施工过程示意图

①利用塔上塔吊搭设0号块、1号块件临时用的支撑钢管架;②利用塔吊安装好0块号及1号块;③安装好1号块的斜拉索,并在其上架设主梁悬臂吊机,拆除塔上吊和临时支撑架;④利用悬臂吊机安装两侧的2号块的钢主梁,并挂相应的两侧斜拉索;⑤重复上一循环直至全桥合龙

3. 悬臂施工法中的其他问题

1)塔梁临时固结

不论采用上述哪一种悬臂施工法,都存在一个塔与梁之间在施工过程中临时固结的问题,除非所设计的斜拉桥本身就是塔梁固结体系。斜拉桥主梁施工临时固结的措施主要有以下两种:

(1)加临时支座并锚固主梁。这种方法构造简单,制作和装拆方便,安全可靠。即在下横梁上设置4个混凝土临时支座,将粗螺纹钢的下端预埋在主塔下横梁中,钢筋中段穿过支座和梁体并锚在0号梁段顶部;钢筋的数量由施工反力计算确定。为便于拆除,在每个支座中间可设20mm厚的硫磺砂浆夹层。

(2)设临时支承。在塔墩两旁设立临时支承与临时支座共同承担施工反力,临时支承常用钢管桩或钢护筒。在下塔柱上设置预埋件作为临时支承的锚座。

如果塔两侧的主梁不对称,拆除临时支承时漂浮体系会引起体系转换,梁向一端(通常是向岸端)水平移动,索力重新分布。当该水平位移甚大,而且是突然发生时,会引起事故,因此拆除支承时应特别注意。

2)边孔局部梁段的施工

前面已述,斜拉桥的边跨对主跨起到锚固作用,故在悬臂施工过程中,边跨往往先于主跨合龙,以增加斜拉桥施工中的安全性。基于这个原因,如果在主梁靠岸的局部区段内水不太深时,则可以采用满布支架进行主梁的施工,尽可能早地将它与用悬臂施工法的梁段连成整体,发挥锚固跨的作用。当水较深时,设计时应适当减小边跨长度,以方便用导梁或者移动模架快速合龙。

(三)拉索施工

1. 拉索的安装

拉索的安装就是将成品拉索架设到索塔锚固点和主梁锚固点之间的位置上。施工中应考虑以下几点。

1)拖曳力估算

安装斜拉索前应计算出克服索自重所需的拖曳力,以便选择卷扬机、吊机及滑轮组配置方式。塔部安装拉索时,先要计算出各施工阶段的索力,然后选择适当的牵引工具和安装方法进行拉索安装。

2)吊机的选择

(1)卷扬机组安装。采用卷扬机组安装拉索时,一般为单点起吊,如图3-90所示。当拉索上到桥面以后,便可从索塔孔道中放下牵引绳,连接拉索的前端,在离锚具下方一定距离设一个吊点,索塔吊用型钢组成支架,配置转向滑轮。当锚头提升到索孔位置时,采用牵引绳与吊绳相互调节,使锚头位置准确,牵引至索塔孔道内就位后,将锚头固定。

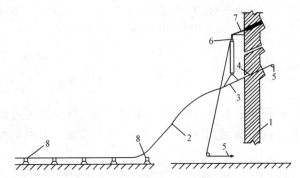

图3-90 单点吊法安装拉索
1—索塔;2—待安装拉索;3—吊运索夹;4—锚头;5—卷扬机牵引;
6—滑轮;7—索孔吊架;8—滚轮

单点吊法施工简便、安装迅速,缺点是起重索所需的拉力大,斜拉索在吊点处弯折角度较大,故一般适用于较柔软的拉索。

(2)吊机安装。采用索塔施工时的提升吊机,用特制的扁担梁捆扎拉索起吊。拉索前端由索塔孔道内伸出的牵引索引入索塔拉索锚孔内,下端用移动式吊机提升。吊机法施工操作简单快速,不易损坏拉索,但要求吊机有较大的起重能力。

2. 斜拉索张拉与索力量测

1)斜拉索张拉

斜拉索张拉一般可分为拉丝式(钢绞线夹片群锚)锚具张拉和拉锚式锚具张拉两种。其中拉锚式锚具张拉因施工操作方便及现场工作量较少等优点被更多地采用。

(1)拉丝式钢绞线夹片群锚斜拉索张拉。对于配装拉丝式夹片群锚锚具的钢绞线斜拉索,挂索时先要在拉索上方设置一根粗大钢缆作为辅助索,拉索的聚乙烯套管先悬挂在辅助索上,然后逐根穿入钢绞线,用单根张拉的小型千斤顶调好每根钢绞线的初应力,最后用群锚千斤顶整体张拉。采用新型的夹片群锚拉索锚具分阶段张拉,第一阶段使用拉丝方式,调索阶段使用拉锚方式。

(2)拉锚式斜拉索张拉。拉锚式斜拉索张拉均为整体张拉。根据目前的技术水平,国内外拉索锚具、千斤顶、拉索的设计吨位已达到"千吨"级水平,大吨位拉索整体张拉工艺已十分成熟。无论是一端张拉还是两端张拉,一般情况下都需在斜拉索端头接上张拉连接杆,之后使用大吨位穿心式千斤顶实施斜拉索的张拉调索。为方便施工,张拉杆大都采用分节接长,而非整根通长,如图3-91所示。

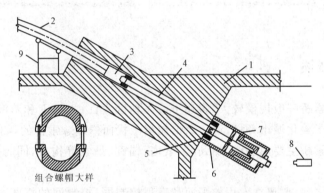

图3-91 拉杆接法牵引和锚固拉索
1—梁体;2—拉索;3—拉索锻头;4—长拉杆;5—组合螺帽;
6—千斤顶撑脚;7—千斤顶;8—短拉杆;9—滚轮

2)索力量测

斜拉索的索力正确与否,是斜拉桥设计施工成败的关键之一,必须有可靠的方法准确量测索力。目前常用的索力量测方法有压力表测定法、压力传感器测定法和频率法3种。

压力表测定法是利用千斤顶的液压与张拉力之间的直接关系,在张拉过程中通过读取油压值,而后换算成索力的测定方法。压力传感器测定法是通过串联一个压力传感器,张拉时直接从传感器的仪表上读取索力值。频率法是利用索的振动频率与索力之间的关系,通过测定频率,间接量测索力的方法。

第十节 悬索桥施工技术

> 实习任务：
> 1. 了解悬索桥的发展历史。
> 2. 熟悉悬索桥的结构组成和受力特点。
> 3. 熟悉悬索桥各结构构件的施工方法及工艺。
>
> 准备工作：
> 1. 首先要查明实习地的工程地质和水文地质条件。
> 2. 准备最新版《公路桥涵施工技术规范》（路桥集团第一公路工程局，2011）、《现代悬索桥》（严国敏，2002）等专业书籍。
> 3. 根据工程地质条件、水文地质条件和专业文献资料确定合适的施工方法。
>
> 实习基本内容：具体内容如下。

一、悬索桥概述

现代大跨桥悬索桥一般规模较大，多建于沿海地区大江、大河上和跨海工程中，也有为了跨越深山峡谷或为了美化城市环境、避免繁忙航运干扰而修建悬索桥的，如我国的虎门大桥和西陵长江大桥。悬索桥主要由主缆、加劲梁、索塔、锚碇、吊索等构成，同时还有索鞍、散索鞍、索夹等细部构件。

在悬索桥施工之前，要建立专用的平面和高程控制网，控制网的精度要符合《公路桥涵施工技术规范》(JTG/T F50—2011)的有关规定。若条件允许，可采用GPS测量技术，以克服天气及地理条件的限制，提高测量控制精度和工作效率。

悬索桥施工顺序一般为锚碇及基础、悬索桥塔及基础、主缆和吊索的架设、加劲梁的工厂制作与工地安装架设、桥面及附属工程等。在施工过程中要特别注意加工构件的工作，如钢架、锚架和锚杆、索鞍、索股、索夹、吊索、加劲梁的加工，这些工作一定要提前作好准备，以免影响工期。

二、锚碇施工

（一）锚碇基础施工

锚碇是悬索桥的主要承重构件，用来抵抗主缆的拉力，并传递给地基基础。锚碇按受力形式可分为重力式锚碇和隧道式锚碇，如图3-92所示。

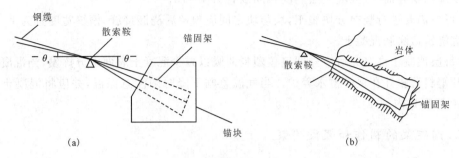

图 3-92 锚碇形式
(a)重力式锚碇;(b)隧道式锚碇

重力式锚碇是依靠其巨大的重力抵抗主缆拉力。隧道式锚碇的锚体嵌入基岩内,借助基岩抵抗主缆拉力。隧道式锚碇只适合在基岩完整的地区施工,其他情况下多采用重力式锚碇,本书主要介绍重力式锚碇的施工。

基坑开挖时应沿等高线自上而下分层开挖,在坑外和坑底要分别设置截水沟和排水沟,防止地面水流入并积留在坑内而引起塌方或基底土层破坏。原则上应采用机械开挖,开挖时应在基底标高以上预留 150~300mm 土层用人工处理,不得破坏坑底结构。如采用爆破方法施工,应使用预裂爆破等小型爆破法,尽量避免对边坡造成破坏。

对于深大基坑及不良土质,应采取支护措施保证边坡稳定,如采用喷射混凝土、喷锚网联合支护方法等。

在覆盖层较厚、土质均匀、持力层较平缓的地区可采用沉井基础;当锚碇下方持力层高差相差很大,不适宜采用沉井方法施工时,可采用地下连续墙的施工方法。

(二)锚碇混凝土施工

悬索桥锚碇属于大体积混凝土构件,尤其是重力式锚碇,体积十分庞大。在施工阶段水泥产生大量的水化热,引起体积变形及变形不均,从而产生温度应力及收缩应力。当此应力大于混凝土本身的抗拉强度时,就会产生裂缝,影响混凝土的质量。

因此在进行大体积混凝土配合比设计时,要特别注意水泥水化热的影响,通常应遵守以下原则:①采用低水化热品种的水泥,不宜采用初级出炉水泥;②尽量降低水泥用量,掺入质量符合要求的粉煤灰和矿粉,粉煤灰和矿粉用量一般分别为胶凝材料用量的30%左右,水泥用量为40%左右。混凝土可按 60d 的设计强度进行配合比设计。

同时,在混凝土浇筑过程中,对于大体积混凝土也可采取相应的工艺措施来尽量降低水泥水化热带来的影响,一般措施如下:

(1)采取适当措施降低混凝土混合材料入仓温度。对准备使用的骨料采取措施避免日照,采用冷却水作为混凝土的拌和水,一般选择夜晚温度较低时段浇筑混凝土。

(2)在混凝土结构中置冷却水管,设计好水管流量、管道分布密度,混凝土初凝后开始通水冷却以减低混凝土内部温升速度及温度峰值。进出水温差控制在10℃左右,水温与混凝土内部温差不大于20℃。混凝土内部温度经过峰值开始降温时停止通水,降温速度不宜大于2℃/d。

(3)大体积混凝土宜采取水平分层浇筑施工。每层厚度应视混凝土浇筑能力、配合比水化热计算及降温措施而定,混凝土层间浇筑间歇宜为 4~7d。

(4)可按需要进行竖向分块施工,块与块之间应预留后浇湿接缝,槽缝宽度宜为 1.5~2m,槽缝内宜浇筑微膨胀混凝土。

(5)每层混凝土浇筑完后应立即遮盖塑料薄膜以减少混凝土表面水分挥发,当混凝土终凝时可掀开塑料薄膜并在顶面蓄水养护。当气温急剧下降时须注意保温,并应将混凝土内表温差控制在 25℃ 以内。

(三)锚碇架的制作和架设安装

锚碇钢构架是主缆的锚固结构,由锚杆、锚梁及锚支架三部分组成。锚支架在施工中起支承锚杆和锚梁的重力和定位作用,主缆索股直接与锚杆连接。

锚固体系中所有钢构件的制作与安装均应按照《公路桥涵施工技术规范》(JTG/T F50—2011)的要求进行。锚杆、锚梁制造时应严格按设计要求进行抛丸除锈、表面涂装和无破损探伤等工作。出厂前应对构件连接进行试拼,其中应包括锚杆拼装、锚杆与锚梁连接、锚支架及其连接系平面试装。制造时对焊接质量、变形、制造精度都应严格要求和控制,锚碇的安装精度主要应控制锚梁,然后安装锚杆,调整其轴线的顺直和锚固点的高程。

三、索塔施工

悬索桥索塔分为钢索塔和混凝土索塔两种形式,且其施工方法与斜拉桥主塔的施工方法类似。

(一)混凝土塔柱的施工

塔身施工的模板工艺主要有翻模法、滑模法、爬模法等。塔柱竖向主钢筋的接长可采用冷压套管连接、电渣焊、气压焊等方法。混凝土的浇筑方法应考虑设备能力,采用泵送或吊罐浇筑的方法。施工至塔顶时,应注意预埋索鞍钢框架支座螺栓和塔顶吊架、施工猫道等预埋件的施工。施工的具体细节可参见斜拉桥的施工。

(二)钢塔的施工

根据索塔的规模、结构类型、施工地点的地形条件及经济性等因素,钢塔的施工方法主要有以下 3 种:浮式吊机施工法、塔式吊机施工法、爬升式吊机施工法。我国悬索桥中采用钢塔的较少,而国外设计中采用较多。

(1)浮式吊机施工法。可将索塔整体一次起吊的大体积架设方法,可显著缩短工期,但对浮吊起重能力、起吊高度有所限制。

(2)塔式吊机施工法。在索塔旁边安装独立的塔吊进行索塔搭设。这种方法施工方便,施工精度容易控制,但是塔吊搭设费较高。

(3)爬升式吊机施工法。这是先在已架设部分的塔柱上安装导轨,使用可沿导轨爬升的吊机吊装的架设方法,如图 3-93 所示。这种方法虽然由于爬升式吊机支撑在索塔柱上,索塔沿垂线的控制需要较高的技术,但由于吊机本身的重量轻,可广泛用于其他桥梁的施工,因此现已经成为大跨径悬索桥索塔架设施工的主要方法。

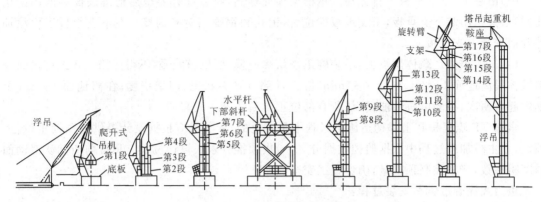

图 3-93 爬升式吊机施工顺序

四、索鞍施工

(一)索鞍加工

索鞍是永久性的大型承重钢构件,其所采用的材料及加工工艺必须严格按照国家相关的规范和标准执行。对主索鞍体、散索鞍体、主鞍座板、底板、散索鞍底座、塔顶格栅等构件加工完成后,应分别在明显易测的位置上划出中心标记,以利于试拼装及工地安装,并对钢构件进行探伤检验,以便及时发现缺陷部位,及时进行修补。最后进行喷锌处理及涂脂防锈。

主索鞍、散索鞍各零部件(包括鞍座、格栅)、鞍罩制作完成后,必须在制造厂进行试装配,检查尺寸和形状,并应符合图纸要求,可动部件应能活动自如,同时应检查各零部件的防护层有无破损,并及时修补;检查合格后,对各零部件的相对位置即格栅的中心线位置和鞍体的TP点位置做出永久性定位标记。

(二)索鞍安装

主索鞍是指供悬索通过塔顶的支承结构。它的上座由肋板式的弧形铸钢块件制成,上面设有索槽用于安放悬索。

散索鞍主要是改变主缆的传力方向,并将主缆分散为索股分别锚固在锚碇上。

(1)安装塔顶门架。按照鞍体质量设计吊装支架及配置起重设备。支架可用贝雷架、型钢或其他构件拼装,固定在塔顶混凝土中的预埋件上。起重设备一般采用卷扬机、滑轮组,当构件吊至塔顶时,以手拉葫芦牵引横移到塔顶就位。近年来,国内外开始采用液压提升装置,在横联梁上安装一台连续提升的穿心式千斤顶,以钢绞线代替起重钢丝绳进行提升作业。

需要注意的是,在起重安装所有准备工作完成后,应试吊一轻型物体从地面到安装高度,以检查起重钢丝绳、滑轮组安装是否正确。

(2)钢框架安装。钢框架是主索鞍的基础,要求平稳、稳定。一般在塔柱顶层混凝土前预埋数个支座,以螺栓调整支座面标高至误差小于2mm。然后将钢框架吊放在支座上,并精确调整平面位置后固定,再浇筑混凝土,使之与塔顶结为一整体。

(3)吊装上、下支承板。首先检查钢框架顶面标高,符合设计要求后清理表面和四周的销孔,然后开始吊装下支承板,下支承板就位后,销孔和钢框架对齐销接。在下支承板表面涂油处理后安装上支承板。

(4)吊装鞍体。鞍体质量大,吊装施工需认真谨慎,要稳、轻、慢,不得碰撞。正式起吊时先将鞍体提离地面 1~2m,持荷 3~5min,检查各部位受力状况、门架挠度;在离地面 1~3m 范围内起降两次,检验电机性能;确认所有部位正常后才能正式起吊。

索鞍 TP 点里程在上部构造施工过程中是变化的,安装时应根据设计提供的预偏量就位、固定,在主缆加载过程中根据监控数据分 3~4 次顶推到永久设计位置。顶推前应确认滑动面的摩阻系数,严格控制顶推量,确保施工安全。

重力式锚碇散索鞍安装过程:
(1)吊装设备准备:用塔吊或汽车吊起吊安装。
(2)鞍体组装:根据起吊能力分块吊装或整体吊装。
(3)散索鞍基础顶部(下坡方向)设置限位装置。
(4)吊运就位安装:先装座板,对位准确后浇筑混凝土锚固。安装盆式橡胶支座,然后吊装鞍体,安装连接螺栓。

五、主缆工程

(一)主缆架设准备工作

主缆架设前,应先安装索鞍(包括主副索鞍、展束锚固索鞍),安装塔顶吊机或吊架以及各种牵引设施和配套设备,然后依次进行导索拽拉索、猫道的架设,为主缆架设作好准备。

(二)牵引系统架设

牵引系统是架于两锚碇之间,跨越索塔的用于空中拽拉的牵引设备,主要承担猫道架设、主缆架设以及部分牵引吊运工作。牵引系统的架设以简单、经济并尽量少占用航道为原则。通常的方法是先将比牵引索细的先导索渡海(江),再利用先导索将牵引索由空中架设。先导索渡海(江)的方法有以下几种。

1. 海底拽拉法

较早时期的导索架设用的办法是将导索从一岸塔底临时锚固,然后将装有导索索盘的船只驶往彼塔,并随时将导索放入水底,然后封闭航道,用两端塔顶的提升设备将导索提升至塔顶,置入导轮组中,并引至两端锚碇后,再将导索的一端引入卷扬机筒上,另一端与拽拉索(主或副牵引索或无端牵引绳)相连,接着开动卷扬机,通过导索将拽拉索牵引过河。这种方法施工设备少,操作简单,在海(江)底地形条件良好的情况下被广泛使用,如图 3-94 所示。

2. 浮子法

在导索上每隔一定距离装一浮子,使它处在水面漂浮状态,再将导索拖拉过河时,它不会沉入水底。其他方面与海底拽拉法无太大差别,如图 3-95 所示。

以上两种方法仅适用于水流较缓、无突出岩礁等障碍时采用。

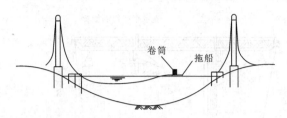

图 3-94 海底拽拉法

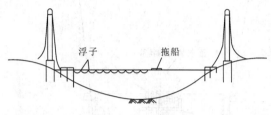

图 3-95 浮子法

3. 空中渡海法

当水流较急时或不封航时一般采用空中渡海法，空中渡海法也可根据具体情况分为气球法、直升机法、直接拉渡法和采用浮吊的方法等。浮吊法即在一端锚碇附近连续松放导索，经塔顶后固定于拽拉船上，随着拽拉船前行，导索相应放松，因此一般不会使导索落入水中。导索拉至另一岸索塔处时，往往从另一端锚碇附近将牵引索引出，并吊上索塔后沿另一侧放下，再与拽拉船上的导索头相连接，即可开动卷扬帆，收紧导索，从而带动牵引索过河，如图 3-96 所示。

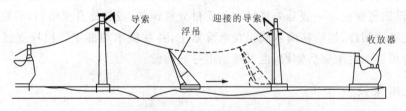

图 3-96 空中渡海法

此外，当架设主缆的拽拉系统用门架支承和导向时，还必须在猫道上每隔一定距离架设猫道门架，如图 3-97 所示。

(三) 猫道架设

猫道是桥拱主缆架设、紧缆、索夹安装、吊索安装以及主缆防护用的空中作业脚手架，其作用是在主缆架设期间提供一个空中工作平台。它由猫道承重索、猫道面板系统及横向天桥和抗风索等组成。猫道面层距主缆空载中心线形下方以 1.5m 为宜；猫道结构设计、计算荷载应与主缆架设施工方法相对应；猫道面层净宽宜为 3~4m，左、右对称于主缆中心线布置；扶手高宜为 1.2~1.50m。

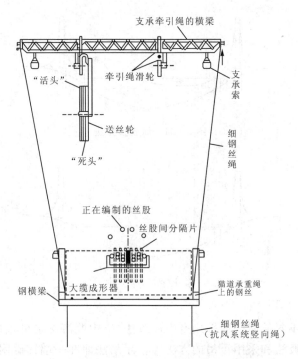

图 3-97 支承索横梁式牵引支撑示意图

猫道索的架设在初期也是用与先期的导索架设相类似的方法架设的,现多用在一端塔顶(或锚碇)起吊猫道索一端,与拽拉器相连后牵引至另一端头,然后将其一端入锚,另一端用卷扬机或手动葫芦等设施牵拉入锚并调整其垂度,最后将其两端的锚头锁定,猫道索矢度调整就绪后即可铺设猫道面板。一般是先将横木和面材分段预制,成卷提升至塔顶,沿猫道索逐节释放,并随之把各段相连,然后将横木固定在承重索上,并在横木端部安装栏杆立柱以及扶手索等,横向天桥可在猫道架完后铺设,也可随猫道一起铺设。

(四)主缆架设

锚碇和索塔工程完成,主索鞍和散索鞍安装就位,牵引系统建立以后,便可进行主缆架设工作。主缆的架设方法一般有空中编缆法(AS法)和预制丝股法(PS法)两种。

1. 空中编缆法(AS法)

所谓AS法,就是先在猫道上将单根钢丝编制成主缆丝股,多束丝股再组成主缆。其施工程序如下:将待架的钢丝卷入专用卷筒运至悬索桥端锚碇旁,并将它的头抽出,暂时固定在一梨形蹄铁上,此头称为"死头";然后将钢丝继续外抽,套于连丝轮的槽路中而送丝轮则连接于牵引索上,当卷扬机开动时,牵引索会带动送丝轮将钢丝引送至对岸,同样套于设在对岸锚碇处的一个梨形蹄铁上,再让送丝轮带动它返回始端,如此循环多次则可按要求数量将一束丝股捆扎成束,如图3-98所示。不断从卷筒中放钢丝的一头称为"活头",其中一束丝股牵引完成后,就将钢丝"活头"剪断,并与先前临时固定的"死头"一起用特制的钢丝连接器相互连接在环形牵引索上,可同时固定2个送丝轮,每个送丝轮的槽路可以是1条,也可以是2条或更多,目前已有 4 条槽路。对每一束丝股,按每次送丝根数为一组,不是一组的再单独牵引一次。需要指出的是,每次送丝轮上的槽路多,每次进丝股量就大,但牵引索及送丝轮等的受力相应增大,所需牵引动力也就增大。

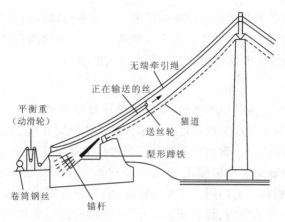

图 3-98 AS法送丝工艺示意图

此外,编缆前,应先放一根基准丝来确定第一批丝股的高程,基准丝在自由悬挂状态时仅承受自重荷载,所呈线形为悬链线。基准丝应在下半夜温度稳定情况下测量设定。此后牵引的每根钢线均需调整成与基准线相同的跨度和垂度,则其所受拉力、线形及总长应与基准丝一样。成股钢丝束梳理调整后,用手动液压千斤顶将其挤成圆形,并每隔 2～5m 用薄钢带捆扎。

钢丝束编股有鞍外编股和就鞍编股两种。由于鞍外编股之后还需将丝股移入主鞍座槽路之内,故现多用就鞍编股法。

调股是为使每束丝股符合设计要求,在调丝后依靠在梨形蹄铁处所设的千斤顶调整整束丝股的垂度,并随即在梨形蹄铁处填塞销片,将丝股整束落于索鞍,使千斤顶回油。调股同样应在温度稳定的夜间进行。

2. 预制丝股法(PS法)

所谓预制丝股法,就是在工厂或桥址旁的预制场事先将钢丝预制成平行丝股,然后利用拽拉设施将它通过猫道拽拉架设。其主要工序为:丝股牵引架设,测调垂度,锚跨拉力测整。其与 AS 法比较,由于每次牵拉上猫道的是丝股而不是单根钢丝,故重力要大数倍,所需牵引力也要大得多,一般采用全液压无级调速卷扬机,牵引方式则有门架支承的拽拉器和轨道小车两种。

3. 锚跨内钢丝束拉力调整

不管是 AS 法,还是 PS 法,在主边跨丝股垂度调整后,都必须调整锚跨内丝股的拉力,具体方法为:用液压千斤顶拉紧丝股,并在锚梁与锚具支承面间插入盘承垫板,即可通过丝股的伸长导入拉力。实际控制时是采用位移(伸长量)和拉力"双控"。

4. 紧缆

索股架设完之后,为了把索股群整成圆形,需要进行紧缆工作。紧缆工作分为预紧缆和正式紧缆。

预紧缆应在温度稳定的夜间进行。预紧缆时宜把主缆全长分为若干区段分别进行,以免钢丝的松弛集中在一处。索股上的绑扎带采用边紧缆边拆除的方法,不宜一次全部拆除。预紧缆完成处必须用不锈钢带捆紧,保持主缆的形状,不锈钢带的距离可为 5～6m,预紧缆目标空隙率宜为 26%～28%。

正式紧缆宜用专用的紧缆机把主缆整成圆形。其作业可以在白天进行。正式紧缆的方向宜向塔柱方向进行。当紧缆点空隙率达到设计要求时,在靠近紧缆机的地方打上两道钢带,其间距可取 100mm,带扣放在主缆的侧下方。紧缆点间的距离约 1m。

5. 索夹安装

索夹安装前,须测定主缆的空缆线形,提交给设计及监理单位,对原设计的索夹位置进行确认;然后待温度稳定时在空缆上放样定出各索夹的具体位置并编号,清除索夹位置处主缆表面的油污及灰尘,涂上防锈漆。索夹在运输和安装过程中应注意保护,防止碰伤及损坏表面。

索夹安装方法应根据索夹结构型式、施工设备和施工人员经验确定。当索夹在主缆上精确定位后,即紧固索夹螺栓。紧固同一索夹螺栓时,须保证各螺栓受力均匀,并按 3 个荷载阶段(即索夹安装时、钢箱梁吊装后、桥面铺装后)对索夹螺栓进行紧固,补足轴力。索夹位置要求安装准确,纵向误差不应大于 10mm。记录每次紧固的数据并存档,提交大桥管理部门备查。

索夹的安装顺序是:中跨从跨中向塔顶进行,边跨从散索鞍向塔顶进行。

六、加劲梁的架设

悬索桥加劲梁主要分为桁架和箱形两种形式。

(一)桁架式加劲梁架设

桁架式加劲梁的架设可分为按单杆件、桁片(平面桁架)、节段(空间桁架)进行架设。

(1)单杆件架设方法就是将组成加劲桁架的杆件搬运到现场,架设安装在预定位置构成加劲桁架。这种方法以杆件为架设单位,其质量小,搬运方便,可使用小型的架设机械。但杆件数目多,费时费工,对安全和工期都不利,所以很少单独使用,一般作为其他架设方法的辅助方法。

(2)桁片架设方法就是将几个节间的加劲桁架按两片主桁架和上、下平联及横联等片状构件运入现场逐次进行架设。桁片的长度一般为 2～3 个节间,质量不大,在通航的情况下,这种方法比较适用。

(3)节段架设方法就是将上述的桁片在工厂组装成加劲桁架的节段,由大型驳船运至预定位置,然后垂直起吊后逐次连接。这种方法无论在质量和工期方面都可以保证,但架设时必须封航或部分封航,对吊机能力要求较高。

目前悬索桥一般均采用节段架设的方法,即在工厂预制梁段并进行试拼,然后用驳船把梁段运到预定位置,用垂直起吊法架设就位。

以上 3 种方法可以分别适用,也可根据实际情况在同一桥上采用多种。

(二)箱形加劲梁架设

加劲梁节段的架设顺序根据桥塔和加劲梁的结构特性、机械配备、工作面的情况、运输路线、气象等条件进行综合考虑,由设计部门决定,一般架设顺序可分为以下两种:

(1)从主塔开始,分别向中央和桥台方向推进,在中央段和接桥台段闭合。这种架设顺序,在架设过程中主缆和加劲梁的变形大,架设铰的位置和吊索的张力调整等都比较费工夫,但塔基部位可作为作业平台,架设用的机械设备的安装,构件的调搬运,工作平台、安全设备、通讯设备、电力设备等的设置比较方便。所以在设备条件等受限制或海(江)面不能断航等的情况下采用这种架设顺序比较合适。另外,从结构特征来讲,三跨的悬索桥也更适合这种架设顺序,其合拢段在跨中和桥台处,如图3-99(a)所示。

(2)以主跨中央部位和两桥台部位为起点,分别向两个主塔方向进行架设。这种架设顺序,对设备的设置、海(江)面的使用等都有不便。另外还受气候,特别是风速的影响较大。单跨悬索桥可按这种顺序进行架设,其合拢段一般设在接塔段的相邻节段,如图3-99(b)所示。

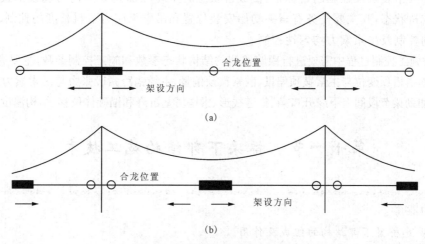

图3-99 架设顺序和闭合位置
(a)从主塔开始向两侧推进;(b)从中跨跨中和边跨开始向主塔推进

七、施工控制

(一)施工控制的必要性和目的

悬索桥是一种柔性悬挂体系,施工过程中具有显著可挠的特点。预制平行钢索股(PPWS)法、加劲梁采用缆索吊装法是悬索桥常用的施工方法,这种施工方法给桥梁结构带来复杂的内力和位移变化;同时施工过程中,由于各种因素(如温度场、猫道、施工顺序、施工荷载及材料性质等)的随机影响、测量误差以及施工误差的客观存在,各实际施工状态可能偏离理论轨迹。为确保成桥后的结构内力和几何线形符合设计要求,结构内力处于最优状态,同时又确保施工中的安全和全桥顺利合龙,在悬索桥施工过程中必须进行严格的施工控制。

(二)施工控制的内容

施工控制的内容是：校核主要的设计数据，提供施工各阶段理想状态线形及内力数据，将施工各状态控制数据实测值与理论值进行比较分析，进行结构设计参数识别与调整，对成桥状态进行预测与反馈控制分析，防止施工中出现过大位移与应力，确保施工期预定目标顺利进行。

根据悬索桥上部结构施工的流程、特点，其施工过程一般分为两个阶段，第一个阶段是主缆架设阶段，第二个阶段是加劲梁吊装架设阶段。每一个阶段都包含着一个施工→观测→识别→修正→预测控制→施工或优化调整施工的循环过程。考虑到主缆架设完毕后，桥梁线形很难作大的调整，所以悬索桥的施工控制以主缆架设阶段控制为主，确定主缆的空缆线形等，主缆架设阶段控制是悬索桥施工控制的重点和特点。

主缆架设阶段控制的主要目标是确保主缆线形最大限度地逼近设计空缆线形，其主要任务有基础资料及试验数据的收集、施工过程仿真计算（主缆索股无应力下料长度、索鞍顶偏量和空缆线形等计算）、基准索股和一般索股线形的架设精度控制、锚跨索股张力均匀性调整控制等。加劲梁吊装阶段控制的目标是：使成桥状态时主缆和加劲梁的内力和线形最大限度地接近设计成桥状态，其主要任务有索夹初始安装位置和吊索无应力下料长度的控制、主索鞍分阶段顶推的控制及吊索索力均匀性控制。

悬索桥施工控制过程中需要进行跟踪监测的结构状态参数和施工控制参数，主要有主缆与加劲梁线形、索塔塔顶变位与主索鞍预偏量、散索鞍预偏量、主缆锚跨索股张力与吊索索力、索塔控制截面应力、加劲梁节段间上下缘开口角、猫道线形、索塔塔基沉降和锚碇体位移、结构温度等。

第十一节 桥梁下部结构施工技术

> 实习任务：
> 1. 熟悉桥梁下部结构的组成及作用。
> 2. 掌握桥梁下部结构的施工方法和工艺。
> 3. 了解桥梁下部结构质量通病和注意事项。
>
> 准备工作：
> 1. 首先查明桥梁选址的工程地质和水文地质条件。
> 2. 复习基础、桥台和桥墩的相关知识。
> 3. 准备最新的《公路桥涵施工技术规范》（路桥集团第一公路工程局，2011），了解桥梁下部结构常用的施工方法。
>
> 实习基本内容：具体内容如下。

一、桥梁下部结构简述

(1)组成：①基础；②桥台——盖梁、肋板、承台、桩基础；③桥墩——盖梁、墩柱、系梁、桩基础。

(2)作用:支承上部结构,将荷载和自重传递至地基基础;桥台与路堤衔接,并防止其滑塌。

(3)下部结构施工在桥梁施工中占有重要地位,对桥梁整体结构的稳定起重要作用。在施工中应遵照相关规范和设计图纸,科学合理地组织施工。

二、桥梁下部结构的施工工艺及工序

(一)基础

桥梁上部承受的各种荷载,通过桥台或桥墩传至基础,再由基础传至地基。基础是桥梁下部结构的重要组成部分,因此,基础工程在桥梁结构物的设计与施工中占有极为重要的地位,它对结构物的安全使用和工程造价有很大的影响。

在桥梁工程中,通常采用的基础有扩大基础、桩基础、沉井基础、管柱基础等。基础的施工方法大致可分类如下。

1. 扩大基础

所谓扩大基础,是将墩(台)及上部结构传来的荷载通过它直接传递至较浅的支承地基的一种基础形式,一般采用明挖基坑的方法进行施工,故又称之为明挖扩大基础或浅基础。明挖扩大基础施工的主要内容包括基础的定位放样、基坑开挖、基坑排水、基底处理以及砌筑(浇筑)基础结构物等。

1)基础的定位放样

在基坑开挖前,先进行基础的定位放样工作,以便正确地将设计图上的基础位置准确地设置到桥址上。放样工作是根据桥梁中心线与墩台的纵、横轴线,推出基础边线的定位点,再放线画出基坑的开挖范围。基坑各定位点的标高及开挖过程中的标高检查,一般用水准测量的方法进行。

2)陆地基坑开挖

基坑大小应满足基础施工要求,对有渗水土质的基坑坑底开挖尺寸,需按基坑排水设计(包括排水沟、集水井、排水管网等)和基础模板设计而定,一般基底尺寸应比设计平面尺寸各边增宽 0.5~1.0m。基坑可采用垂直开挖、放坡开挖、支撑加固或其他加固的开挖方法,具体应根据地质条件、基坑深度、施工期限与经验,以及有无地表水或地下水等现场因素来确定。

(1)坑壁不加支撑的基坑。对于在干涸无水河滩、河沟中,或有水但经改河或筑堤能排除地表水的河沟中;在地下水位低于基底,或渗透量少,不影响坑壁稳定,以及基础埋深不深,施工期较短,挖基坑不影响临近建筑安全的施工场所时,可考虑选用坑壁不加支撑的基坑。

黏性土在半干硬或硬塑状态,基坑顶无活荷载,稍松土质,基坑深度不超过 0.5m,中等密实(锹挖)土质基坑深度不超过 1.25m,密实(镐挖)土质基坑深度不超过 2.0m 时,均可采用垂直坑壁基坑。在基坑深度为 5m 以内,土的湿度正常时,采用斜坡坑壁开挖或按坡度比值挖成阶梯形坑壁,每梯高度以 0.5~1.0m 为宜,可作为人工运土出坑的台阶。基坑深度大于 5m 时,坑壁坡度适当放缓,或加做平台。在土的湿度影响坑壁的稳定性时,谨慎采用该湿度下土的天然坡度或采取加固坑壁的措施。当基坑的上层土质适合敞口斜坡坑壁条件,下层土质为密实黏性土或岩石时,可用垂直坑壁开挖,在坑壁坡度变换处,应保留至少 0.5m 的平台。

(2)坑壁有支撑的基坑。当基坑壁坡不易稳定并有地下水渗入,或放坡开挖场地受到限制,或基坑较深、放坡开挖工程数量较大,不符合技术经济要求时,可视具体情况,采用加固坑壁措施,如挡板支撑、钢木结合支撑、混凝土护壁及锚杆支护等。

混凝土护壁一般采用喷射混凝土。根据经验,一般喷护厚度为5~8cm,一次喷护约需1~2h。一次喷护如达不到设计厚度,应等第一次喷层终凝后再补喷,直至达到要求厚度为止。喷护的基坑深度应按地质条件决定,一般不宜超过10m。

3)水中基础的基坑开挖

桥梁墩台基础大多位于地表水位以下,有时水流还比较大,施工时都希望在无水或静止水条件下进行。桥梁水中基础最常用的施工方法是围堰法,围堰的作用主要是防水和围水,有时还起着支撑施工平台和基坑坑壁的作用。围堰必须满足以下要求:

(1)围堰顶高宜高出施工期间最高水位70cm,最低不应小于50cm,用于防御地下水的围堰宜高出水位或地面20~40cm。

(2)围堰的外形应适应水流排泄,大小不应压缩流水断面过多,以免壅水过高危害围堰安全,以及影响通航、导流等。围堰内形应适应基础施工的要求,并留有适当的工作面积。堰身断面尺寸应保证有足够的强度和稳定性,使基坑开挖后,围堰不至发生破裂、滑动或倾覆。

(3)围堰要求防水严密,应尽量采取措施防止或减少渗漏,以减轻排水工作。对围堰外围边坡的冲刷和筑围堰后引起的河床的冲刷均应有防护措施。

(4)围堰施工一般应安排在枯水期间进行。公路桥梁常用的围堰类型有土石围堰、木笼围堰或竹笼围堰、钢板桩围堰、套箱围堰。

4)基坑排水

基坑坑底一般多位于地下水位以下,地下水会经常渗进坑内,因此必须设法把坑内的水排除,以便于施工。要排除坑内渗水,首先要估算涌水量,方能选用相应的排水设备。

桥梁基础施工中常用的基坑排水方法有:

(1)集水坑排水法。集水坑排水法是采用基坑底部的排水沟收集进入基坑的地表水和地下水,然后汇入集水坑,用水泵集中将水抽出基坑的排水方法。除严重流砂外,一般情况下均可采用。

(2)井点排水法。当土质较差有严重流砂现象,地下水位较高,挖基较深,坑壁不易稳定,用普通排水的方法难以解决时,可用井点排水法。井点排水法因需要设备较多,施工布置复杂,费用较大,应进行技术经济比较后采用。在桥涵基础中多用于城市内挖基坑。

(3)其他排水法。对于土质渗透性较大、挖掘较深的基坑,可采用板桩法或沉井法,此外,视工程特点、工期及现场条件等,还可采用帐幕法,即将基坑周围土层用硅化法、水泥灌浆法及冻结法等处理成封闭的不透水的帐幕。

5)基底检验及处理

(1)基底检验。基坑施工是否符合设计要求,在基础浇筑前应按规定进行检验。其目的在于:确定地基的容许承载力的大小、基坑位置与标高是否与设计文件相符,以确保基础的强度和稳定性,不致发生滑移等病害。基底检验的主要内容包括检查基底平面位置、尺寸大小,检查基底标高,检查基底土质均匀性、地基稳定性及承载力等,检查基底处理和排水情况,检查施工日志及有关试验资料等。

(2)基底处理。天然地基上的基础是直接靠基底土壤来承担荷载的,故基底土壤状态的好坏,对基础及墩台、上部结构的影响极大,不能仅检查土壤名称与容许承载力大小,还应为土壤更有效地承担荷载创造条件,即要进行基底处理工作。

6)基础圬工浇筑

基础施工分为无水浇筑、排水浇筑和水下浇筑3种情况。

排水施工的要点是:确保在无水状态下砌筑圬工;禁止带水作业及用混凝土将水赶出模板外的灌注方法;基础边缘部分应严密隔水;水下部分圬工必须待水泥砂浆或混凝土终凝后才允许浸水。

水下浇筑混凝土只有在排水困难时采用。基础圬工的水下灌注分为水下封底和水下直接灌注基础两种。前者封底后仍要排水再砌筑基础,封底只是起封闭渗水的作用,其混凝土只作为地基而不作为基础本身,适用于板桩围堰开挖的基坑。

浇筑基础时,应做好与台身、墩身的接缝联结,一般要求:

(1)混凝土基础与混凝土墩台身的接缝,周边应预埋直径不小于16mm的钢筋或其他铁件,埋入与露出的长度不应小于钢筋直径的20倍。

(2)混凝土或浆砌片石墩(台)身的接缝,应预埋片石,片石厚度不应小于15cm,片石的强度要求不低于基础、墩(台)身混凝土或砌体的强度。

7)地基加固

我国地域辽阔,自然地理环境不同,土质强度、压缩性和透水性等性质有很大的差别。其中,有不少是软弱土或不良土,诸如淤泥质土、湿陷性黄土、膨胀土、季节性冻土以及土洞、溶洞等。当桥涵位置处于这类土层上时,除可采用桩基、沉井等深基础外,也可视具体情况采用相应的地基加固措施,以提高其承载能力,然后在其上修筑扩大基础,以求获得缩短工期、节省投资的效果。

对于一般软弱地基土层加固处理方法可归纳为4种类型:

(1)换填土法。将基础下软弱土层全部或部分挖除,换填力学物理性质较好的土。

(2)挤密土法。用重锤夯实砂桩、石灰桩、砂井、塑料排水板等方法,使软弱土层挤压密实或排水固结。

(3)胶结土法。用化学浆液灌入或粉体喷射搅拌等方法,使土壤颗粒胶结硬化,改善土的性质。

(4)土工聚合物法。用土工膜、土工织物、土工格栅与土工合成物等加筋土体,以限制土体的侧向变形,增加土的周压力,有效提高地基承载力。

2. 桩基础

当地基浅层土质较差,持力土层埋藏较深,需要深基础才能满足结构物对地基强度、变形和稳定性要求时,可采用桩基础。基桩按材料分类有木桩、钢筋混凝土桩、预应力混凝土桩及钢桩,桥梁基础中用的较多的是中间两种。按制作方法分为预制桩和钻(挖)孔灌注桩;按施工方法分为锤击沉桩、振动沉桩、射水沉桩、静力压桩、灌注桩、大直径桩及钻孔埋置桩等,前4种又统称为沉入桩。应根据地质条件、设计荷载、施工设备、工期限制及对附近建筑物产生的影响等来选择桩基的施工方法。

1)沉入桩

沉入桩所用的基桩主要为预制的钢筋混凝土和预应力混凝土桩。截面形式常用的有实心方桩和空心管桩两种。

钢筋混凝土桩的预制要点为：制桩场地的整平与夯实；制模与立模，钢筋骨架的制作与吊放；混凝土浇筑与养护。间接浇筑法要求第一批桩的混凝土达到设计强度的30%以后，方可拆除侧模；待第二批桩的混凝土达到设计强度的70%以后才可起吊出坑。

预制桩在起吊与堆放时，较多采用两个支点，较长的桩也可用3～4个支点。支点位置一般应按各支点处最大负弯矩与支点间桩身最大正弯矩相等的条件来确定，起吊就位时多采用1个或2个吊点。堆放场地应靠近沉桩现场，场地平整坚实，并备有防水措施，以免场地出现湿陷或不均匀沉陷。

当预制桩的长度不足时，需要接桩。常用的接桩方法有法兰盘连接、钢板连接及硫磺胶泥（砂浆）连接等。

沉桩顺序应根据现场地形条件、土质情况、桩距大小、斜桩方向、桩架移动的方便等来决定。同时应考虑使桩入土深度相差不多，土壤均匀挤密。

沉入桩的施工方法主要有锤击沉桩、振动沉桩、射水沉桩及静力压桩等。

(1) 锤击沉桩。一般适用于中密砂类土、黏性土。由于锤击沉桩依靠桩锤的冲击能量将桩打入土中，因此一般桩径不能太大（不大于0.6m），入土深度在40m左右。

锤击沉桩的主要设备有桩锤、桩架及动力装置三部分。冲击锤的选择，原则上是重锤低击。桩架在沉桩施工中，承担吊锤、吊桩、插桩、吊插射水管及桩在下沉过程中的导向作用等。其他设备中主要有桩帽与送桩。桩帽主要用于承受冲击、保护桩顶，在沉桩时能保证锤击力作用于桩轴线而不偏心。送桩主要用于当桩顶被锤击低于龙门挺而仍需继续沉入时，即需把桩顶送到地面下必要深度处。

施工要点：沉桩前，应对桩架、桩锤、动力机械等主要设备部件进行检查；开锤前应再次检查桩锤、桩帽或送桩与桩中轴线是否一致；锤击沉桩开始时，应严格控制各种桩锤的动能。如桩尖已沉入到设计标高，但沉入度仍达不到要求时，应继续下沉至达到要求的沉入度为止。沉桩时，如遇到沉入度突然发生急剧变化，桩身突然发生倾斜、移位，桩不下沉且桩锤严重回弹，桩顶破碎或桩身开裂、变形，桩侧地面有严重隆起等现象时，应停止锤击，立即提高，查明原因，并采取措施后方可继续施工。

锤击沉桩的停锤控制标准：

a. 设计桩尖标高处为硬塑黏性土、碎石土、中密以上的砂土或风化岩等土层时，根据贯入度变化并对照地质资料，确认桩尖已沉入该土层，贯入度达到控制贯入度。

b. 当贯入度已达到控制贯入度，而桩尖标高未达到设计标高时，应继续锤入0.1m左右（或锤入30～50次），如无异常变化即可停锤；当桩尖标高比设计标高高得多时，应报有关部门研究决定。

c. 设计桩尖标高处为一般黏性土或其他松软土层时，应以标高控制，贯入度作为校核。

d. 在同一桩基中，各桩的最终贯入度应大致接近，而沉入深度不宜相差过大，避免基础产生不均匀沉降。

(2) 射水沉桩。在砂质或砾石土壤中打桩，可采用射水打桩法，随射随打。待桩尖距设计高程1m左右时，应停止射水，完全锤击，以增加桩的承载能力。若随射随打仍不能穿过坚实土层时，可利用旧钢轨作引桩先打成导眼，然后将桩插入继续下沉。

下沉空心桩时，一般用单管内射水。当桩下沉较深或土层较密实时，可用锤击或振动配合射水。下沉至要求深度仍有困难时，如在砂质土层中，可再加外射水，以减小桩周的摩擦阻力，加快沉桩速度。

下沉实心桩时,应将射水管对称安装在桩的两侧,并能沿着桩身上下自由移动,以便在任何高度上冲土。当在流水中沉桩或下沉斜桩时,应将水管固定于桩身上。

射水管的直径根据水压和水量决定。一般射水管的直径为37～63mm,喷嘴直径为射水管直径的0.4～0.45倍。如需扩大冲刷范围时,可在喷嘴管壁上设置若干小孔眼,该孔眼与喷嘴垂直轴线成30°～45°,孔眼直径一般为8mm。在黏性土壤中,宜用只有一个中心孔眼的射水管。

射水沉桩施工时,在沉入最后阶段1～5m至设计标高时,应停止射水,单用锤击或振动沉入至设计标高。

(3)振动沉桩。振动沉桩法具有沉桩速度快,施工操作简易、安全且能辅助拔桩的优点,适用于松软的或塑态的黏质土或饱和砂类土层中,对于密实的黏性土、风化岩、砾石效果较差。基桩入土深度小于15m时,单用振动沉桩即可,除此情况外宜采用射水配合振动沉桩。

振动沉桩施工应考虑振动对周围环境的影响,并应预计振动上拔力对桩结构的影响,每根桩的沉桩作业应一次完成,中途不宜停顿过久。开始沉桩时,应以自重下沉或射水下沉,将桩身稳定后,再采用振动下沉。

在振动沉桩过程中,如发生贯入度产生剧变,桩身发生突然倾斜、位移或严重回弹,桩头或桩身破坏,地面隆起,桩身上浮的情形或机械故障时,应立即暂停施工,查明原因并采取措施后方可继续施工。

(4)静力压桩。静力压桩施工现场应先平整,并根据现场条件,预先确定压桩机压桩顺序,尽量减少压桩机行走距离。压桩前应在桩身做出明显的深度标志,以便压桩时记录压入深度和压力的数值。

吊装前应清理桩身,并检查桩身有无明显碰损处,以免影响夹持下压,如影响则不得使用。吊桩进入压桩机夹具后,应对准桩位。开始压桩时,应使较低的压力徐徐压入,确定无异常情况后,再开始正常工作。

压桩过程中应严格控制桩身与地面的垂直度,不允许倾斜压入。如需接送桩时,应保证送桩的中心轴线与桩身的中心轴线上下一致。压桩过程中,应随时注意桩下沉有无变化,如有水平方向位移时,则可能桩尖遇到障碍;当移动量较大时,应将桩拔出,清除障碍或与设计单位研究后改变位置。

2)灌注桩

灌注桩是在现场采用钻孔机械(或人工)将地层钻挖成预定孔径和深度的孔后,将制作成一定形状的钢筋骨架放入孔内,然后在孔内灌入流动性的水下混凝土而形成桩基。水下混凝土多采用垂直导管法灌注。灌注桩的特点是:

(1)与沉入桩的锤击法和振动法相比,施工噪声和振动要小得多;

(2)能修建比预制桩的直径大、入土深度大、承载力大得多的桩;

(3)与地基土质无关,在各种地基上均可使用;

(4)在粉砂中施工时应特别注意孔壁坍塌形成的流砂,以及孔底沉淀等的处理,施工质量的好坏对桩的承载力影响很大;

(5)因混凝土是在泥水中灌注的,因此混凝土质量较难控制。

灌注桩因成孔的机械不同,通常采用旋转锥钻孔法、潜水钻机成孔法、冲击钻机成孔法、正循环回转法、反循环回转法、冲抓钻机成孔法、人工挖孔法等。

3) 大直径桩

一般认为,直径2.5m以上的桩可称为大直径桩。目前最大桩径已达6m。近年来,大直径桩在桥梁基础中得到广泛应用,结构形式也越来越多样化,除实心桩外,还发展了空心桩。施工方法上不仅有钻孔灌注法,还有预制桩壳钻孔埋置法等。根据桩的受力特点,大直径桩多做成变截面的形式。大直径桩与普通桩在施工上的区别主要反映在钻机选型、钻孔泥浆及施工工艺等方面。

3. 沉井基础

沉井的施工工艺大致可分为:沉井制作→沉井下沉→沉井封底、填充和浇筑顶盖板。

1) 沉井制作

沉井位于浅水或可能被水淹没的岸滩上时,宜采用就地筑岛进行制作;沉井在制作至下沉过程中位于没有被水淹没的岸滩时,如地基承载能力满足设计要求,可采用就地整平夯实进行制作;如地基承载力不够时,应采取加固措施。在地下水位较低的岸滩,若土质较好时,可开挖基坑制作沉井。

(1) 清理和平整场地。就地浇筑沉井要在围堰筑岛前清除井位及附近场地的孤石、树根、淤泥及其他杂物。对软硬不均的地表应予以换土或作加固处理。

浮运浮式沉井之前应对河床标高进行详细检测和处理。浮运宜在能保证浮运顺利通过的低水位或水流平稳、风力较小时进行。落床过程中要随时观测由于沉井的阻力和断面压缩而引起的流速增大以及由此造成的河床局部冲刷,必要时可在沉井位置处填卵石或碎石。

在岸滩上或筑岛制作沉井,要先将场地平整夯实,以免在灌注沉井过程中和拆除支垫时,发生不均匀沉陷。按沉井位置放出准确的十字中线并整平。为了使垫木铺设平顺,受力均匀,垫木下要加铺一层厚50mm的砂垫层。垫木应采用质量好的普通枕木及短方木。垫木的铺设方向应保证刃脚在直线段垂直布置,圆弧部分应径向布置。垫木铺设的顺序是先从定位垫木开始向两边延伸。垫木的间隙采用填砂捣实。要求铺垫顶面的最大高差不大于30mm,相邻两块垫木高差不大于5mm。

(2) 底节沉井的制作。

a. 沉井模板与支撑。沉井模板与支撑应具有足够的强度和较好的刚度。刃脚下的底模应按拆除顺序分段布设,预先断开。带踏面的刃脚可直接置于垫木上。带钢刃尖的沉井,应沿刃尖周围在垫木上铺设不小于10mm厚的钢垫板。钢刃脚焊接时应对称进行,尽量减少焊接变形。

刃脚与隔墙下应设屋架式支撑,使其两端与刃脚下的垫木连成一体,防止浇筑混凝土时发生不均匀沉落造成裂纹。

模板安装顺序:刃脚斜面及隔墙底面模板→井孔模板→绑扎钢筋→设内、外模板间支撑→支立外侧模板→设内、外模板间拉杆→调整各部分尺寸→全面紧固支顶、拉杆、拉箍→固定撑杆和拉缆。

b. 钢筋绑扎。钢筋绑扎是在内模(井孔)已支立完毕、外模尚未扣合时进行。先将制好的焊有锚固筋的刃脚踏面摆放在垫木上刃脚的画线位置上,进行焊接后再布设刃脚配筋,内壁纵、横筋,外壁纵、横筋。为了加快进度可以组成大片,利用吊机移动定位焊接组成整体。内、外侧箍筋还要设好保护层垫块。

c. 混凝土浇筑。沉井混凝土应沿井壁四周对称浇筑,避免混凝土面高低相差悬殊,以防产生不均匀下沉造成裂缝。每节沉井的混凝土都应分层、均匀、连续地浇筑直至完毕。高度较高可设缓降器,缓降器下的工作高度不得高于1m。

d. 拆模板和抽除垫木。混凝土强度达到设计强度的70%时,方可拆除模板。拆模后,混凝土达到设计强度后,才能抽除垫木。抽除垫木时,应分区、依次、对称、同步地向沉井外抽出,随抽随用砂土(一般采用粗砂、中砂)回填振实。抽垫时应防止沉井偏斜。不论沉井大小,垫木一般均要求在数小时(2~4h)内全部抽除。

2)沉井下沉

沉井下沉主要是通过从井孔中用机械或人工方法均匀除土,削弱基底土对刃脚的正面阻力和沉井壁与土之间的摩擦阻力,使沉井依靠自重克服上述阻力而下沉。底节沉井混凝土强度必须达到100%,其余各节混凝土强度允许达到70%时,方可进行下沉。当底节沉井顶面下沉距地面还剩1~2m时,可进行接高,接高前不得将刃脚掏空,避免沉井倾斜。接高加重应均匀对称地进行,接高各节竖向中轴线应与前一节的中轴线相重合,顶面凿毛,立模,浇筑混凝土,待达到设计强度后,拆模,继续除土下沉。

从井孔中除土下沉的方式有排水除土下沉和不排水除土下沉两种。沉井下沉通常多采用不排水除土方式,只有在稳定的土层中,且渗水量小(每平方米沉井面积渗水量不大于$1m^3/h$)时,才采用排水除土方式。

(1)排水挖土下沉。在稳定的土层中,如渗水量不大,或者虽然土层透水性较强,渗水量较大,但排水不致产生流砂现象时,可采用排水挖土下沉的方法。

排水下沉时,用人力或风动工具开挖,必须对称地进行,保证均匀下沉。从地面或筑岛面开始开挖下沉时,应先将刃脚内侧的回填土分层挖除,挖土顺序同抽除垫木的顺序。4个定位垫木处的土最后挖除。在第一层全部挖完后,再开始挖第二层。

(2)不排水挖土下沉。不排水挖土下沉常用的方法有抓土下沉和吸泥下沉两种。

抓土下沉是采用抓土斗在井孔内抓土,从而减少刃脚处阻力,使沉井逐渐下沉的方法。抓土都以起重机或双筒卷扬机操作,在抓土时逐渐使井底形成"锅底"状。在砂或砾石类土中,一般当锅底比刃脚低1~1.5m时,沉井可靠自重下沉,并将刃脚下的土挤向中央"锅底",再从井孔中继续抓土,沉井即可继续下沉。在黏性土中,四周的土不易向"锅底"坍落,应辅以高压射水松土。

吸泥机适用于砂、砂夹卵石、黏砂土等土层。在黏土、胶结层及风化岩层中,当用高压射水冲碎土层后,亦可用吸泥机吸出碎块。沉井内使用吸泥机除土时,通常用起重机或吊架等维持在悬吊状态,管身垂直,并能在井内移动。吸泥时,吸泥管口离泥面的高度可以上下调整,一般情况下为0.15~0.50m,以保持最佳吸泥效果。吸泥时应经常变换位置,增加吸泥效果,并使井底泥面均匀下降,防止沉井偏斜。靠近刃脚及隔墙下的土层,如不能向中间"锅底"自行坍落时,可用高压射水赶向中间后再吸出。

3)沉井封底、填充和浇筑顶盖板

(1)沉井封底。沉井下沉至设计标高,应检验基底的地质情况是否与设计相符。排水下沉时,可直接检验、处理;不排水下沉时,应进行水下检查、处理,必要时取样鉴定。不排水下沉的沉井基底应整平,且无浮泥。排水下沉的沉井,应满足基底面平整的要求,还应进行沉降观测。经过观测,在8h内累计下沉量不大于10mm或沉降量在允许范围内,沉井下沉已稳定时,即可进行沉井封底。

沉井封底可分为排水封底和不排水封底两种。当沉井基底无渗水或少量渗水时可用排水封底，当沉井基底有较大量渗水时需采用不排水封底。沉井封底层一般采用平顶圆锥形式，沉井封底混凝土厚度应根据基底的水压力和地基土的向上反力经计算确定，且封底混凝土的顶面高度应高出刃脚根部0.5m及以上，一般为1.5～3.0m。封底混凝土的强度等级不应低于C25。

a. 排水封底。在基底岩面平整，沉井刃脚周围已经用黏土或水泥砂浆封堵后井内无渗水时，可在基底无水的情况下灌注封底混凝土。

b. 不排水封底。对无法抽干井内积水的沉井，可用导管法灌注水下混凝土封底。导管法灌注水下混凝土与钻孔灌注桩的工艺原理基本相同，所不同的是沉井面积较大，可用多根导管同时或依次灌注。

(2)填充和浇筑顶盖板。沉井井孔填充与否是根据设计要求而定的。井孔填充可以减小混凝土的合力偏心距；不填充可以减小对基底的压力，更能节省填充工序和材料。

对于需要填充井孔的沉井，应在封底混凝土养护达到设计强度后才允许抽净井孔内的水，刷洗清除混凝土表面的淤泥、浮浆等杂物，按设计要求进行分层夯实填充。

填充井孔的沉井顶盖板可直接在填充料面上接好钢筋，浇筑混凝土。不需填充井孔的沉井，其顶部的内侧需设支撑顶盖板底模板的"牛腿"、底梁，以便在其上铺底模、绑钢筋、浇筑顶盖板混凝土。

4) 浮式沉井施工

浮式沉井制作时，沉井的底节应做水压试验，其他各节应做水密试验，合格后方可入水沉井。其他各节除应做水密试验确认合格外，还应满足在水下拆除方便的要求。

沉井在浮运前，应对所经水域和沉井位置处河床进行探查，确认水域无障碍物，沉井位置的河床平整；应掌握水文、气象及航运等情况；应检查拖运、定位、导向、锚碇等设施状况，确认合格。浮式沉井底节入水后的初定位置，宜设在墩位上游适当位置。

浮式沉井在悬浮状态下接高，应随时验算沉井的稳定性。接高时，必须均匀对称加载，沉井顶面宜高出水面1.5m以上。

浮式沉井着床宜安排在枯水、低潮水位和流速平稳时进行。

5) 沉井下沉中的常见问题及处理方法

(1)沉井下沉困难的处理。当井壁摩擦阻力过大，或沉井下沉过程中遇到障碍物时，常使沉井难以下沉。通常可采用下列方法处理。

沉井下沉的辅助措施有高压射水下沉、压重下沉、抽水下沉、炮振下沉、泥浆润滑下沉或空气幕下沉等。各种方法可视工程情况，单独或联合采用。

a. 高压射水下沉。当沉井下沉土层坚硬，抓土下沉或吸泥下沉较困难时，可采用高压射水将土层松动，以便于抓（吸）。

射水水压力与土层情况、沉井入土深度等因素有关，一般为1～2.5MPa。

b. 压重下沉。在沉井壁尚未浇筑完毕时可利用浇筑污工加压。当沉井不再接高时，可在井顶均匀对称地放置钢轨、型钢或其他重物加压。

c. 抽水下沉。不排水下沉的沉井，在刃脚下已掏空不下沉时，可在井内抽水减小浮力使它下沉。但对于易引起翻砂涌水的土层，则不宜采用这种方法。当用空气吸泥机除土时，可顺便利用空气吸泥机抽水。

d. 炮振下沉。当刃脚下土层已掏空,沉井仍不下沉时,可在井孔中央的泥面上放置炸药起爆,使刃脚已悬空的沉井受振下沉。炮振用药量可视沉井大小、井壁厚度及炸药性能而定。同一沉井一次只能起爆 1 处,并应根据具体情况,适当控制炮振次数。同一沉井在同一土层中,炮振次数不宜多于 4 次。

e. 泥浆润滑或空气幕下沉。采用泥浆润滑或空气幕下沉,是在沉井外壁与土层之间人为地制造一层液化或润滑薄膜层,减小沉井壁与土层的摩擦阻力,利于沉井下沉。

泥浆润滑套是在沉井外壁周围与土层之间设置泥浆隔离层,减少土层与井壁间的摩擦阻力,以利沉井下沉。

空气幕是指通过预埋在井壁中管路上的小孔向外喷射压缩空气,气流沿沉井外壁上升带动土体液化(或形成泥浆),从而减少沉井外壁的摩擦阻力。

(2)沉井倾斜、偏移的纠偏处理。当刃脚与井壁施工质量差、工作面破土不当、下沉不稳、减阻局部失效、防偏纠偏不力等原因造成沉井偏斜时,应及时进行纠偏处理。其方法主要是采用液压千斤顶、木或钢管柱按一定角度顶住沉井偏低的一侧,然后用特殊机械或人工挖除沉井底部偏高侧的偏土台,这是纠正沉井偏斜比较有效的方法。也可采用在刃脚高的一侧加强挖土,低的一侧少挖或不挖土,待正位后再均匀分层取土;在刃脚较低的一侧适当回填砂石或石块,延缓下沉速度。也可不排水下沉,在靠近刃脚低的一侧适当回填砂石、在井外射水或开挖、增加偏心压载以及施加水平外力等。

(3)遇流砂的处理。在穿过少量夹层流砂时,常采用草(麻、塑料)袋装砂土堵漏的办法穿过夹层,但施工中要谨慎仔细。

当沉井穿过较深的流砂层时,采用不排水下沉形成沉井,确保井内水位高于井外水位,以免涌入流砂。

(4)井外土壤流入井内的处理。当沉井下沉除土时,遇黏性土处于饱和状态,则易失稳发生液化或塑流,此时下沉除土时常发生涌流,如再大量掏挖,不均匀涌流会造成沉井的偏斜或井口部位的坍塌。遇到这种液化或塑流土层时,宜采用少切挖、多压重的措施。

(5)沉井裂缝、断裂的处理。裂缝可采用膨胀水泥浆堵塞。断裂处要先将裸露的钢筋焊接好,处理好原混凝土断裂面后可采用混凝土(或砂浆)填筑。实际处理方法视具体情况而定。

(6)硬质土层处理。沉井穿过硬质土层时,当胶结薄土、砂浆石层等抓斗无法使用时,可按下面方法处理。

a. 排水下沉时,以人力用铁钎或尖镐等撬撅硬质土层,必要时可采取爆破方法。

b. 不排水下沉时,用重型抓斗、高压射水管和水中爆破联合作业。

4. 管柱基础

管柱基础因其施工的方法和工艺相对来说较复杂,所需的机械设备也较多,一般极少采用,仅当桥址处的水文地质条件十分复杂,应用通常的基础施工方法不能奏效时,方采用这种基础形式。因此,对于大型的深水或海中基础,特别是深水岩面不平、流速大的地方采用管柱基础是比较适宜的。

管柱基础的施工一般包括管柱预制、围笼拼装、浮运和下沉定位、下沉管柱,在管柱底基岩上钻孔,在管柱内安放钢筋笼并灌注水下混凝土等内容。管柱有钢筋混凝土、预应力钢筋混凝土和钢管 3 种。其下沉与前述的沉入桩类似,大多采用振动并辅以射水、吸泥等措施。管柱的下沉必须要有导向装置,浅水时可用导向架,深水时则用整体围笼。

(二)系梁

1. 系梁施工工艺流程

系梁施工工艺流程如图3-100所示。

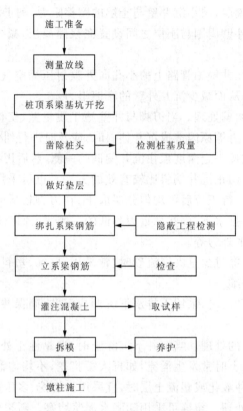

图3-100 系梁施工工艺流程图

2. 系梁施工要点

(1)基坑开挖应视土质适当放坡(1∶0.5～1∶0.75),基底宜设置排水沟和集水坑便于基坑积水及时排出。

(2)应避免超挖造成对天然基底的扰动,尽快进行系梁施工以避免基底长时间暴露或受到浸泡。

(3)桩基检测前应保证检测管畅通。

(4)墩柱钢筋笼应定位准确。

(5)系梁钢筋与桩基钢筋有冲突时可以适当挪动。

(6)混凝土浇筑过程中应严格振捣。

(7)浇筑完成后应及时对系梁覆盖、洒水养护。

(三)墩柱

1. 墩柱施工工艺流程

墩柱施工工艺流程如图 3-101 所示。

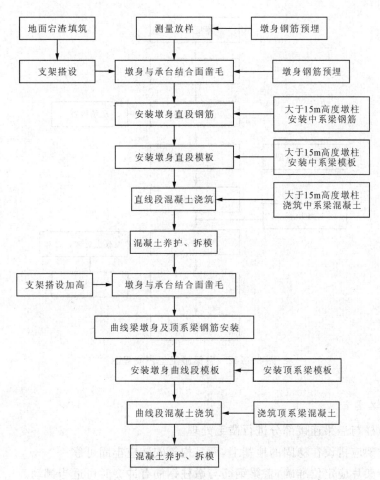

图 3-101 墩柱施工工艺流程图

2. 墩柱施工要点

(1)应对系梁与墩柱连接部分进行凿毛处理。
(2)墩柱模板应进行打磨并涂刷脱模剂,模板应定位准确,模板接缝应严密。
(3)墩柱钢筋笼应设置保护层垫块以确保主筋保护层厚度。
(4)墩柱混凝土浇筑过程中应加强振捣,尤其是对墩柱底部的振捣。
(5)浇筑完成后应及时对墩顶设置养护桶,对墩柱进行滴灌养护并包裹土工布或塑料薄膜。

（四）盖梁

1. 盖梁施工工艺流程

盖梁施工工艺流程如图 3-102 所示。

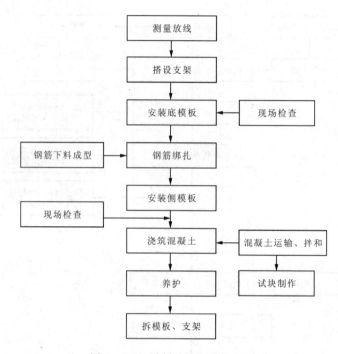

图 3-102　盖梁施工工艺流程图

2. 盖梁施工要点

(1)应对墩柱与盖梁连接部分进行凿毛处理。
(2)模板支架应搭设在稳固的地基上,而且抱箍安装应牢固可靠。
(3)钢筋骨架片应定位准确,盖梁钢筋与墩柱钢筋有冲突时可适当挪动。
(4)盖梁钢筋与模板之间应设置保护层。
(5)浇筑前应测量墩柱顶标高并计算盖梁顶标高,对混凝土顶面标高严格控制。
(6)浇筑过程中应严格振捣。
(7)浇筑完成后应及时对盖梁进行覆盖洒水养护。

三、桥梁下部结构存在的质量通病和注意事项

(1)系梁基坑超挖或欠挖。应对开挖班组进行基底标高交底。
(2)系梁基坑浸水。应设置排水沟和集水坑以及时排出积水。
(3)桩基检测管堵塞。检测管端头应封闭,采用高压水枪疏通。
(4)钢筋笼或钢筋骨架偏位。测量放样应准确,定位后采取适当措施避免扰动。

(5)模板偏位或错台,接缝不严密。应准确定位模板边线,采取适当措施避免扰动,模板接缝应采用双面胶,保证严密。

(6)未设置保护垫层。

(7)混凝土浇筑完成后表面存在蜂窝麻面和水纹。浇筑过程中加强振捣。

(8)墩柱底部出现烂根。浇筑过程中加强对底部的振捣。

第十二节 桥梁工程施工组织设计

实习任务:
1. 熟悉桥梁工程施工组织设计编制的依据。
2. 熟悉桥梁工程施工组织设计的编制。

准备工作:
1. 向实习现场指导工程师请教桥梁工程施工组织设计的编制方法。
2. 查阅桥梁工程施工组织设计范本。

实习基本内容:具体内容如下。

一、桥梁工程施工组织设计的编制

(一)工程概况

施工组织设计中的工程概况,是对桥梁的工程规模、结构特点、桥位特征和施工条件等所作的一个简要的、突出重点的文字介绍,一般还需附以工程的简图(如桥位、桥型布置图和上下部主要结构的尺寸图等)和主要工程量一览表。

不同类型的结构、不同条件下的桥梁工程施工,均有其不同的施工特点,因此还需对其特点进行分析,指出施工中的关键问题,以便在选择施工方案、组织物资供应和技术力量配备等方面采取有效措施。

(二)施工方案

施工方案是施工组织设计的核心部分。选择什么样的施工方案是决定整个工程全局成败的关键,它的合理与否将直接影响工程的施工效率、质量、工期和技术及经济效果。同时,施工方案还是施工组织设计的重要依据。施工方案一经确定,则工程的进度,工、料、机需要量和现场布置等都将随之而定,因此对于如何正确选择施工方案必须引起足够重视。

选择和制定施工方案的基本要求为:符合现场实际情况,切实可行;技术先进,能确保工程质量和施工安全;工期能满足合同要求;经济合理;施工费用和工料消耗低。

施工方案主要包括以下 4 个方面。

1. 确定施工方法

施工方法是施工方案中的关键问题,它直接影响施工进度、质量、安全和工程成本。对于同一项工程,有多种施工作业方法可供选择,施工方法合理与否对工程的顺利实施具有决定性作用。因此,施工方法应根据工程特点、工期要求、施工条件、资源供应情况以及施工单位拥有的施工经验和设备等因素经综合考虑后来进行选择。

确定施工方法应注意突出重点,如:
(1)工程量大,在整个工程中占重要地位的分部或分项工程项目;
(2)施工技术复杂;
(3)采用新技术、新工艺及对工程质量起关键作用的项目;
(4)不熟悉的特殊结构或工人在操作上不够熟练的工序。

在确定施工方法时,应详细且具体,不仅要拟订出操作过程和方法,还应提出质量要求和技术措施,必要时应单独编制施工作业设计。

2. 选择施工机具

施工机具的选择一般来说是以满足施工方法的需要为基本依据。但在现代化施工的条件下,施工方法的确定往往取决于施工机具,特别在一些关键的工程部位更是如此,即施工机具的选择有时将成为主要问题。因此,应将施工机具的选择与施工方法的确定进行综合考虑。

选择施工机具时应注意以下几点:
(1)应根据工程特点来选择适宜的主导工程的施工机具;
(2)所选择的机械必须满足施工的需要,但要避免大机小用;
(3)选择辅助机械时,要考虑其与主导机械的合理组合,互相配套,充分发挥主导机械的效率;
(4)考虑通用性,尽可能选择标准机械;
(5)应考虑充分发挥施工单位现有机械的能力,当本单位的机械能力不能满足工程需要时,方考虑租赁或购置所需新型机械或多用途机械。

3. 施工顺序

施工顺序是指工程施工的先后次序。合理地确定施工顺序是编制施工进度的需要,也是施工方案中的一项重要内容。桥梁工程在确定施工顺序时,一般应考虑以下因素:
(1)遵循施工程序;
(2)符合施工工艺的要求;
(3)使之与施工方法和施工机具相协调;
(4)考虑工程施工质量和施工安全的要求;
(5)考虑当地水文、地质和气候的影响;
(6)满足施工组织的要求,使工期最短;
(7)尽量安排流水或部分流水作业,以充分发挥劳力和机具的效率。

4. 施工方案的技术经济评价

任何一项工程,都有几种可行的施工方案,对施工方案进行技术及经济评价,其目的是通过比较,从中选出一个工期短、能保证质量、节省材料、劳动力安排合理、能降低工程成本的最优方案。

(三)施工进度计划

施工进度计划是在既定施工方案的基础上,根据规定工期和各种资源供应条件,按照施工过程的合理施工顺序及组织施工的原则,对工程从施工准备工作开始直到工程竣工为止的全部施工过程。一般是利用横道图、垂直图或网络图等形式来确定其全部施工过程在时间和空间上的安排、相互间配合关系以及各工序之间的衔接关系。

施工进度计划的主要作用是:统筹全局,指导全部施工生产活动,控制工程的施工进度;为编制季度、月度生产作业计划,确定劳动力和各种资源需要量计划等提供依据。

(四)施工平面设计

施工平面设计是指对桥梁工程施工现场进行的平面规划和空间布置,它是根据工程的规模、特点和施工现场的条件,按照一定的设计原则,来正确地处理施工期间所需的各种临时设施、施工设备、动力供应、场内运输、半成品生产、仓库、料场等与拟建工程的合理位置关系,并以平面设计的形式加以表达。施工平面设计是进行施工现场布置的依据,是实现施工现场有组织、有计划地进行文明施工的先决条件,也是施工组织的重要组成部分。

(五)质量管理和质量控制措施

施工企业内部的质量管理和质量控制,应根据全面质量管理的基本观点和方法,实施《质量管理和质量保证系列标准 ISO9000》(GB/T 19000),建立起自身的质量体系,以对工程项目施工的全过程进行质量管理和质量控制。

(六)安全管理措施

安全管理是为施工项目实现安全生产开展的管理活动。施工现场的安全管理,重点是进行人的不安全行为与物的不安全状态的控制,落实安全管理决策与目标,以消除一切事故、避免事故伤害、减少事故损失为管理目的。

安全生产是施工项目重要的控制目标之一,也是衡量施工项目管理水平的重要标志。搞好施工项目的安全生产,是国家的一项重要政策,是企业管理的首要职责,也是调动员工积极性的必要条件。没有安全的保障,就没有员工的高度积极性,也就没有施工生产的高效率。因此,施工项目必须把实现安全生产当作组织施工活动时的重要任务。同时,安全技术措施和安全制度也是编制施工组织设计时一项必不可少的重要内容。

二、桥梁工程施工组织设计编制的依据

(1)具体的桥梁工程设计文件。
(2)具体的桥梁工程招标文件。
(3)现场实地考察情况。
(4)国家、地方颁发的相关规范、规程、标准。

第四章 实习成果

第一节 实习报告纲要

为了圆满完成生产实习,对生产实习的内容特作如下说明,并要求在生产实习结束后,每个学生参照以下提纲,提交一份字迹清楚、工整,图表齐全、内容全面的实习报告。

一、实习现场概况

实习现场概况主要包括施工过程遇到的主要岩土类型、等级,以及地质构造特征、水文地质概况、地理概况、自然气候条件、交通情况等。

二、工程概况

工程概况主要包括工程类型,招标及概、预算情况,合同管理方法,断面形状、尺寸,荷载情况,服务年限及用途,施工方法及其技术特点。

三、施工方法与施工过程

对道路与桥梁工程,可以按以下内容编写。其他工程也可参考以下内容编写。
(1)照明设备的设计与布置,电缆的设计与布置,变压器类型、规格、数量。
(2)材料、构件材料、构件的规格和数量;运输方式的选择,运输设备的类型、规格和数量,卸构件方式,车辆调配,运输生产率。
(3)道路工程实习包含以下内容:
  a.道路选线方面,根据道路选线的基本原则和方法,结合实际工程讨论道路选线的核心问题。
  b.确定路基、路面材料,明确施工对材料的基本要求。
  c.公路地基处理的设计理论和施工方法。
  d.路基设计理论和施工方法及工艺。
  e.路面设计理论和施工方法及工艺。
  f.路基、路面排水设计和施工技术。

(4)桥梁工程实习包含以下内容:
A. 下部结构设计理论与方法
a. 下部结构型式、设计理论与方法。
b. 下部结构施工方案、施工方法。
c. 下部结构材料的应用、混凝土配比设计方法等。
d. 施工设备和机械的选用方法与规格、数量,模板类型。
e. 下部结构施工工艺流程(附工艺流程图)。
B. 上部结构
a. 上部结构型式、设计理论与方法。
b. 上部结构施工方案、施工方法。
c. 上部结构材料的应用。
d. 施工设备和机械的选用、规格、数量等。
e. 上部结构施工工艺流程(附工艺流程图)。
(5)附属设施:
a. 附属设施或附属结构设计方法。
b. 附属设施的施工方法。
c. 附属设施施工机具设备、工具,材料的类型、规格和数量。
d. 附属设施组织工作。

四、施工组织管理

(1)施工单位的组织机构、人员编制、科室职能。
(2)施工管理制度:生产规章制度、定额管理制度。
(3)施工技术管理:施工组织设计、生产安全和工程质量管理。
(4)施工工程管理:工程技术档案管理、工程预算管理。
(5)施工队伍人员管理方法。
(6)劳动生产率和作业循环图表。

五、施工现场存在的主要问题及改进措施

结合自身的理论知识和实习的主要内容,分析施工现场存在的主要问题。讨论施工方案是否需要优化,施工技术是否需要进一步改进,施工管理水平是否有待提高等。根据实际问题提出相应的改进措施或方法。

第二节 实习日志和体会

一、实习日志

实习日志应详细记录当天的实习情况,也是学生知识积累的一种方式。它是考核学生实习成绩的一个重要依据。

学生根据实习大纲的基本要求,每天认真记录当天的实习情况,具体应做到:日记中应详细记录当天的实习内容、心得体会以及对一些问题的讨论与看法;根据每天的实习情况,认真做好各种资料的搜集、整理工作。

二、实习体会

实习体会的内容:
(1)实习情况总结;
(2)对实习问题提出自己的看法,并与老师、同学积极探讨;
(3)结合课堂上学习过的基础知识,谈谈从实习中得到的收获;
(4)对生产实习的内容、过程等提出改进的建议。

主要参考文献

陈冶. 岩土工程勘察[M]. 北京:地质出版社,2002.
程文瀼,颜德姮. 混凝土结构设计原理(JTG D62-2012)[S]. 北京:中国建筑工业出版社,2005.
邓学均. 路基路面工程[M]. 3版. 北京:人民交通出版社,2008.
黄晓明. 路基路面工程[M]. 北京:人民交通出版社,2014.
李斌. 公路工程地质[M]. 2版. 北京:人民交通出版社,2002.
李广信. 土力学[M]. 北京:清华大学出版社,2013.
刘士林. 斜拉桥设计[M]. 北京:人民交通出版社,2006.
马敬坤,宁金成. 公路施工组织设计[M]. 2版. 北京:人民交通出版社,2008.
马锁柱,张海秋. 钻探工程技术[M]. 黄河水利出版社,1998.
沙爱民. 路基路面工程[M]. 高等教育出版社,2011.
邵旭东. 桥梁工程[M]. 2版. 武汉:武汉理工大学出版社,2005.
孙家驷. 公路小桥涵勘测设计[M]. 3版. 北京:人民交通出版社,2004.
王解军. 桥梁工程[M]. 长沙:中南大学出版社,2009.
王奎华,陈新民. 岩土工程勘察[M]. 北京:中国建筑出版社,2004.
王清. 土体原位测试与工程勘察[M]. 北京:地质出版社,2006.
王穗平. 路基施工技术[M]. 中国建筑工业出版社,2009.
吴海英,王旭东. 浅谈原位测试方法在公路建筑中的应用[M]. 北方交通大学出版社,2007.
吴鸣. 桥梁工程[M]. 武汉:武汉大学出版社,2009.
徐岳. 预应力混凝土连续梁桥设计[M]. 北京:人民交通出版社,2000.
严国敏. 现代斜拉桥[M]. 成都:西南交通大学出版社,1996.
严国敏. 现代悬索桥[M]. 北京:人民交通出版社,2002.
杨少伟. 道路勘测设计[M]. 北京:人民交通出版社,2004.
姚玲森. 桥梁工程[M]. 2版. 北京:人民交通出版社,2008.
于景超. 桥梁工程[M]. 北京:化学工业出版社,2013.
张联燕,程悉芳. 桥梁转体施工[M]. 北京:人民交通出版社,2002.
张林洪,吴华金. 公路排水设施施工手册[M]. 北京:人民交通出版社,2005.
张志清. 道路工程概论[M]. 北京工业大学出版社,2007.
赵青,李海涛. 桥梁工程[M]. 武汉:武汉大学出版社,2014.
中华人民共和国建设部,中华人民共和国国家质量监督检验检疫总局. 岩土工程勘察规范

(GB50021—2001)[S].北京:中国建筑出版社,2002.

中华人民共和国建设部.城市道路照明设计标准(GJJ 45—1991)[S].北京:中国建筑工业出版社,1991.

中华人民共和国交通运输部.公路桥梁伸缩装置[S].北京:人民交通出版社,2004.

中华人民共和国交通运输部.城镇道路工程施工质量验收规范(CJJ 1—2008)[S].北京:人民交通出版社,2008.

中华人民共和国交通运输部.公路钢筋混凝土及预应力混凝土桥涵设计规范(JTG D62-2004)[S].北京:人民交通出版社,2004.

中华人民共和国交通运输部.公路工程地质勘察规范(JTG C20—2011)[S].北京:人民交通出版社,2011.

中华人民共和国交通运输部.公路工程集料试验规程(JTG E42—2005)[S].北京:人民交通出版社,2005.

中华人民共和国交通运输部.公路工程技术标准(JTG B01-2014)[S].北京:人民交通出版社,2014.

中华人民共和国交通运输部.公路工程技术标准(JTG B01—2014)[S].北京:人民交通出版社,2014.

中华人民共和国交通运输部.公路沥青路面施工技术规范(JTG F40—2004)[S].北京:人民交通出版社,2005.

中华人民共和国交通运输部.公路路基设计规范(JTG D30—2015)[S].北京:人民交通出版社,2015.

中华人民共和国交通运输部.公路路基施工技术规范(JTG F10—2006)[S].北京:人民交通出版社,2006.

中华人民共和国交通运输部.公路排水设计规范(JTG /T D33—2012)[S].北京:人民交通出版社,2013.

中华人民共和国交通运输部.公路桥涵施工技术规范(JTG/T F50—2011)[S].北京:人民交通出版社,2011.

中华人民共和国交通运输部.公路桥涵养护规范(JTG H11—2004)[S].北京:人民交通出版社,2004.

中华人民共和国交通运输部.公路软土地基路堤设计与施工技术规范(JTJ 017-96)[S].北京:人民交通出版社,1997.

中华人民共和国交通运输部.公路水泥混凝土路面设计规范(JTG D40—2011)[S].北京:人民交通出版社,2011.

中华人民共和国交通运输部.公路水泥混凝土路面施工技术规范(JTG F30—2014)[S].北京:人民交通出版社,2014.

中华人民共和国交通运输部.公路自然区划标准(JTJ 003-86)[S].北京:人民交通出版社,2000.

中华人民共和国交通运输部.普通混凝土配合比设计规程(JGJ 55—2011)[S].北京:中国建筑工业出版社,2011.

周孟波.斜拉桥手册[M].北京:人民交通出版社,2004.